新工科人才培养系列丛书

嵌入式实时操作系统开发实践

基于英飞凌PSoC62和RT-Thread

张 勇 ◎ 编著

电子工业出版社

Publishing House of Electronics Industry

北京·BEIJING

内 容 简 介

英飞凌 PSoC62 是 32 位双核超低功耗微控制器，支持丰富的外设与 CapSense 触摸技术，专为物联网系统设计，具备高能效与硬件安全加密引擎。RT-Thread 是我国自主开发的开源嵌入式实时操作系统，具有实时性强、资源占用小、组件丰富的特点。本书基于英飞凌 PSoC62 和 RT-Thread 介绍嵌入式实时操作系统的应用开发。本书首先介绍嵌入式系统的基本概念和背景知识，接着详细介绍 GPIO、UART、I2C、SPI、ADC、DAC、定时器、PWM、SDIO、CapSense、Wi-Fi、蓝牙、Flash、USB 等功能模块的应用，最后给出了两个完整的项目案例。

本书既可作为高等院校计算机、电子信息、自动化、电气等专业的"嵌入式系统原理""嵌入式操作系统""嵌入式系统实践"等课程的教材和教学参考书，也可供自动控制、物联网、机电一体化等领域工程技术人员阅读。

本书配有相关的教学课件，读者可登录华信教育资源网（www.hxedu.com.cn）免费注册后下载。

图书在版编目（CIP）数据

嵌入式实时操作系统开发实践 ：基于英飞凌 PSoC62
和 RT-Thread / 张勇编著. -- 北京 ：电子工业出版社，
2025. 9. --（新工科人才培养系列丛书）. -- ISBN 978-
7-121-51302-2

Ⅰ. TP316.2

中国国家版本馆 CIP 数据核字第 2025CS2441 号

责任编辑：田宏峰
印　　刷：涿州市京南印刷厂
装　　订：涿州市京南印刷厂
出版发行：电子工业出版社
　　　　　北京市海淀区万寿路 173 信箱　　　　邮编：100036
开　　本：787×1092　　1/16　　印张：15.5　　字数：438 千字
版　　次：2025 年 9 月第 1 版
印　　次：2025 年 9 月第 1 次印刷
定　　价：79.00 元

前　言

　　党的二十届三中全会指出：抓紧打造自主可控的产业链供应链，健全强化集成电路、工业母机、医疗装备、仪器仪表、基础软件、工业软件、先进材料等重点产业链发展体制机制，全链条推进技术攻关、成果应用。为贯彻落实党的二十届三中全会精神，编著者在为党育才的指引下，筑牢思想根基，编写了本书。

　　进入 21 世纪后，随着中国工业的快速发展和对工业自主可控需求的不断增长，国产工业操作系统迎来了新的发展机遇。尤其是随着新一代信息技术的快速发展，云计算、大数据、物联网、人工智能等技术在航空、电力、轨道交通、新能源汽车、工业自动化、消费电子等众多行业的应用不断深入，为国产工业操作系统的发展提供了新的技术支持。一些国产工业操作系统在功能、性能和稳定性方面已经取得了显著进步，在一些中大型项目中得到广泛应用。因此，国产化替代的路径更加清晰并具备了坚实的战略支撑。

　　本书基于英飞凌 PSoC62 双核微控制器和国产 RT-Thread 嵌入式物联网操作系统编写。全书共 16 章，介绍了 PSoC62 的各个组成部分，在各章节中贯穿了 RT-Thread 操作系统的内容，包括内核、驱动的基本知识，线程间同步和通信，以及 RT-Thread 提供的各种软件包、组件的使用，围绕 PSoC62 各硬件单元和外围模块，设计和实现了基于 PSoC62 和 RT-Thread 的基础应用案例和综合案例。所有代码均已调试通过，确保可以方便地复用到其他项目开发当中。

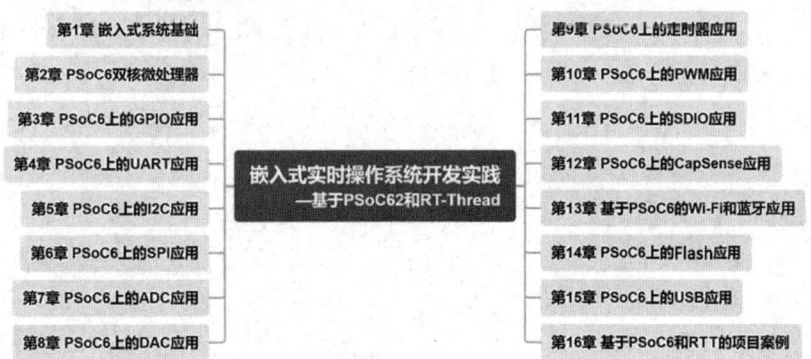

　　本书凝聚了编著者的多年教学经验和工程实践经验，在编写过程中注重对基本原理的理解和实践技能的提升，注重知识的系统性和层次性，力争做到循序渐进、内容全面、案例丰富、通俗易懂。通过从基本理论到应用开发实践，再到综合案例设计的逐步展开，本书旨在培养学生基于国产自主可控嵌入式操作系统的开发能力和创新能力。

　　本书由张勇编著，配套的实验案例和综合案例由刘志斌等调试完成，同时配套了完整的教学课件和视频资源。

　　在本书的编写过程中，参考和借鉴了大量相关资料，引用了部分文字和代码，在此向各位作者表示衷心的感谢。特别感谢英飞凌科技有限公司（以下简称英飞凌）和上海睿赛德电子科技有限公司对本书的支持。同时，感谢教育部产学合作协同育人项目对本书的支持。此外，在本书编写过程中，还得到了英飞凌科技市场和技术团队、上海睿赛德大学计划团队的无私帮助和支持，在此一并表示感谢。

由于本书涉及知识点众多，且编著者水平有限，难免存在疏漏之处。恳请各位读者批评指正，并提出宝贵的意见和建议，相关建议和意见可以发送至编著者邮箱 yzhang.sy@qq.com。

张 勇

2025 年 7 月

目　录

第1章
嵌入式系统基础

1.1 嵌入式系统要素

嵌入式系统是为特定的应用场景设计的专用计算系统，通常作为更大的系统的一部分，执行预定的功能或任务。这类系统通常具备运算处理能力、内存、软件和输入/输出（I/O）接口。其设计重点关注特定应用的需求，如实时性、安全可靠性、尺寸、功耗和成本等方面。

嵌入式系统主要包括嵌入式处理器、相关支撑硬件、嵌入式操作系统、支撑软件和应用软件等。

1.1.1 嵌入式处理器

在嵌入式系统中，嵌入式处理器不仅是系统执行计算任务的大脑，还负责整个系统的控制和协调。与传统的微处理器相比，嵌入式处理器在设计上更加注重小型化、低功耗和高度集成，这些特性使得嵌入式处理器特别适用于体积有限、能耗敏感且功能专一的嵌入式设备。因此，嵌入式处理器能够轻松地嵌入各种尺寸受限的设备，如可穿戴设备、医疗监测仪器及各类家用电器等。同时，其高度集成的特性使得更多的功能组件，如内存、I/O 接口及网络模块，都可以集成到单一的芯片上，这不仅简化了系统设计，还优化了整体的系统性能和可靠性。

在嵌入式系统中，尤其是依赖电池供电的便携式设备，低功耗设计至关重要。嵌入式微处理器通常采用多种低功耗技术和策略，如动态电源管理和睡眠模式，以延长设备的使用时间并减少能源消耗。对功耗的严格控制不仅有助于环保，也显著提升了设备的用户体验。

1. 嵌入式处理器的分类

按照不同的应用需求和性能标准，可以根据嵌入式处理器的字长宽度、用途等方式对其进行分类。

1）根据嵌入式处理器的字长和宽度进行分类

根据嵌入式处理器的字长宽度（同时能够处理二进制数据的位数），通常将其分为 4 位、8 位、16 位、32 位和 64 位几种类型。

一般将 16 位及以下的嵌入式处理器称为嵌入式微控制器（MCU），将 32 位及以上的嵌入式处理器称为嵌入式微处理器（MPU）。

2）根据嵌入式处理器的用途进行分类

根据嵌入式处理器的用途，通常可以将其分为嵌入式微控制器（MCU）、嵌入式微处理器（MPU）、嵌入式数字信号处理器（DSP）和嵌入式片上系统（SoC）。

（1）MCU。MCU 的典型代表是单片机，其片上外部设备（以下简称外设）资源比较丰富，适用于控制应用。MCU 芯片内部集成了 ROM/EPROM、RAM、总线、总线逻辑、定时/计数器、看门狗、串行口、脉冲宽度调制输出、ADC、DAC、Flash、EEPROM 等各种必要的功能和外设。与 MPU 相比，MCU 的最大特点是单片化设计，显著减小了体积，从而降低了功耗和成本，同时提高了可靠性。由于其片上外设资源比较丰富，因此在嵌入式系统中得到了广泛应用。

（2）MPU。MPU 由通用计算机中的 CPU 演变而来。它的主要特点是具有 32 位以上的处理器，具有较高的性能，当然其价格也相对较高。与传统计算机处理器不同，MPU 在实际嵌入式应用中只保留和嵌入式应用紧密相关的功能硬件，去除其他的冗余功能部分，这样就以最低的功耗和资源消耗满足了嵌入式应用的特殊要求。与工业控制计算机相比，MPU 具有体积小、质量小、成本低、可靠性高的优点。基于不同的指令集架构，目前常见的 MPU 架构有 ARM、MIPS 和 POWER PC 等。

（3）DSP。DSP 是专为信号处理设计的处理器，其在系统结构和指令算法方面进行了特殊设计，具有很高的编译效率和指令执行速度。DSP 采用哈佛结构和流水线技术，尤其适用于需要进行大量数学运算的应用，如信号过滤、图像处理和音频编/解码等。在处理浮点运算和向量计算时，DSP 比普通微控制器更为高效。DSP 在数字滤波、FFT、光谱分析等各种仪器上得到了应用。

（4）SoC。SoC 是为了实现系统最大集成度而设计的器件。SoC 的最大特点是成功实现了软硬件的完美结合，直接在处理器芯片内嵌入操作系统的代码模块。用户不需要像传统的系统设计那样绘制复杂的电路板和焊接元器件，只需要使用精确的语言，综合时序设计，并直接在器件库中调用各种通用处理器的标准，通过仿真就可以交付芯片厂商进行生产。由于大部分系统构件都在系统内部，整个系统特别简洁，因此不仅缩小了系统体积、降低了系统功耗，而且提高了系统的可靠性，进而提高了设计和生产的效率。

2．多核处理器

多核指的是将两个或更多的微处理器内核集成在同一芯片中，形成一个单一的处理器单元。多核处理器是指单枚芯片能够直接插入单一的处理器插槽中。多核与多 CPU 相比，能够有效降低系统的功耗并缩小系统体积。在多核技术中，由操作系统软件进行调度，可以实现多进程或多线程并发。

多核处理器的工作协调实现方式有对称多处理技术（SMP）和非对称多处理技术（AMP）。对称多处理技术将两个完全相同的处理器封装在一个芯片内，从而实现接近双倍的处理性能，同时节省运算资源。非对称多处理技术是指两个 CPU 内核彼此不同，各自负责不同的任务，在软件的协调下分担不同的计算工作。

当有多个任务同时运行时，如何进行 CPU 的分配至关重要。在多核 CPU 环境中，进程的调度算法一般有全局队列调度和局部队列调度两种。全局队列调度是指操作系统维护一个全局任务等待队列，当系统中有一个 CPU 空闲时，操作系统就从全局任务等待队列中选取一个就绪任务开始执行，CPU 内核利用率高。局部队列调度是指操作系统为每个 CPU 内核维护一个局部任务等待队列，当系统中有一个 CPU 内核空闲时，就从该内核的局部任务等待队列中选取适当的任务执行，优点是无须在多个 CPU 之间切换。

在进行嵌入式系统设计时，选择合适的 MPU 需要综合考虑多个因素，包括所需的计算能力、系统的内存需求、预算的功耗及成本约束。不同类型的微处理器具有各自的优势和应用场景，因此理解这些差异，对设计高效、经济、可靠的嵌入式系统至关重要。

对处理能力的选择，应基于应用程序的需求。例如，简单的传感器数据收集可能只需一个基础的微控制器,而复杂的图像处理或机器学习任务则可能需要一个更强大的数字信号处理器或多核微处理器。评估应用的处理需求是确保系统既不过度设计也不会性能不足的关键。而内存大小直接影响了系统能够执行的任务的复杂程度。需要考虑应用程序代码的大小、运行时数据的需求及任何必要的缓冲区或堆栈空间。内存的类型(如 RAM、ROM、EEPROM 等)和大小会根据任务的不同而变化。

对于便携式或远程监控应用,功耗是一个决定性因素。低功耗微处理器可以延长电池寿命,降低维护成本,并减少对环境的影响。在设计时,应根据应用的功耗需求选择合适的微处理器,并采用适当的能源管理技术,如动态电源调整和休眠模式等。

除此之外,还需要考虑预算限制。微处理器的成本不仅包括其自身的价格,还包括相关的开发工具、外设及生产成本。选择成本效益高的微处理器,有助于控制项目预算,同时满足性能需求。此外,活跃的开发社区、丰富的文档资源和易用的开发工具可以加速开发过程。考虑到未来可能的系统升级和维护,选择一个具有良好供应链支持的微处理器也是非常重要的。

近几年,我国在嵌入式系统的芯片设计和操作系统设计等方面取得了显著成果。目前,我国已拥有上百种自主可控的国产处理器,在新能源汽车、工业控制、消费电子和航空航天等领域发挥了重要作用。相关产业链迅速崛起,逐渐在全球范围内领先。

1.1.2 嵌入式操作系统

嵌入式操作系统(Embedded Operating System,EOS)是专为控制嵌入式系统的硬件,并为应用程序提供执行环境而设计的专用软件。它是嵌入式系统的核心组成部分,负责管理硬件资源、提供数据处理功能,以及支持应用软件的运行。与通用操作系统相比,嵌入式操作系统通常需要更高的可靠性和更具针对性的功能,且通常在资源受限(如内存和处理能力)的环境中运行。

嵌入式操作系统的主要任务包括任务调度、内存管理、设备控制和处理中断。它们优化了资源使用,确保系统能够实时响应外部事件,并且能够长时间稳定运行。此外,嵌入式操作系统通常具备模块化设计,允许开发者根据具体需求启用或禁用特定功能。

嵌入式操作系统根据其功能和应用领域,通常可分为如下几种类型。

(1)嵌入式实时操作系统。

嵌入式实时操作系统(RTOS)是为满足实时性要求而设计的,能够确保特定任务在规定时间内准确完成。RTOS 特别适用于需要快速且一致响应的应用,如工业控制系统、医疗设备和航空航天系统。RTOS 通过精确的任务调度和优先级管理来提供确定性的响应时间,通常提供微秒级的中断响应时间和任务切换时间。

(2)通用嵌入式操作系统。

除了实时操作系统,还有一些嵌入式操作系统是为更通用的应用设计的,它们并不那么强调实时性能,而是提供更丰富的功能和更好的用户界面。这些系统更适用于对实时性要求不那么严格的嵌入式产品,如智能家居设备、便携式消费电子产品等。

(3)专用嵌入式操作系统。

专用嵌入式操作系统通常是为特定类型的应用或硬件平台量身定制的。它们通常针对特定的业务逻辑或设备功能进行优化,以提高性能和效率。这类操作系统通常应用于特定行业或特定类型的设备,如汽车信息娱乐系统、智能设备等。

1.2 嵌入式系统开发的特点

嵌入式系统开发与传统的应用程序或系统软件开发在本质上存在显著差异。这些差异不仅源于嵌入式系统特有的硬件环境，还与其特定的应用场景和功能需求密切相关。

1.2.1 简单的嵌入式系统开发

嵌入式系统开发是一种在特定硬件环境下进行的系统化设计和软件研发过程，强调软硬件的协同设计与开发。简单的嵌入式系统通常指的是功能单一、资源要求低、开发周期短的系统。这类系统的开发以硬件为中心，通常只需要少量的软件来进行直接的硬件控制和数据处理。例如，一个温度监控系统可能仅涉及温度传感器的数据读取、温度的简单处理和结果的显示。

虽然简单的嵌入式系统开发相对直接，但仍需要设计人员进行精心的规划和设计。正确合理的硬件选择、有效的软件开发和充分的测试是确保系统稳定、高效运行的关键。随着技术的不断进步，这些系统在功能和性能上都有了显著提升，同时依然保持其本质上的简单性和低成本优势。

在开发这类系统时，开发者需要关注如何准确、高效地读取和处理传感器数据，以及如何在硬件上实现所需的功能。尽管系统较为简单，开发者仍需要仔细考虑代码的优化和系统的能耗管理。

1.2.2 基于实时操作系统的嵌入式系统开发

随着应用需求的增加，许多嵌入式系统需要并行处理多个任务，并满足严格的时间约束，因此需要使用 RTOS。基于 RTOS 的嵌入式系统开发更加复杂，需要处理任务调度、时间管理和资源共享等问题。

在这类系统的开发中，开发者不仅需要考虑应用逻辑，还需要理解 RTOS 的工作原理和编程模型。有效利用 RTOS 提供的多任务处理、同步和通信机制，对于确保系统满足实时性要求至关重要。此外，开发者还需要关注系统的稳定性和可靠性，并在有限的资源条件下优化性能和响应速度。

基于 RTOS 的嵌入式系统开发是一个综合性工程，要求开发者在软硬件设计、系统集成和性能优化方面具备深厚的知识。随着技术的发展，这些系统的开发变得更加高效且友好，但同时需要更高水平的技术和经验，以满足不断增长的性能和可靠性需求。

1.2.3 基于片上系统的嵌入式系统开发

片上系统（SoC）是将处理器核心、内存、输入/输出控制器和其他功能集成到单一芯片上的技术。由于 SoC 具有硬件集成度高、设计电路复杂度低、功耗低和稳定性好等优点，因此被广泛应用于各种嵌入式系统中。基于 SoC 的嵌入式系统开发在空间、功耗和成本方面具有显著优势，同时要求硬件和软件密切配合。开发者需要深入理解 SoC 的架构和内部资源，以便高效地利用这些资源。

基于 SoC 的开发通常需要跨学科的知识，包括数字电路设计、软件工程和系统集成。在开发过程中，一般需要使用特定的硬件描述语言（如 VHDL 或 Verilog HDL）和集成开发环境。同时，开发者还需要考虑如何在 SoC 平台上实现系统功能，包括外设的配置、驱动程序的编写和应用程序的开发。

1.2.4 嵌入式系统面临的人工智能领域的挑战

随着人工智能（AI）技术的发展，嵌入式系统越来越多地被要求执行复杂的数据分析和决策任务。在 AI 领域，嵌入式系统面临着数据处理能力、存储资源和能耗管理等方面的挑战。

在开发涉及 AI 功能的嵌入式系统时，需要在硬件资源有限的条件下，实现高效的数据处理和机器学习算法，这通常需要对算法进行优化，并利用硬件加速器。同时，开发者还需要考虑在确保响应速度和精度的同时，最大限度地减少能耗和延长设备寿命。这涉及在设备端进行数据预处理和压缩，选择合适的机器学习模型，以及利用专用的 AI 加速硬件，如 AI 协处理器或图形处理单元（GPU）。

在面对 AI 领域的挑战时，开发者还需要关注 AI 模型的可维护性和更新问题。随着数据和环境的变化，AI 模型可能需要定期更新以保持其准确性和有效性。因此，开发可更新的 AI 模型，并设计支持远程更新的系统架构，成为嵌入式系统开发的重要考虑因素。为了成功实现这些功能，需要在硬件、软件、算法和系统设计上进行创新，并促进跨学科的合作和知识共享。

此外，随着 AI 技术的融入，嵌入式系统的安全性和隐私保护变得越来越重要。开发者需要采取数据加密、访问控制和安全通信等措施，以保护系统和数据免受恶意攻击并防止泄露。

总之，嵌入式系统开发由于其广泛的应用范围和多样的技术要求，因此展现出极大的复杂度和多样性。从简单的控制系统，到基于实时操作系统的复杂设备，再到集成了先进 AI 功能的智能系统，嵌入式系统开发不断面临着新的技术挑战和需求。随着技术的不断进步，嵌入式系统开发的特点和挑战也在不断演化，这要求开发者持续学习和适应。

1.3 嵌入式实时操作系统

嵌入式实时操作系统是专为在硬件资源受限的环境下运行而设计的操作系统，它为嵌入式应用和设备提供基础的软件支持。与传统操作系统相比，嵌入式实时操作系统更加精简，专注于高效的资源利用、实时性能和系统稳定性。

1.3.1 嵌入式实时操作系统简介

嵌入式实时操作系统（RTOS）是一类特殊的嵌入式操作系统，能够提供确定性和可预测的响应时间。这对于需要严格控制时间的应用至关重要。RTOS 通常应用于医疗设备、工业控制系统、汽车电子等关键任务领域，在这些领域中，任务的延迟或失败可能会导致严重后果。

在 RTOS 中，任务调度通常基于优先级，确保高优先级的任务能够及时执行。此外，RTOS 还支持中断处理机制，允许系统快速响应外部事件。与非实时操作系统相比，RTOS 为嵌入式系统的开发提供了更精确的时间管理和更高的系统可靠性。

1.3.2 主流嵌入式实时操作系统

在嵌入式系统领域，RTOS 扮演着核心角色，尤其是在需要快速、确定性响应的应用中。市场上有几种主流的 RTOS，每种系统都有其独有的特性和优势。

1. FreeRTOS

FreeRTOS 是一个轻量级的 RTOS，以其简洁性和灵活性广受关注。它支持多种微控制器和处理器架构，适合于需要紧凑、可靠和实时控制的嵌入式项目。FreeRTOS 提供了基本的实时操作系统功能，包括任务管理、信号量、互斥量和定时器等。

2. VxWorks

VxWorks 是由 Wind River Systems 开发的一个商业实时操作系统，广泛应用于要求苛刻的嵌入式环境，如航空航天、汽车和工业控制等领域。它支持多种高级网络协议和安全特性，是为复杂应用设计的高可靠性系统。

3. QNX

QNX 是由黑莓公司（原 QNX Software Systems）开发的一款高度稳定和安全的微内核 RTOS。QNX 系统以其高度的模块化和可靠性而著称，主要应用于汽车信息娱乐系统、工业控制和医疗设备等领域。其微内核架构使系统更加稳定，因为大部分驱动程序和应用程序都在用户空间中运行，所以降低了系统崩溃的可能性。

4. Embedded Linux

Embedded Linux 是经过定制以满足嵌入式环境需求的 Linux 系统。虽然标准 Linux 系统本身不是一个真正的实时操作系统，但通过添加实时补丁（如 PREEMPT_RT），它可以用于需要一定实时性能的嵌入式项目。Embedded Linux 继承了 Linux 系统强大的功能、丰富的硬件支持和广泛的软件生态，适用于对实时性要求不苛刻的嵌入式应用。

5. μC/OS

μC/OS 是一个基于 ROM 运行的、可裁剪的抢占式实时多任务内核，具有高度的可移植性，特别适用于微处理器和微控制器，主要使用 ANSI C 语言开发。可以简单地将其视为一个多任务调度器，在这个任务调度器之上完善并添加了与多任务操作系统相关的系统服务，如信号量、邮箱、队列等。

每种 RTOS 都有其独有的特点和适用场景。选择合适的 RTOS 需要根据项目的具体需求来考虑，包括实时性、资源限制、安全要求和开发成本。随着技术的不断发展，这些系统也在持续进化，以满足日益增长的性能和安全性需求。

1.3.3　RT-Thread 简介

RT-Thread（以下简称 RTT）是中国开发的一款开源实时操作系统，具有轻量级和模块化的设计特点。自 2006 年发布以来，RTT 已经发展成一个完整的嵌入式生态系统，不仅包含实时操作系统内核，还包括各种软件包和组件，支持 GUI、网络、文件系统等丰富的中间件。RTT 特别适用于智能家居、工业控制、汽车电子、消费电子、航空航天等领域，支持的硬件平台涵盖 ARM Cortex-M/R/A 系列、MIPS、RISC-V 等。RTT 的设计目标是提供一个小巧、易于使用且稳定可靠的嵌入式操作系统解决方案。RTT 的架构和组件包括以下几个方面。

1. 内核层

内核是 RTT 的核心部分，负责实现系统中的各种对象和功能，包括多线程及其调度、信号量、邮箱、消息队列、内存管理、定时器等。此外，libcpu/BSP（芯片移植相关文件/板级支持包）与硬件密切相关，由外设驱动和 CPU 移植构成。

2. 组件

组件是基于 RTT 内核之上的上层软件，包含虚拟文件系统、FinSH 命令行界面、网络框架、设备框架等。这些组件采用模块化设计，确保每个组件内部具有高内聚性，组件之间则保持低耦合性。

3. RTT 软件包

运行于 RTT 物联网操作系统平台上的通用软件组件面向不同应用领域，通常由描述信息、源代码或库文件组成。RTT 提供了一个开放的软件包平台，存放了官方或开发者提供的软件包，供开发者选择使用。这个平台为开发者提供了丰富的可重用软件包，成为 RTT 生态的重要组成部分。软件包生态对于操作系统的选择至关重要，因为这些软件包具有高度的可重用性和模块化程度，极大地方便了应用开发者在最短时间内打造出自己想要的系统。

RTT 的显著优点是提供了 RT-Thread Studio（以下简称 RTT Studio）一站式开发工具和强大的社区支持。RTT Studio 通过简单易用的图形化配置系统，以及丰富的软件包和组件资源，使物联网开发变得更加简单和高效。随着开源文化的推广和技术社区的发展，RTT 积累了大量的文档资料、教程和案例分析，这些资源为开发者提供了极大的便利，有助于他们快速解决问题，并分享经验和技巧。此外，RTT 还定期组织开源活动和技术交流，进一步促进全球开发者之间的交流和协作。

在教学和研究中，RTT 也是一个非常有价值的资源。由于其开源特性，因此学生和研究人员可以深入了解 RTOS 的内部机制和工作原理，并在此基础上进行扩展和创新。同时，RTT 的灵活性和易用性也使它成为学习嵌入式系统开发的理想选择。

总之，作为一个现代、高效且广泛应用的实时操作系统，RTT 为嵌入式系统的开发提供了强大的支持。RTT 的模块化设计使其不仅适用于小型的微控制器项目，也适用于复杂的嵌入式系统。开发者可以根据项目的具体需求，选择合适的组件和功能，从而保持系统的轻量级和高效。此外，RTT 还支持多种先进特性，如多核处理、文件系统、网络协议栈及丰富的图形界面组件，进一步增强了其在不同应用场景的适用性。RTT 的研发团队扎根于国内，致力于推动 RTOS 的自主可控发展，为国内众多企业提供及时高效的人才服务和技术支持。

1.4　实验 1：安装和使用 RTT Studio

1. 实验目的

（1）掌握 RTT Studio 开发环境的安装方法。

（2）掌握使用 RTT Studio 创建工程、编辑代码、安装 SDK、构建项目的基本流程。

（3）熟悉 RTT Studio 的图形化配置工具，软件包和组件的使用。

2. 实验准备

（1）硬件设备：PSoC62 评估板、Type-C USB 线。

（2）软件环境：RTT Studio IDE 开发环境、RTT 操作系统。

3．实验步骤

RTT Studio 主要包括工程创建和管理、代码编辑、SDK 管理、RTT 配置、构建配置、调试配置、程序下载和仿真调试等功能。通过结合图形化配置系统、丰富的软件包及组件资源，RTT Studio 能够有效减少重复工作，提高开发效率。

（1）安装 RTT Studio 开发环境。在官网下载最新的 RTT Studio 软件安装包，双击安装包.exe 文件进行安装。RTT Studio 安装界面如图 1-1 所示。

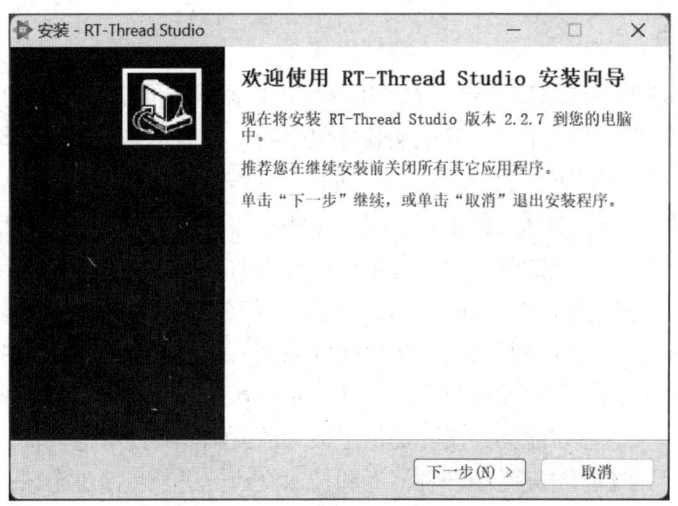

图 1-1　RTT Studio 安装界面

单击"下一步"按钮，安装过程中需要接受许可协议，在指定安装路径时，要确保安装路径中不包含空格和中文字符，指定开始菜单文件夹名称，一直单击"下一步"按钮，直到最后单击"安装"按钮开始正式安装，如图 1-2 所示。

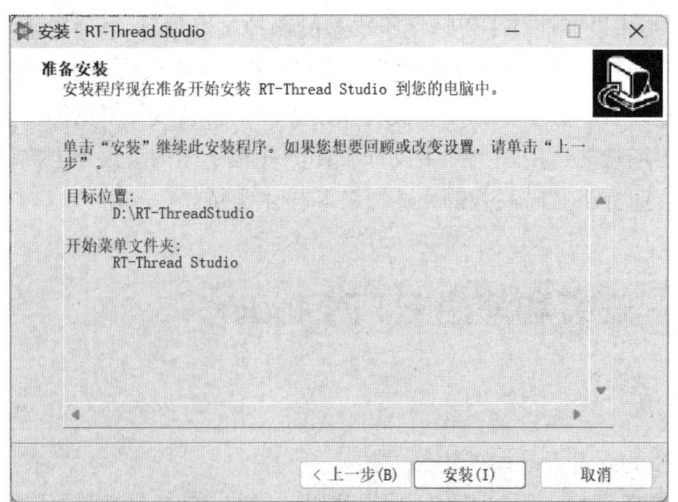

图 1-2　RTT Studio 安装过程

当安装成功之后，D 盘会出现 RTT Studio 文件夹，在这个文件夹中，有一个"workspace"文件夹，该文件夹用于保存创建的工程，可以从这里导入和导出工程。

（2）使用 RTT Studio 开发环境。第一次启动 RTT Studio 时需要登录账号。登录一次后，系统会自动记住账号,后续不需要再次登录。RTT Studio 支持第三方账号登录。RTT Studio 登录界面如图 1-3 所示。

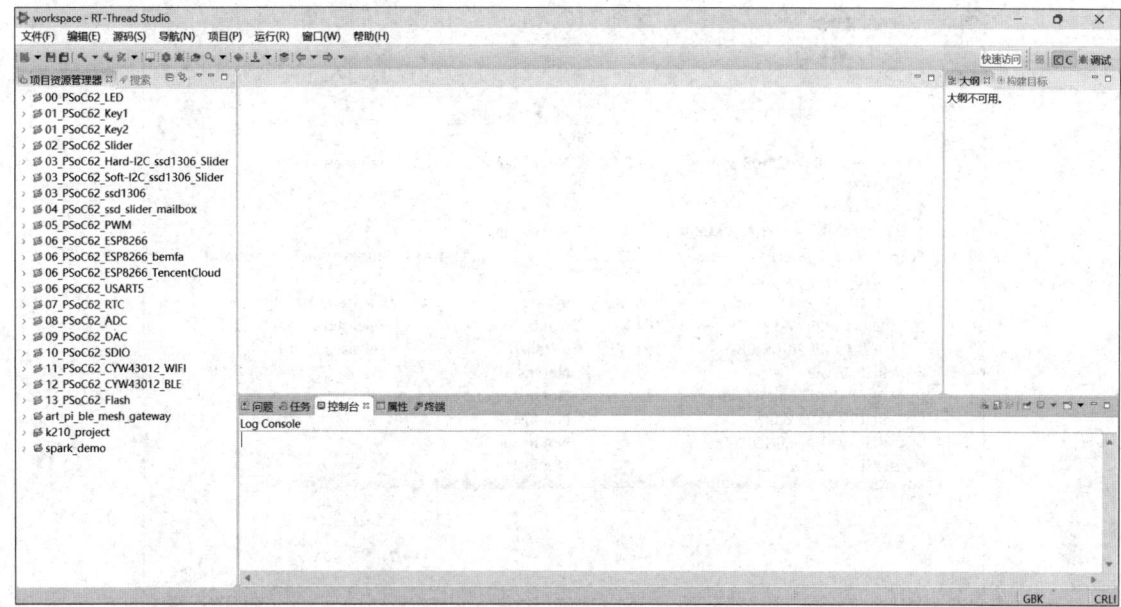

图 1-3　RTT Studio 登录界面

单击板级支持包,如图 1-4 所示,可展开某一个厂商的分类,看到更加详细的支持情况。

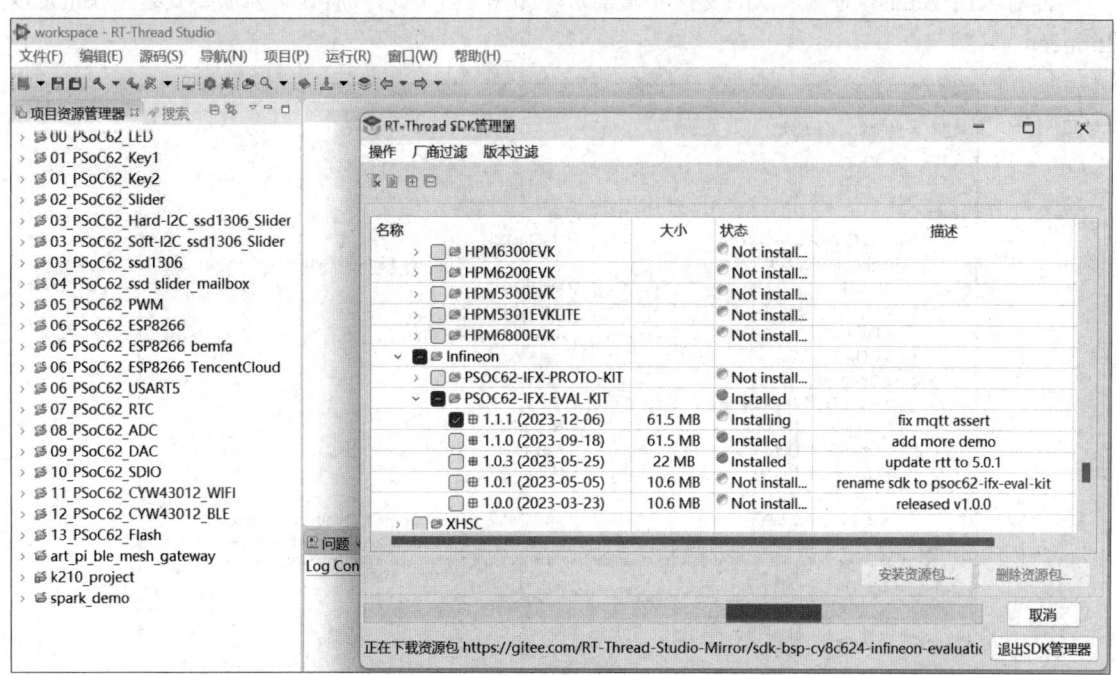

图 1-4　板级支持包

交叉编译工具链的支持可以通过"ToolChain Support Packages"来管理（见图 1-5）。在此区域，可以安装需要的工具链，选择 5.4.1 版本或更高版本。

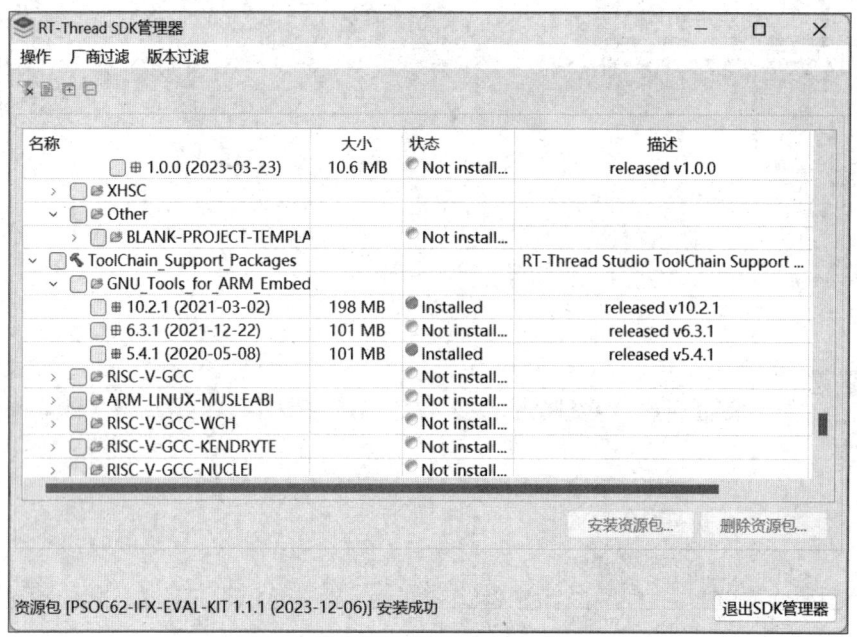

图 1-5　交叉编译工具链

目前 RTT Studio 对调试器的支持非常丰富，如图 1-6 所示，后续实验需要安装 OpenOCD-Infineon。

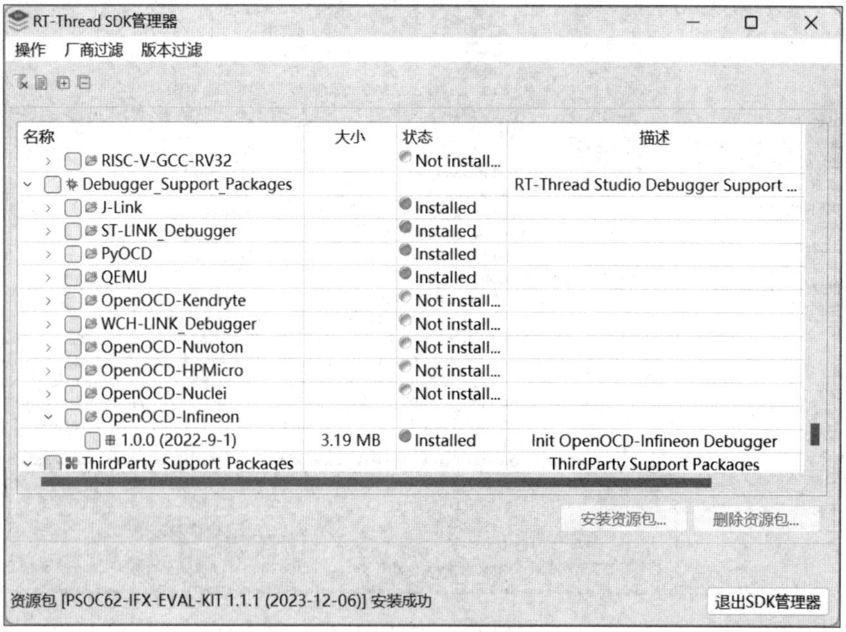

图 1-6　调试器

选择"文件"→"新建"→"RT-Thread 项目"命令，基于 PSoC62 评估板新建项目，如图 1-7所示。

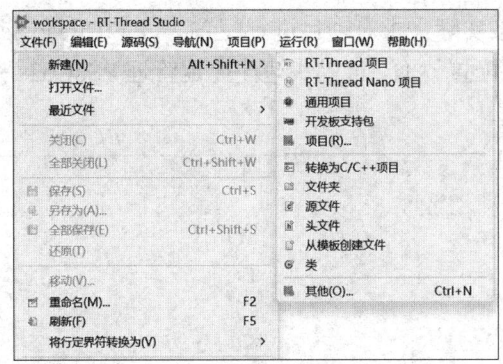

图 1-7　基于 PSoC62 评估板新建项目

命名及创建项目，选择 PSoC62 评估板、BSP 版本、项目类型、RTT 版本、调试器、调试器接口，如图 1-8 所示。

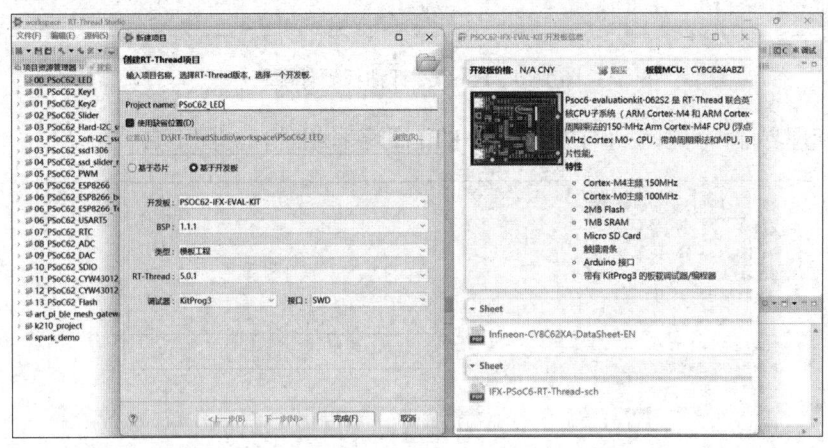

图 1-8　命名及创建项目

（3）配置项目。创建项目成功后，可以打开项目，选择"RT-Thread Settings"→"硬件"命令，配置项目，然后开始编写程序代码，如图 1-9 所示。

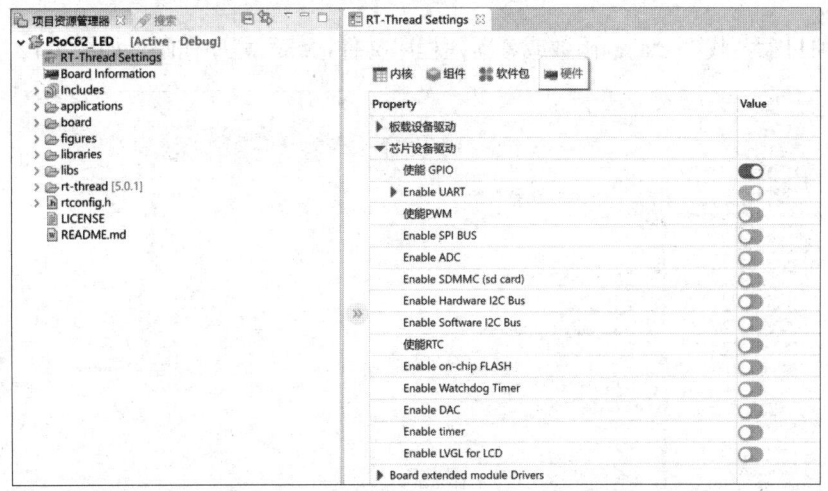

图 1-9　配置项目

创建好工程项目后，按实际需求对项目进行配置。"RT-Thread Settings"配置包括内核、组件、软件包和硬件。在硬件配置界面，可以快速便捷地管理 PSoC62 评估板上的各种硬件资源，如图 1-10 所示。

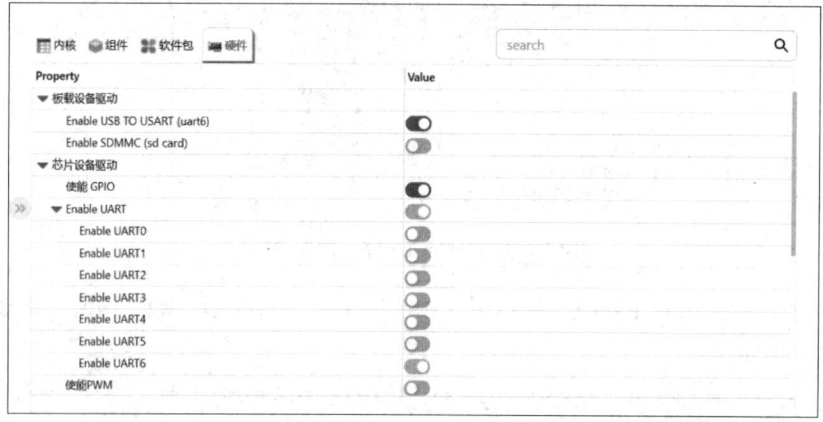

图 1-10　PSoC62 评估板硬件配置

在组件管理界面，可以快速便捷地管理 RTT 的各种组件，如图 1-11 所示。

图 1-11　组件管理

配置完项目后，找到 main()函数或者新建程序文件，编写程序代码，如图 1-12 所示。

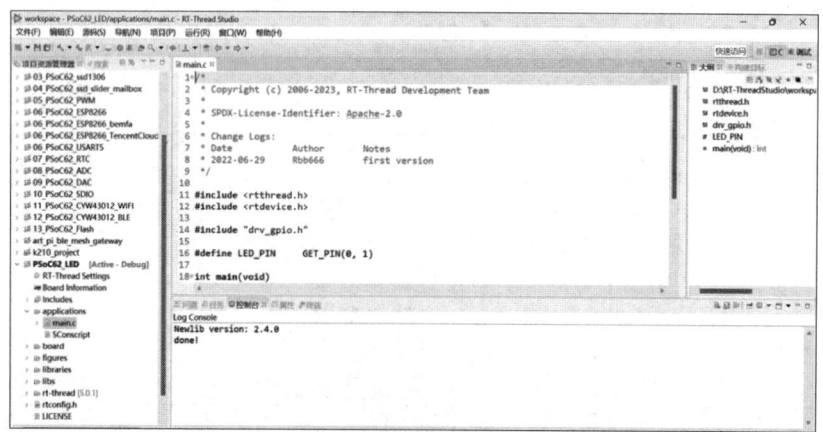

图 1-12　编写程序代码

1.5　本章小结

本章介绍了嵌入式系统的基本概念及其构成要素，涵盖了从 MPU 的功能和类型到嵌入式操作系统的作用和分类等基础知识。本章探讨了嵌入式系统开发的独特特点，包括从简单的系统开发到基于实时操作系统的复杂系统开发，以及嵌入式系统在面向 AI 领域开发时所面临的挑战。此外，本章还介绍了几种市场上广泛使用的 RTOS，包括 FreeRTOS、VxWorks、QNX、Embedded Linux 和 μC/OS，并对 RTT 进行了整体介绍，讨论了其模块化设计、丰富的中间件支持、跨平台兼容性及社区支持等特点。

习题 1

（1）解释什么是 RTOS。列举三个 RTOS 的特性，请解释为何这些特性对于嵌入式系统至关重要。

（2）比较以下实时操作系统：FreeRTOS、VxWorks、Embedded Linux 和 RTT。请讨论每个系统的主要优势和典型应用领域。

（3）详细介绍 RTT 的特点，并解释其如何满足嵌入式系统开发的需求。

（4）讨论嵌入式系统开发中的挑战，特别是在面向 AI 领域时，开发者需要考虑哪些额外因素？

（5）基于本章介绍的嵌入式系统要素，请设计一个简单的嵌入式系统项目，并说明该系统的目标、所需的主要组件和预期的功能。

（6）选择一个您熟悉的嵌入式设备（如智能手表、家庭自动化系统或车载信息系统），分析该设备中使用的嵌入式操作系统及其关键功能。

（7）讨论在选择嵌入式操作系统时需要考虑的因素。您认为在设计阶段，哪些因素最为关键？

第 2 章
PSoC6 双核微处理器

2.1 PSoC6 双核微处理器概述

　　2017 年，英飞凌推出了 PSoC6 系列微处理器。PSoC6 基于超低功耗的 40 nm 工艺技术，并采用双核 ARM Cortex-M 架构。PSoC6 双核架构如图 2-1 所示。PSoC6 还提供了电容传感解决方案 CapSense、软件定义的模拟和数字外设、可编程模拟前端（AFE）功能，以及多种连接选项。

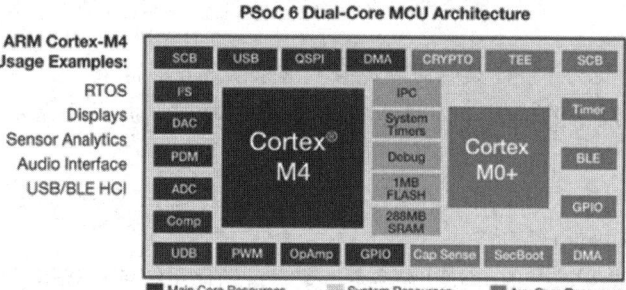

图 2-1　PSoC6 双核架构

　　PSoC6 的双核（对开发者而言，可将双核看成双 CPU）架构设计使其在保持低功耗的同时，能够提供高性能的数据处理能力。具体来说，ARM Cortex-M4 核主要负责处理高性能运算任务，如数据分析、图像处理和复杂算法的计算。而 ARM Cortex-M0+核则负责处理低功耗、低复杂度的任务，如传感器数据的收集、系统监控和 I/O 管理等。这种分工合作的方式，使得 PSoC6 能够在保证系统高效运行的同时，显著降低整体功耗。

　　英飞凌的 PSoC6 系列微处理器按核心架构与性能定位分类，可以分为如下 4 类。

1. PSoC 61

　　PSoC61 属于基础入门级型号，通常搭载单 Cortex-M4 内核（部分型号为 M4+M0 +双核组合），主打外设弱化部分高端功能，侧重低成本、低功耗场景。PSoC61 适合对性能要求不高的简单嵌入式应用，如基础传感、低速率控制等。

2. PSoC62

　　PSoC62 属于主流通用型号，采用 Cortex-M4（高性能）+ Cortex-M0+（低功耗）双核架构，平衡性能与功耗。PSoC62 集成丰富的可编程模拟/数字外设（如高精度 ADC、PGA 运算放大器、CAPSENSE 触摸感应模块），支持多种低功耗模式。

3．PSoC63

PSoC63 属于增强型型号，在 PSoC62 基础上强化了安全特性和外设配置，如集成更全面的硬件加密引擎（AES-256、SHA-3、ECC 等）、安全存储区域和防物理篡改功能，适合对安全性要求较高的物联网设备（如智能门锁、医疗设备）。

4．PSoC64

PSoC64 属于高端安全型型号，支持工业级安全认证（如 SESIP、PSA Certified Level 3），配备专用安全岛（Secure Island）架构，隔离敏感数据和关键操作，同时保留双核处理能力。PSoC64 主要面向需要严格、安全、合规的场景，如支付终端、工业自动化中的安全控制模块。

2.2　PSoC6 双核架构

2.2.1　通用双 CPU 概念

广义上，处理器是指任何执行计算和数据处理的硬件单元，包括 CPU、GPU、DSP、微处理器、微控制器等。微处理器属于处理器的一种，是将整个 CPU 的功能集成在一块半导体芯片上的器件。通常说的 X86、ARM 芯片都是微处理器。CPU 是计算机系统的核心运算单元，负责执行指令、进行算术逻辑运算、控制数据流向等。因为现在的 CPU 基本都是单片微处理器，所以 CPU 和微处理器经常混用。微控制器也是处理器的一种，除了核心的微处理器，还集成了内存（RAM、ROM/FLASH）、I/O 接口、定时器、ADC/DAC 等外设，适合嵌入式系统应用开发。内核是 CPU 或微处理器内部的最小执行单元，一个芯片上可以有多个内核（多核处理器）。每个内核都有一个独立的执行单元，能并行处理任务，内核包含算术逻辑单元（ALU）、寄存器和控制单元等，负责具体指令的执行。

通用双 CPU 是指在一个系统中使用两个中央处理器（CPU），以提高性能、效率和可靠性。这种设计在嵌入式系统领域尤为重要，特别是同时对高性能和低功耗有要求的应用。

双核处理器架构的设计初衷是解决单核处理器在复杂或多任务环境中遇到的性能瓶颈和能效问题。通过这种设计，一个核专注于处理计算密集型任务，如图像处理或复杂算法，而另一个核则负责处理日常的管理任务，如数据传输和接口控制。这种分工合作的模式不仅能提高系统的处理能力和响应速度，还能根据不同工作场景调整双核的工作状态，从而实现更高的能效比。

在众多应用场景中，双核处理器的优势尤为明显。例如，在实时数据处理领域，如传感器数据采集和视频流处理，双核处理器能够高效地实现数据并行处理，显著提高处理速度和系统的数据吞吐量。在多任务操作系统或复杂应用中，双核处理器通过将任务合理分配到两个内核，有效减少了任务间的干扰并缩短了等待时间，从而提升了系统的多任务处理能力。此外，对于需要快速响应的系统，如实时控制系统或交互式应用，双核处理器通过降低任务处理延迟，确保了系统的即时性能，同时通过智能能源管理降低了功耗。

2.2.2　PSoC6 的 CPU 系统

PSoC6 包含两个 ARM Cortex 内核及其关联的总线和存储器：ARM Cortex-M4 带浮点单元 FPU 和 ARM Cortex-M0+带 MPU。ARM Cortex-M4 和 ARM Cortex-M0+分别具有 8KB 的 4 路组

相关性指令高速缓存。该系统还包括独立的 DMA 控制器，每个控制器具有 32 个通道，此外，还集成了一个加密加速器、1 MB 的片上 Flash 存储器、288 KB 的 SRAM 和 128 KB 的 ROM。ARM Cortex-M0+提供安全、无中断的引导功能，确保系统启动后，系统完整性能够得到验证，且权限得以执行。共享资源可以通过正常的 ARM 多层总线仲裁来访问，并且通过硬件信号量和保护的处理器间通信方案实现独占访问。ARM Cortex-M4 的工作频率最高可达 150 MHz，ARM Cortex-M0+的工作频率最高可达 100 MHz。需要注意的是，对高于 100 MHz 的 ARM Cortex-M4 速度，ARM Cortex-M0+和总线外设的速度限制为 ARM Cortex-M4 频率的一半。因此，对于以 150 MHz 运行的 ARM Cortex-M4，ARM Cortex-M0+和外设的最大频率限制为 75 MHz。

CPU 系统框图如图 2-2 所示。

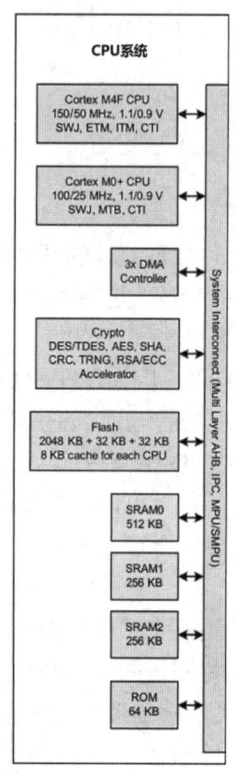

图 2-2　CPU 系统框图

PSoC6 的双核架构使其非常适合需要高数据处理性能和低功耗操作的智能应用，如智能家居、物联网网关、便携式医疗设备等。

在智能家居应用中，ARM Cortex-M4 核可以用于处理语音识别、面部识别等复杂算法，从而实现智能门锁、安防监控等功能。而 ARM Cortex-M0+核则可以管理家居环境监测、灯光控制等日常任务，从而确保系统的实时响应和长期稳定运行。

在物联网网关设备中，ARM Cortex-M4 核可以处理来自各个终端的大量数据，执行数据预处理和加密传输，而 ARM Cortex-M0+核则负责维护网络连接和管理传感器设备等轻量级任务。通常，大部分低强度任务都可以由低功耗的 ARM Cortex-M0+核来处理，只有在需要进行大量数据处理时，才会唤醒 ARM Cortex-M4 核，从而有效降低系统整体功耗。

PSoC6 的双核架构为系统升级和扩展提供了便利。开发者可以根据应用需求，灵活分配各个内核的工作任务和优先级，甚至在产品后期通过固件更新为设备增加新的功能和特性，从而延长产品的生命周期，提升用户体验。

此外，PSoC6 提供的丰富外设支持、可编程模拟和数字组件使开发者可以更加灵活地设计和优化系统。例如，可编程模拟组件可以被配置为 ADC（Analog-to-Digital Converter，模数转换器）、DAC（Digital -to- Analog Converter，数模转换器）、比较器等多种模拟功能，而可编程数字组件则可以实现定时器、计数器、PWM 等功能。这些特性极大地丰富了 PSoC6 在智能家居和物联网网关应用中的使用场景。

在安全性方面，PSoC6 提供了多层次的安全功能，包括可信执行环境、加密引擎和安全存储等，确保了数据传输和存储的安全性。这对需要高安全级别的智能家居和物联网应用来说尤为重要。例如，在智能门锁系统中，可以利用 PSoC6 的硬件加密功能确保开锁密钥的安全存储和传输，有效防止黑客攻击。

总之，PSoC6 双核微处理器以其强大的性能、灵活的配置、低功耗特性及严密的安全功能，为智能家居和物联网网关等应用提供了一种高效、安全、可扩展的解决方案。

2.2.3　PSoC6 地址映射

PSoC6 的地址映射定义了内存和外设的组织方式，决定了 CPU 如何访问内存、外设及其他系统资源。

PSoC6 的 ARM Cortex-M4 和 ARM Cortex-M0+ 都具有固定的地址映射，可以共享访问内存和外设。32 位（4GB）地址空间被划分为 ARM 指定区域，如表 2-1 所示。

表 2-1　ARM Cortex-M4 和 ARM Cortex-M0+的地址映射

地址范围	名　　称	用　　途
0x0000 0000～0x1FFF FFFF	代码区域	程序代码区，数据也可以放在此处。它包括从地址 0 开始的异常向量表
0x2000 0000～0x3FFF FFFF	静态随机存储区域	数据区。PSoC6 不支持此区域
0x4000 0000～0x5FFF FFFF	外设区域	所有外设寄存器。无法从该区域执行代码。PSoC6 不支持该区域的 ARM Cortex-M4 位带
0x6000 0000～0x9FFF FFFF	外部随机存储区域	SMIF 或 Quad SPI。代码可以从该区域执行
0xA000 0000～0xDFFF FFFF	外设区域	未使用
0xE000 0000～0xE00F FFFF	专用外设总线	提供对 CPU 内核和外设寄存器的访问
0xE010 0000～0xFFFF FFFF	设备	设备专用系统寄存器

注：可以从 Code 和 External RAM 区域执行代码。

ARM Cortex-M4 和 ARM Cortex-M0+的存储器地址映射如表 2-2 所示。ARM Cortex-M4 和 ARM Cortex-M0+可以共享访问 PSoC6 所有存储器和外围寄存器，提供灵活的内存和外设管理，支持双核架构高效运行。

表 2-2　ARM Cortex-M4 和 ARM Cortex-M0+的存储器地址映射

地址范围	内存类型	大　小
0x0000 0000～0x0000 FFFF	ROM	64KB
0x0800 0000～0x080F FFFF	SRAM	最大 1MB
0x1000 0000～0x101F FFFF	应用程序 Flash 存储器	最大 2MB
0x1400 0000～0x1400 7FFF	辅助 Flash 存储器，可用于模拟 EEPROM	32KB
0x16000 0000～0x1600 7FFF	存储固件和系统配置信息的 Flash 存储器	32KB

注：PSoC6 SRAM 位于双 CPU 的 ARM 代码区，没有物理存储器位于双 CPU 的 ARM SRAM 数据区。

2.2.4 PSoC6 的寄存器

在 PSoC6 中，每个 CPU（ARM Cortex-M4 和 ARM Cortex-M0+）都配备有 16 个 32 位的寄存器，如表 2-3 所示。这些寄存器用于存储指令、数据、状态信息等，是 CPU 执行操作和管理任务的关键组成部分。

表 2-3 ARM Cortex-M4 和 ARM Cortex-M0+的寄存器

名　称		类　型	复位值	功能描述
R0～R12		读写	未定义	R0～R12 是用于数据操作的 32 位通用寄存器
MSP（R13） PSP（R13）		读写	[0x0000 0000]	R13 是堆栈指针寄存器。复位后，处理器将矢量地址中的值加载到 MSP 中
LR（R14）		读写	—	R14 是链接寄存器。它存储了用于子线程、函数调用和异常执行后的返回信息。 复位后，在 Cortex-M4 中，该值为 0xFFFF FFFF，在 Cortex-M0+中，该值未定义
PC（R15）		读写	[0x0000 0004]	R15 是程序计数器（PC）。它存放了下一条要执行的指令地址。复位后，处理器将向量地址+0x0000 0004 加载到 PC 中。复位时，该 Bit[0]值被加载到 EPSR 寄存器的 T 位，必须始终为 1
PSR[①]	APSR	读写	未定义	APSR 中包含了上一条指令执行后产生的条件标志的当前状态
	EPSR	只读	0x0100 0000	复位后，EPSR 的 Thumb 状态位加载寄存器[0x0000 0004]值的 Bit[0]值，必须总为 1。在 Cortex-M4 中，该寄存器的其他应用于控制可中断继续执行指令和 if-then（IT）指令的状态
	IPSR	只读	0	IPSR 包含了当前异常编号
PRIMASK		读写	0	PRIMASK 阻止激活具有可配置优先级的所有异常
CONTROL		读写	0	CONTROL 的功能如下。 （1）线程模式下的特权级别。 （2）当前活动的堆栈指针，MSP 或 PSP。在线程模式下，该寄存器的 Bit[1]指示要使用的堆栈指针：0=主堆栈指针（MSP），这是复位值；1=进程堆栈指针（PSP）。 （3）仅限 Cortex-M4，当处理异常时是否保留浮点状态
FAULTMASK		读写	0	仅限 Cortex-M4，Bit[0]=1 时，阻止激活除 NMI 之外的所有异常
BASEPRI		读写	0	仅限 Cortex-M4，当设置非零值时，阻止处理优先级大于或等于该值的任何异常

注：①PSR（程序状态寄存器）包括 APSR（应用程序状态寄存器）、EPSR（执行程序状态寄存器）、IPSR（中断程序状态寄存器）。

其中，R0～R12 为通用寄存器，R0～R7 可以被所有指令访问，其他寄存器可以通过指令集子集指令访问。R13 为堆栈指针寄存器，拥有两个堆栈指针，但在某一时刻只能使用其中之一。在线程模式下，控制寄存器决定使用 Main Stack Pointer（MSP）或者 Process Stack Pointer（PSP）。R14 为链接寄存器，保存了函数调用或异常等情况下程序的返回地址。R15 为程序计数器，通过更改该寄存器，可以控制程序执行流程。

ARM Cortex-M4 浮点运算单元（FPU）包含 32 个 32 位的单精度寄存器（S0～S31），这些寄存器也可以被用作 16 个 64 位的双精度寄存器（D0～D15）。此外，还有 5 个 FPU 和状态寄存器。

2.2.5 操作模式与特权级别

在嵌入式系统的处理器架构中，操作模式和特权级别是用于管理处理器执行代码和访问系统资源的关键概念。它们定义了 CPU 执行任务时的权限和能力。在 PSoC6 中，操作模式和特权级别的设计确保了在不同的系统状态下可以实现不同的功耗和性能配置。系统提供了多种功耗模式，包括系统低功耗（LP）和超低功耗（ULP）模式。在 LP 模式下，内核操作电压（V_{CCD}）设定为 1.1V，提供高性能而不限制设备配置。而在 ULP 模式下，V_{CCD} 降至 0.9V，实现极低的功耗，但这将限制时钟速率，从而影响性能。此外，PSoC6 支持备份域功能，即使在断电情况下也能保持实时时钟（RTC）和功率管理 IC（PMIC）控制的运行。这些模式通过保证电压级别适配各自的模式，确保了系统在不同功耗状态下的稳定运行。

PSoC6 中的双核均支持两种操作模式和两种特权级别。操作模式包括线程模式和异常模式。特权级别包括特权级和用户级。

1．操作模式

线程模式：该模式用于执行用户逻辑代码，处理器在复位后进入该模式。

异常模式：该模式用于处理各种异常情况，处理器完成异常处理后返回线程模式。

2．特权级别

特权级：在特权级模式下，软件可以使用所有指令，且能访问所有资源。

用户级：在用户级模式下，软件对 MSR 指令和 MRS 指令的访问受限，并且不能使用 CPSID 指令和 CPSIE 指令。它无法访问系统定时器、NVIC（Nested Vectored Interrupt Controller，嵌套向量中断控制器）或系统控制块，对内存或外设的访问也可能受到限制。

在线程模式下，CONTROL 寄存器控制软件执行时处于特权级或者用户级；在异常模式下，软件执行始终处于特权级。

只有在特权级时，软件才通过改写 CONTROL 寄存器来改变特权级别。在用户级时，软件通过使用 SVC 指令将控制权转移给特权级下的软件。

这两类特权级别是对存储器访问提供的一种保护机制。在特权级下，程序可以访问所有范围的存储器，并且能够执行所有指令；在用户级下，程序不能访问系统控制空间（SCS，包含配置寄存器及调试组件的寄存器），且禁止使用 MSR 访问特殊功能寄存器（APSR 除外），若访问，则产生错误。

两类特权级别的使用模式如表 2-4 所示。

表 2-4　两类特权级别的使用模式

项　　目	特权级的使用模式	用户级的使用模式
异常处理程序的代码	异常模式	错误的用法
主应用程序的代码	线程模式	线程模式

在特权级下，代码可以通过置位 CONTROL[0] 来进入用户级。然而，无论是由何种原因引发的，处理器都将以特权级来运行异常处理程序。异常处理完毕后，处理器会返回产生异常之前的特权级。用户级下的代码不能再试图通过修改 CONTROL[0] 来返回特权级，必须通过一个异常 handler 来修改 CONTROL[0]，才能在返回线程模式后恢复特权级，如图 2-3 所示。

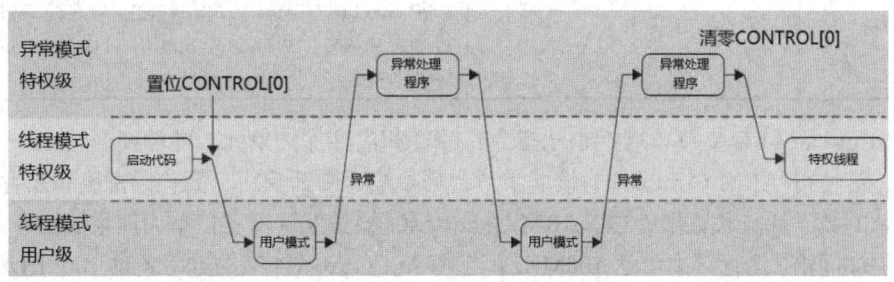

图 2-3　特权级与用户级的转换

3．多模式操作的优势

通过限制对关键资源的访问，可以有效防止恶意软件和程序错误对系统造成严重影响。分离用户空间和内核空间可以提高系统的稳定性和可靠性，使操作系统在提供强大功能的同时，能够保护关键系统资源免受损害。

从编程视角看，应用程序开发者通常在非特权级下编写应用程序，以限制对系统资源的访问。而操作系统开发者则需要在特权级下工作，以实现操作系统级别的功能，如资源管理和任务调度。

2.2.6   指令集概述

PSoC6 采用了基于 ARM 的双核架构，其中 ARM Cortex-M4 基于 ARMv7-M 架构处理器，采用 Thumb-2 技术，可以同时兼容 16 位和 32 位的指令。ARM Cortex-M0+ 基于 ARMv6-M 架构，该架构基于 16 位的 Thumb 指令集并包含 Thumb-2 技术，该指令集比 ARM 的其他处理器系列使用的指令集更简单，这使得程序员可以更容易地编写和优化代码。ARM Cortext-M4 和 ARM Cortex-M0+ 指令集摘要如表 2-5 所示。

表 2-5   ARM Cortext-M4 和 ARM Cortex-M0+ 指令集摘要

功能分组	Cortex-M4	Cortex-M0+	指令记忆简表
存储器访问指令	√	√	LDR、STR、ADR、PUSH、POP
通用数据处理指令	√	√	Cortex-M0+：ADD、ADC、AND、ASR、BICS、CMN、CMP、EOR、LSL、LSR、MOV、MVNS、ORR、REV、ROR、RSB、SBC、SUB、SXT、UXT 和 TST Cortex-M4：包括上述所有指令，还有 CLZ、ORN、RRX、SADD、SAS、SSA、SSUB、TEQ、UADD、UAS、USA 和 USUB
乘法和除法指令	√	仅乘法指令	MLA、MLS、MUL、SDIV、SMLA、SMLS、SMMLA、SMMLS、SMUA、SMUL、SMUS、UDIV、UMAAL、UMLAL、UMULL
饱和指令	√	—	SSAT、USAT、QADD、QSUB、QASX、QSAX、QDADD、QDSUB、UQADD、UQASX、UQSAX、UQSUB
装包和拆包指令	√	—	PKH、SXT、SXTA、UXT、UXTA
位域指令	√	—	BFC、BFI、SBFX、UBFX
分支与控制指令	√	√	Cortex-M0+：B(cc)、BL、BLX、BX Cortex-M4：包括上述指令，还有 CBNZ、CBZ、IT、TB
杂项指令	√	√	Cortex-M0+：CPSID、CPSIE、DMB、DSB、ISB、MRS、MSR、NOP、SEV、SVC、WFE、WFI Cortex-M4：包括上述指令，还有 BKPT
浮点运算指令	√	—	VABS、VADD、VCMP、VCVT、VDIV、VFMA、VFNMA、VFMS、VFNMS、VLD、VLMA、VLMS、VMOV、VMRS、VMSR、VMUL、VNEG、VNMLA、VNMLS、VNMUL、VPOP、VPUSH、VSQRT、VST、VSUB

ARM Cortex-M4 核支持单周期乘法指令、FPU 和内存保护单元，能够在高达 150 MHz 的频率下运行。这使得 ARM Cortex-M4 核非常适合需要快速中断响应、高代码密度和高吞吐量的应用，如复杂的数学计算和数据处理。ARM Cortex-M0+ 核虽然同样支持单周期乘法指令和 MPU，但是设计更加简洁，运行频率可达 100MHz。当 ARM Cortex-M4 核的频率超过 100MHz 时，ARM Cortex-M0+ 核和总线外设的频率限制为 ARM Cortex-M4 的一半。因此，当 ARM Cortex-M4 核运

行在 150MHz 时，ARM Cortex-M0+核及其外设的频率被限制为 75MHz。通过这种双核和多指令集设计，PSoC6 能够提供广泛的应用灵活性，允许开发者根据自己的应用需求优化性能和功耗。

在 PSoC6 中，ARM Cortex-M4 通常被用作主处理器，负责处理复杂的任务和算法，而 ARM Cortex-M0+则用于管理实时输入/输出（I/O）、电容感应、BLE 连接和传感器聚合等低功耗任务，从而实现了系统级的效能优化。

2.3　PSoC6 双核微处理器的时钟系统

2.3.1　系统时钟概述

系统时钟在微控制器和嵌入式系统中起着核心作用，为处理器和其他系统组件提供计时功能和时序控制。系统时钟确定了微控制器的工作频率，从而影响着整个系统的性能。

PSoC6 系列 MCU 时钟系统由以下几个部分组成，以满足不同的性能和功耗需求。

（1）三个内部时钟源。

① 8 MHz 的内部主振荡器（IMO）。

② 32 kHz 的内部低速振荡器（ILO）。

③ 精确的 32 kHz 内部低速振荡器（PILO）。

（2）三个外部时钟源。

① 使用来自 I/O 引脚信号产生的外部时钟。

② 16～35 MHz 外部晶体振荡器（ECO）。

③ 32 kHz 外部 ECO。

此外，系统还包含两个相位锁定环（PLL）和一个频率锁定环（FLL），以提供灵活的时钟乘法选项。因为本书配套实验中使用的 PSoC62 评估板没有接外部时钟源，所以只能从 IMO、ILO、PILO 中配置系统时钟。

在默认的时钟设置中，当应用程序启动时，CLK_HF[0]由 IMO 和 FLL 驱动。根据系统的低功耗（LP）或超低功耗（ULP）模式，CLK_HF[0]、clk_fast、clk_peri 和 clk_slow 的频率会相应地设置为 50 MHz 或 25 MHz。默认情况下，其他时钟（包括所有外设时钟）都关闭，以优化系统功耗。

2.3.2　时钟树

时钟树是嵌入式系统中用于分配和控制各种时钟信号的结构。它从一个或多个时钟源派生出多个时钟信号，为微控制器的不同部分提供适当的时钟频率。

PSoC6 的时钟树设计具有高度的灵活性和控制能力，使开发者能够为其应用精细调节时钟设置。通过时钟树，不同的时钟源可以被路由和分频，以满足特定组件的速度要求。时钟信号通过多路复用器、预分频器和分频器被适当地处理和分配。例如，根多路复用器允许选择不同的时钟源作为系统时钟的根，预分频器可以将选定的时钟源分频，以降低特定时钟路径的频率。

IMO 作为内部时钟的主要来源，其频率固定在 8 MHz，误差率为±2%。而 ILO 则提供一个 32 kHz 的低功耗时钟，适用于各种功耗模式，并支持更高精度的时钟校准。通过精心设计的时钟系统，PSoC6 能够在保证性能的同时最小化功耗，以适应各种不同的应用场景。PSoC6 的时钟树如图 2-4 所示。

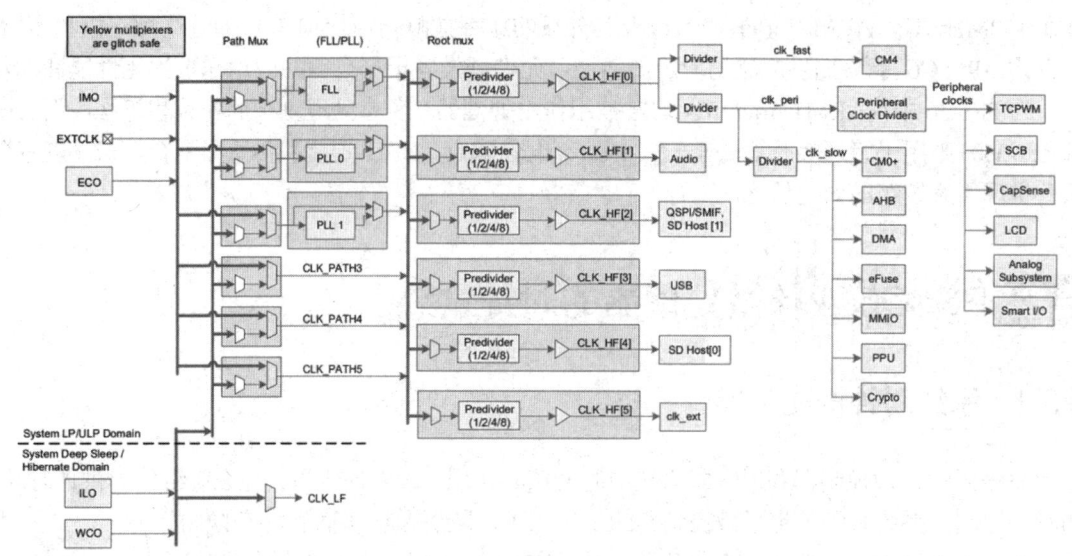

图 2-4　PSoC6 的时钟树

时钟树是嵌入式系统设计中的一个重要组成部分，它影响着系统的性能、功耗和稳定性。合理设计和配置时钟树对确保系统在各种操作条件下都能高效运行至关重要。在复杂系统中，时钟树可能变得非常复杂，需要进行精确的设计和调整，以满足系统的具体需求。

2.4 PSoC6 双核微处理器的异常/中断管理系统

2.4.1　PSoC6 的中断配置

中断是硬件信号或事件，它将程序的执行从正常流程转移到特定的中断服务程序（或称为中断处理程序）。在中断服务完成后，程序流将恢复到被中断时的状态。虽然中断通常是指由 CPU 外部的外设（如定时器、串行通信模块和端口引脚信号）产生的事件，而异常事件则是由 CPU 产生的，如内存访问错误和内部系统时钟事件。PSoC6 的 ARM Cortex-M4 和 ARM Cortex-M0+ 两个 CPU 都支持中断和异常事件。

在 PSoC6 中，中断配置是一个关键的功能，它允许系统响应各种内部事件和外部事件。通过有效的中断管理，PSoC6 可以在发生特定事件时立即执行相应的处理程序，从而提高系统的响应能力和效率，如表 2-6 和图 2-5 所示。

表 2-6　PSoC6 中断

参　　数	CY8C61x6/7、CY8C62x6/7、CY8C63xx	CY8C62x8/A	CY8C62x5	CY8C62x4
系统中断数量（个）	147	168	174	175
支持深度睡眠的系统中断数量（个）	41	39	39	45
ARM Cortex-CM0+核提供的中断向量数量	32 个（8 个可深度睡眠）	8 个硬件触发（可深度睡眠）、8 个软件触发	8 个硬件触发（可深度睡眠）、8 个软件触发	8 个硬件触发（可深度睡眠）、8 个软件触发

续表

参　数	CY8C61x6/7、CY8C62x6/7、CY8C63xx	CY8C62x8/A	CY8C62x5	CY8C62x4
可连接到 CM0+核多路转换器或向量的系统中断数量（个）	1	168（全部）	174（全部）	175（全部）
ARM Cortex-CM4 核提供的中断向量数量（个）	240	240	240	240
可连接到 ARM Cortex-CM4 核多路转换器或向量的系统中断数量（个）	1（1∶1 映射）	1（1∶1 映射）	1（1∶1 映射）	1（1∶1 映射）
可连接到 ARM Cortex-CM0+或 ARM Cortex-CM4 核 NMI 中断的系统中断数量（个）	1	4	4	4

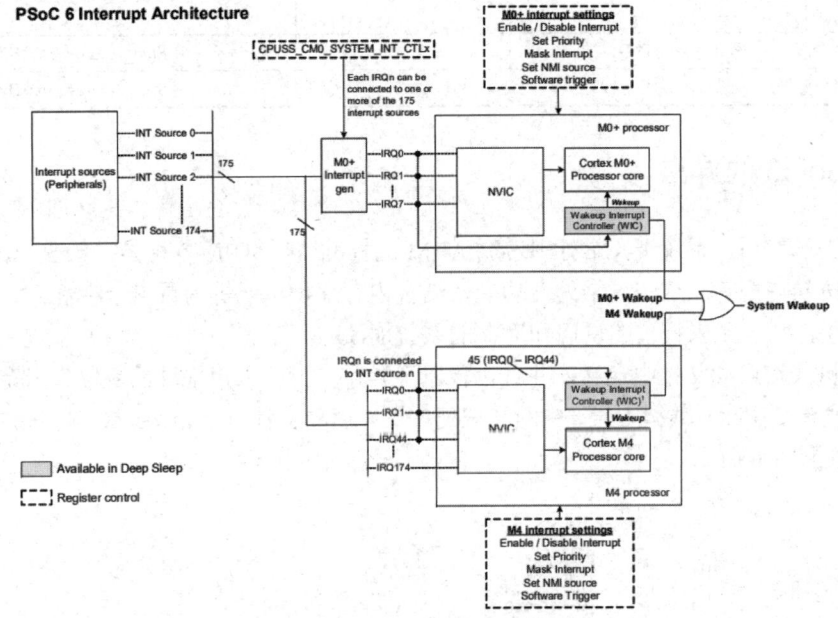

图 2-5　PSoC6 的中断框图

2.4.2　PSoC6 的异常向量表

异常向量表在 PSoC6 中占据了关键位置，它位于程序代码区域的起始位置，确保当 MCU 接收到异常或中断请求时，能够迅速定位到相应的处理程序。这个向量表包含了各种系统级异常和中断的入口点，每个 CPU 都能够访问这些入口点，从而确保对异常和中断的快速响应。

当异常（包括中断）发生时，处理器挂起正常执行的程序，重新设置程序计数器为一个特殊的内存地址（这个地址叫作异常向量表），并开始加载，异常向量表的每个入口包含一个分支指令，该指令指向异常（包括中断）服务程序，如表 2-7 所示。

表 2-7　ARM Cortex-M4 异常向量表

异常编号	异　常	异常优先级	异常向量地址
—	初始化堆栈指针值	—	Start_Address=0x0000 or CM4_SCS_VTOR

续表

异常编号	异 常	异常优先级	异常向量地址
1	复位	-3, 最高优先级	Start_Address +0x0004
2	非屏蔽中断（NMI）	-2	Start_Address+0x0008
3	硬件故障	-1	Start_Address +0x000C
4	存储管理异常	可配置（0～7）	Start_Address+0x0010
5	总线错误	可配置（0～7）	Start_Address+0x0014
6	未定义指令异常	可配置（0～7）	Start_Address+0x0018
7～10	保留	—	—
11	特权调用异常（SVCall）	可配置（0～7）	Start_Address+0x002C
12～13	保留	—	—
14	可挂起特权异常（PendSV）	可配置（0～7）	Start_Address +0x0038
15	系统定时器异常（SysTick）	可配置（0～7）	Start_Address +0x003C
16	外部中断（IRQ0）	可配置（0～7）	Start_Address+0x0040
⋮	⋮	⋮	⋮
188	外部中断（IRQ172）	可配置（0～7）	Start_Address+0x02F0
189	外部异常(IRQ173)	可配置（0～7）	Start_Address+0x02F4

2.4.3   PSoC6 的异常

在 PSoC6 架构中，系统级异常处理遵循 ARM 的标准，能够响应各种异常情况，如非法指令、堆栈溢出或访问违规等。这些异常处理功能，结合内存保护单元等内置安全特性，为系统提供了额外的保护层，避免了未授权的访问和潜在的系统崩溃。

异常向量表在启动文件中定义，并且包含以下异常类型的入口地址：复位、未定义指令、软件中断、预取指令中止、数据中止、中断和快速中断。启动文件 startup_psoc6_02_cm4.S 中异常向量表初始化如图 2-6 所示。

```
74    .align 2
75    .globl    __Vectors
76 __Vectors:
77    .long    __StackTop              /* Top of Stack */
78    .long    Reset_Handler           /* Reset Handler */
79    .long    CY_NMI_HANLDER_ADDR     /* NMI Handler */
80    .long    HardFault_Handler       /* Hard Fault Handler */
81    .long    MemManage_Handler       /* MPU Fault Handler */
82    .long    BusFault_Handler        /* Bus Fault Handler */
83    .long    UsageFault_Handler      /* Usage Fault Handler */
84    .long    0                       /* Reserved */
85    .long    0                       /* Reserved */
86    .long    0                       /* Reserved */
87    .long    0                       /* Reserved */
88    .long    SVC_Handler             /* SVCall Handler */
89    .long    DebugMon_Handler        /* Debug Monitor Handler */
90    .long    0                       /* Reserved */
91    .long    PendSV_Handler          /* PendSV Handler */
92    .long    SysTick_Handler         /* SysTick Handler */
93
94    /* External interrupts                        Description */
95    .long    ioss_interrupts_gpio_0_IRQHandler   /* GPIO Port Interrupt #0 */
96    .long    ioss_interrupts_gpio_1_IRQHandler   /* GPIO Port Interrupt #1 */
97    .long    ioss_interrupts_gpio_2_IRQHandler   /* GPIO Port Interrupt #2 */
```

图 2-6   启动文件 startup_psoc6_02_cm4.S 中异常向量表初始化

2.4.4   PSoC6 的中断源

在 PSoC6 中，中断源是指触发中断处理流程的事件或条件。这些中断源既可以是来自微控制器内部的各种硬件模块，也可以是外设或系统条件。

PSoC6 有多达 175 个中断源（也称为系统中断），系统中断可以触发一个或两个 CPU。任何中断均可被灵活配置，由 Cortex-M4 或 Cortex-M0+内核处理，实现高效的负载分配。每个内核均配备独立的 NVIC，支持可编程优先级和硬件中断嵌套，确保关键任务得到及时响应。所有中断均可被动态启用、禁用或挂起，为核心间通信和系统管理提供了极大灵活性。PSoC6 还支持唤醒中断控制器（WIC）和多个同步块，WIC 允许 CPU 在睡眠或深度睡眠模式下通过中断唤醒，WIC 在 NVIC、处理器核心和其他外设关闭时保持活动。当触发中断时，WIC 激活电源管理系统，恢复 NVIC 和处理器核心及其他外设，每个 CPU 都有独立的 WIC 设置。

　　ARM Cortex-M4 支持多达 240 个中断，而 ARM Cortex-M0+支持 32 个中断。用户可用的 CPU 中断数量取决于设备型号，可查阅芯片手册，获取相应型号的中断数量。ARM Cortex-M4 支持可配置中断优先级，范围为 0～7，ARM Cortex-M0+支持的优先级范围为 0～3。

2.4.5　PSoC6 的中断处理过程

　　当 PSoC6 接收到一个中断请求时，它会暂停当前任务，并保存当前环境，然后跳转到相应的中断处理过程，如图 2-7 所示。在这个过程中，中断的优先级决定了哪个中断先被处理，而 NVIC 则负责管理这个优先级系统。完成中断处理过程后，MCU 将恢复之前的任务，继续程序的执行。这种机制确保了系统在面对多重中断时的稳定性和可靠性。

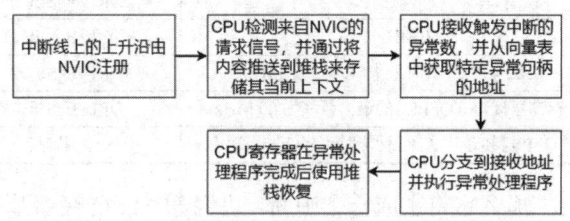

图 2-7　中断处理过程

　　整个异常和中断管理系统结合了 PSoC6 强大的硬件和灵活的配置选项，为开发者提供了一个高效、可靠的平台，帮助设计满足严格实时要求的应用程序。充分利用这些特性，可以确保应用程序及时响应外部事件，同时保持系统的稳定性和安全性。

2.5　PSoC6 双核微处理器硬件设计

2.5.1　GPIO 控制

　　端口是物理引脚或一组引脚，是信号的硬件出口（将一组引脚称为端口，引脚则指单一引脚）。通用输入/输出（GPIO）端口是微控制器中最基本和最重要的端口之一。PSoC6 提供了高达 102 个 GPIO 引脚，这些引脚支持多种驱动强度模式和输入阈值选择。GPIO 模块可以实现下列功能。

　　（1）八种驱动强度模式。

　　① 模拟输入模式（禁用了输入和输出缓冲区）。

　　② 仅输入模式。

　　③ 弱上拉和强下拉模式。

　　④ 强上拉和弱下拉模式。

　　⑤ 开漏和强下拉模式。

　　⑥ 开漏和强上拉模式。

⑦ 强上拉和强下拉模式。

⑧ 弱上拉和弱下拉模式。

（2）输入阈值选择。

输入阈值可选择 CMOS 或 LVTTL。

（3）用于闩锁前一状态的保持模式。

用于保留 I/O 状态在深度睡眠模式和休眠模式中。

（4）dv/dt 相关噪声控制的可选斜率。

该功能用于降低系统 EMI。

各个引脚被放置在逻辑实体（称为端口）上，每个端口的宽度为 8 位。上电和复位期间，各模块被强制禁用，以避免在引脚启用时发生过电流现象。复用网络被称为高速 I/O 矩阵（HSIOM），用于将多个信号复用连接至一个 I/O 引脚。数据输出寄存器和引脚状态寄存器分别用于驱动引脚和保存引脚的当前状态，如表 2-8 所示。

表 2-8　DRIVE_SEL 值

端　　口	最大频率	$V_{DDD} \leqslant 2.7$ V	$V_{DDD} > 2.7$ V
Port 0、1	8 MHz	DRIVE_SEL 2	DRIVE_SEL 3
Port 2	50 MHz	DRIVE_SEL 1	DRIVE_SEL 2
Port 3～10	16 MHz；SPI 模式时最大频率为 25 MHz	DRIVE_SEL 2	DRIVE_SEL 3
Port 11～13	串行存储器接口（QSPI）的最大频率为 80 MHz	DRIVE_SEL 1	DRIVE_SEL 2
Port 9、10	优化 TQFP 封装芯片 ADC 性能时可降低转换速率	无限制	无限制

如果 I/O 引脚被使能，那么它将生成一个中断，并且每个 I/O 接口都有一个中断请求（IRQ）和相关的中断服务程序（ISR）向量。6 个 GPIO 引脚能够进行过压容限（OVT）操作，其中输入电压可能高于 V_{DDD}（这些引脚可用于 I2C[①]功能，以允许在关闭芯片电源的同时保持与操作 I2C 总线的物理连接，而不影响其功能）。GPIO 引脚可以组合，以吸收灌电流值为 16mA 或更高值的电流。GPIO 引脚不能上拉高于 3.6V。

2.5.2　音频子系统

音频子系统是嵌入式系统中用于处理音频信号的组件。它包括硬件和软件部分，能够实现音频信号的录制、处理、存储和回放。PSoC6 的音频子系统包括两个 Inter-IC Sound（I2S）[②]接口和两个脉冲密度调制（PDM）到脉冲编码调制（PCM）解码器通道，支持多种数据格式和可编程的通道/字长度。PDM 音频设备与 PSoC6 接口如图 2-8 所示。

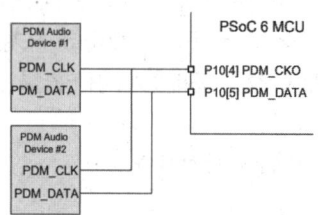

图 2-8　PDM 音频设备与 PSoC6 接口

---

① 本书中应使用 I²C 表示 I2C，但是为了与图片保持一致，这里不做修改。

② 本书中应使用 I²S 表示 I2S，但是为了与图片保持一致，这里不做修改。

I2S 接口常用于连接音频编/解码器、简单的 DAC 和数字麦克风。I2S 音频设备与 PSoC6 接口如图 2-9 所示。PDM 到 PCM 解码器可将 PDM 输入流解码为 PCM 输出，支持可编程的增益调整和抗噪声功能，非常适合连接数字 PDM 麦克风。PDM 通道接口将比特流输出到 PDM 麦克风。PDM 处理通道提供固定偏差校正，并且可以在范围为 384kHz～3.072MHz 的时钟频率下操作，在高达 48ksps 的音频采样率下产生 16～24 位的字长。I2S 接口支持主机和从机模式，字时钟速率高达 192ksps（8～32 位字）。

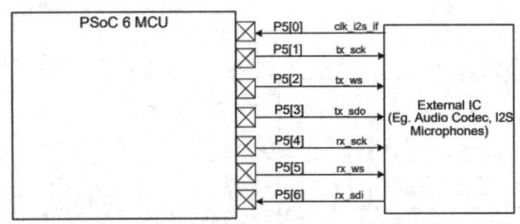

图 2-9　I2S 音频设备与 PSoC6 接口

2.5.3　模拟器件 CapSence 设计

CapSense 是 Cypress 推出的一种电容式触摸感应技术，广泛应用于嵌入式系统的用户界面设计。该技术利用电容式感应原理，通过测量电极间的电容变化来检测用户的触摸。电极通常由导电材料制成，可以设计成不同的形状和大小，既可用于检测触摸或滑动动作，也可实现接近感应。

通过可连接到模拟多路复用总线的 CapSense Sigma-Delta（CSD）模块，PSoC6 中的所有引脚都支持 CapSense。任何 GPIO 引脚都可通过模拟开关连接到该 AMUX 总线。因此，在软件控制情况下，系统中的任何有效引脚或引脚组都可以提供 CapSense 功能。Cypress 为 CapSense 模块提供了易于使用的软件组件。

屏蔽电压可以通过另一个复用器总线驱动，以提供防水性能。通过在同相位驱动屏蔽电极和感应电极上提供防水功能，防止屏蔽电容衰减感应输入。

CapSense 模块具有两个 7 位 IDAC。如果 CapSense 未使用（两个 IDAC 都可用）或没有启用防水功能（一个 IDAC 有效），那么可以将这两个 IDAC 用于通用目的。可以通过使用一个 IDAC 来实现（较慢的）10 位斜率 ADC。该模块可以实现滑动、单击、触摸唤醒（工作电压为 1.8 V 时，电流小于 3μA）、互电容和其他类型的感应功能。CapSense 软件/固件子系统如图 2-10 所示。

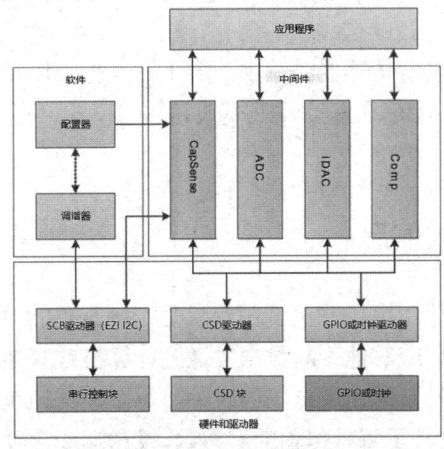

图 2-10　CapSense 软件/固件子系统

2.5.4　12 位 SAR ADC

PSoC6 的 12 位逐次逼近寄存器（SAR）ADC 具有高达 1Msps 的采样率，支持多种内部参考电压和可编程的采样保持时间，以适应高阻抗信号源。SAR ADC 可以配置为单端或差分信号，使其成为多种应用的理想选择。它连接到固定的引脚组，并通过输入复用器支持多通道自动扫描，以实现高效的数据采集，如图 2-11 所示。

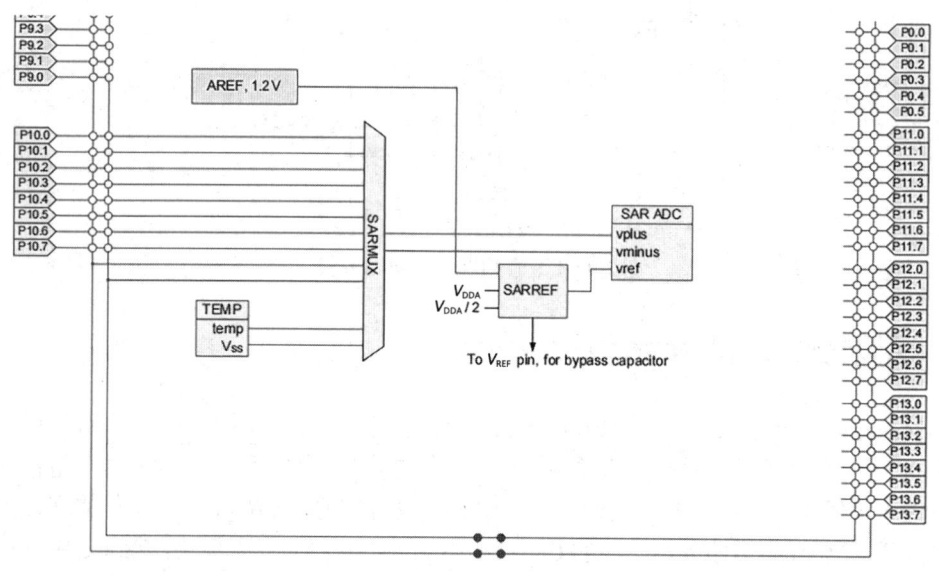

图 2-11　PSoC6 SAR ADC

12 位的 1Msps 的 SAR ADC 可在 18 MHz 的最大时钟速率下运行，在该频率下，进行一次 12 位数据转换至少需要 18 个时钟周期。通过向其添加参考缓冲器（可微调至 ±1%），并提供三个内部参考电压：V_{DD}、$V_{DD}/2$ 和 V_{REF}（标称值为 1.024V），以及通过 GPIO 引脚的外部参考来增加用户的模块功能。此外，SAR ADC 的采样保持（Sample-and-Hold）孔径具备可编程功能，当系统需要处理高阻抗信号时，可通过调整孔径参数，为信号提供足够的稳定时间，确保采样信号能达到所需的稳定状态，避免因信号未充分稳定而导致采样误差。基准电压的稳定性、精度和噪声直接决定 ADC 的转换基准，如使用合适的基准电压源，该 SAR ADC 可实现 65dB 的信噪比（SNR），并支持真正的 12 位精度。为改善嘈杂环境中 ADC 性能，可通过固定的 VREF 引脚，为内部基准放大器添加一个外部旁路电容。

SAR ADC 可以量化片上温度传感器的输出，用于对其他温度相关功能做校准。当需要高速时钟（可高达 18MHz）时，该 ADC 在深度睡眠模式和休眠模式下不可用。SAR ADC 的工作电压范围为 1.71～3.6V。

2.5.5　使用串口输出调试信息

在嵌入式系统的开发中，使用串口输出调试信息是一种常见的调试方法。它允许开发者将程序运行时的状态信息、错误消息或其他诊断数据发送到计算机或其他显示设备。UART 不需要时钟信号，发送端和接收端各自独立地使用自己的时钟。每个数据帧包括起始位、数据位、可选的奇偶校验位和停止位。波特率定义了每秒传输的字符数，发送端和接收端需要设置相同的波特率，以确保通信同步。

PSoC6 提供了丰富的调试和跟踪功能，帮助开发者更方便地调试和优化应用程序。ARM Cortex-M4 核支持 6 个硬件断点和 6 个观察点，以及通过单线输出（SWO）引脚进行 printf()风格的调试。而 ARM Cortex-M0+核则支持 4 个硬件断点和两个观察点，并配有 4 KB 专用 RAM 的微跟踪缓冲区（MTB）。此外，PSoC6 还集成了一个嵌入式交叉触发器，以实现两个 CPU 的同步调试和跟踪，提高了调试效率和精度。

PSoC62 拥有 9 个独立的可重配置串行通信模块（SCB），每个模块都可以通过软件配置为 I2C、SPI 或 UART。此外，它还支持 USB 全速双角色主机和设备接口。

2.6　基于 PSoC6 双核微处理器开展项目开发

2.6.1　支持的开发环境

在嵌入式系统的开发中，开发环境是指提供项目管理、编程、调试和其他开发活动支持的软件工具和平台。英飞凌提供了多元化的开发环境支持，确保开发者能够根据自己的习惯和项目需求选择合适的工具。

ModusToolbox 是英飞凌推荐的主要开发工具，支持从设备配置到代码生成、调试和测试的整个开发流程。PSoC Creator 是专为 PSoC 系列微控制器设计的 IDE，提供易于使用的图形用户界面和丰富的库支持。此外，PSoC6 也支持其他流行的 IDE，如 IAR Embedded Workbench、Keil MDK 等，使开发者享有更广泛的选择空间。本书主要使用国产 RTT Studio 开发环境，RTT Studio 是一款一站式的开发工具，通过简单易用的图形化配置系统和丰富的软件包与组件资源，使物联网开发变得简单、高效。

2.6.2　设计注意事项

设计注意事项是指在开发嵌入式系统时，尤其是使用 PSoC6 时需要考虑的关键因素。这些注意事项涵盖了硬件设计、软件开发、性能优化、安全性和可靠性等多个方面。下面主要介绍基于 PSoC6 的硬件设计注意事项。

1. 电源

PSoC6 可由单电源供电，电压范围大，范围为 1.7～3.6V。如表 2-9 所示，它具有用于模拟和数字模块的独立电源域。

表 2-9　PSoC6 电源引脚分布

电源域	电源引脚	接地引脚	支持的电压范围	描　　述
SIMO 降压稳压器	VDD_NS	VSS	1.7～3.6V	输入到 SIMO 降压稳压器
	VBUCK1	VSS	ULP 或 LP	片上 SIMO 降压稳压器的输出信号为 1。需要旁路电容连接才能正常工作。当内部稳压器断开时，此输出可为 VCCD 引脚供电。有关的支持电压范围（ULP 或 LP），请参见器件数据手册
	VRF	VSS	1.05～1.5V	片上 SIMO 降压稳压器的输出信号为 2。需要旁路电容连接才能正常工作。此输出信号可为 VDCDC 引脚输入供电
	VIND1、VIND2	—	—	SIMO 降压稳压器所需的电感引脚

续表

电源域	电源引脚	接地引脚	支持的电压范围	描　述
SISO 降压稳压器	VDD_NS	VSS	1.7～3.6V	SISO 降压稳压器所需的电感引脚
	VIND	—	—	为内部降压稳压器提供电感连接
模拟	VDDA	VSS	1.7～3.6V	模拟电源输入
数字	VDDD	VSS	1.7～3.6V	数字电源输入和核心稳压器的电源输入
	VCCD	VSS	ULP 或 LP	内部核心稳压器（LDO）输出。需要旁路电容连接才能正常工作。内部稳压器关闭时用作核心电源输入。有关的支持电压范围（ULP 或 LP），请参见器件数据手册
	VDDUSB	VSS	2.85～3.6V	给 USB 模块供电的引脚。当不使用 USB 时，相应引脚支持的电压范围是 1.7～3.6V
I/O	VDDIOx x = 0,1,2	VSS	1.7～3.6V	I/O 电源输入
RF	VDDR	VSSR	1.05～1.5V	BLE 无线模拟电源输入；从外部连接到 VDCDC 引脚
	VDDR_HVL	VSS	1.75～1.95V	PSoC6 MCU 到 BLE 无线接口供电输出；需要旁路电容连接才能正常工作
	VDCDC	VSS	1.05～1.5V	BLE 无线数字电源输入；通常从外部连接到 VRF
	DVDD	VSS	大约 1V	BLE 子系统稳压器（LDO）输出；需要旁路电容连接才能正常工作
Backup	VBACKUP	VSS	1.4～3.6V	备份域供电

通常，将一个 0.1μF 和一个 1μF 或 10μF 的陶瓷去耦电容连接到每个电源引脚（请注意，某些封装具有多个 VDDD、VDDA、VDDR 和 VDDIO 引脚）。建议在输入电源和 VDD_NS 引脚之间使用铁氧体磁珠，以将 VDD_NS 域与电源隔离。这是因为 SIMO 降压操作会在 VDD_NS 轨道上注入噪声。引脚与电容之间的 PCB 走线应尽可能短，如图 2-12 所示。

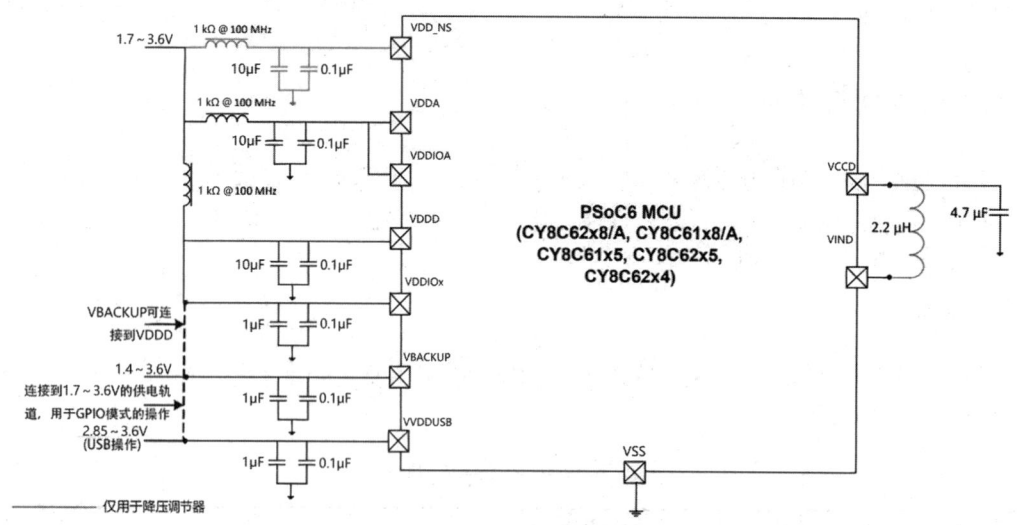

图 2-12　PSoC6 供电电源引脚

2．时钟

PSoC6 时钟系统包括三个内部时钟源：8 MHz 内部主振荡器（IMO）、32 kHz 内部低速振荡器（ILO）和精密 32 kHz 内部低速振荡器（PILO）。其中，IMO 的精度为±1%，ILO 的精度为±5%，PILO 的精度为±2%，使用高精度时钟源可校准至±250ppm。

除内部时钟源外，PSoC6 还有三个外部时钟源：使用来自 I/O 引脚信号的外部时钟（EXTCLK），

4MHz～33.33 MHz ECO 和 32.768kHz 外部时钟晶体振荡器（WCO）。

ECO 模块需要连接外部晶体振荡器（以下简称晶振）至相应的引脚，如图 2-13 所示。可以使用 PSoC Creator 集成开发环境进行硬件配置。当在 Design Wide Resources 窗口的 Clocks 选项卡中启用 ECO 时，PSoC Creator 会自动锁定并配置相应的 I/O 引脚，以连接 ECO。

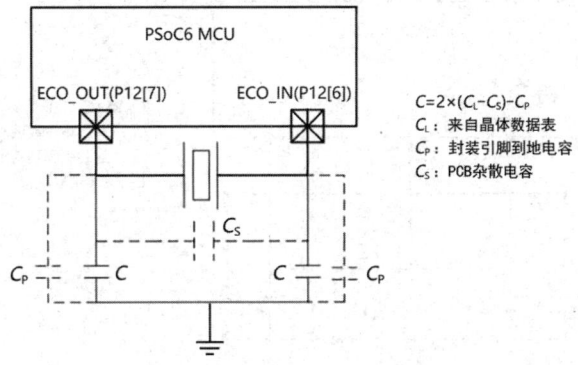

图 2-13　PSoC6 ECO 电路

根据晶振频率和制造商提供的参数，可以在"Configure ECO"对话框中进一步配置 ECO。晶振制造商通常提供相关参数，即最大驱动电平（DL）、等效串联电阻（ESR）和并联负载电容（CL）。应在"Configure ECO"对话框中输入这些数据，以正确配置 ECO，如图 2-14 所示。

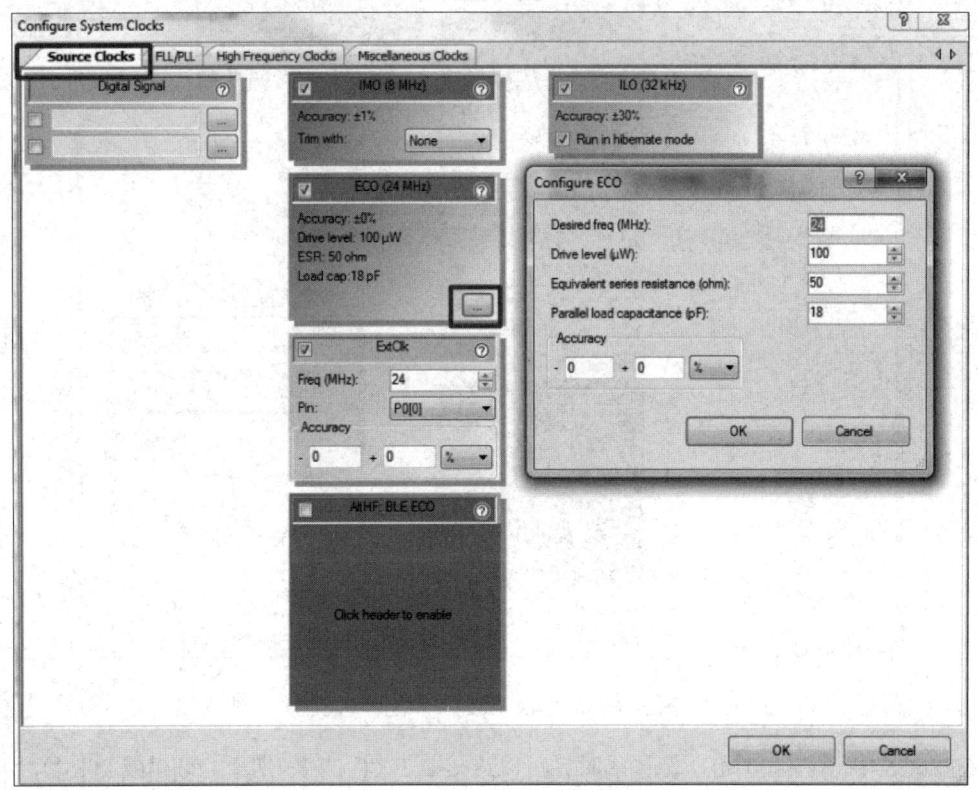

图 2-14　在 PSoC Creator 中配置 ECO

WCO 模块需要外部 32.768 kHz 晶振及输入和输出负载电容才能正常工作。如图 2-15 所示，WCO 模块可以完全旁路，32.768 kHz 外部方波可以直接馈入 WCO_OUT 引脚。在此配置中，

WCO_IN 引脚应悬空。如果需要绕过 WCO，那么需要在"Configure System Clocks"对话框中启用 WCO，并在"Configure WCO"对话框中的"Clock port"选区单击"Bypass"单选按钮，如图 2-16 所示。这样配置后，WCO 模块将把 32.768kHz 时钟路由到 RTC 和 LFCLK，通过 WCO_OUT 引脚输出，同时确保 WCO_IN 引脚未使用，并在设计中将其悬空。

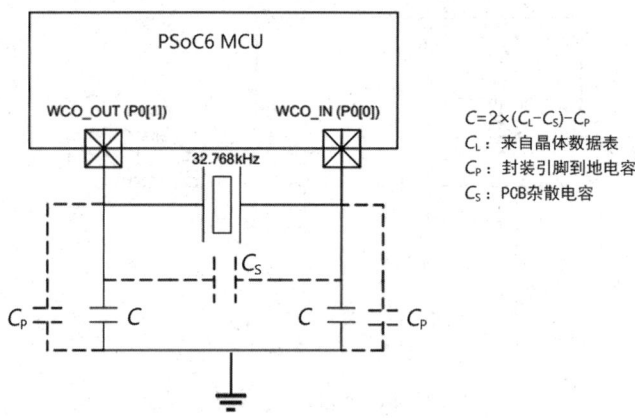

图 2-15　PSoC6 WCO 电路

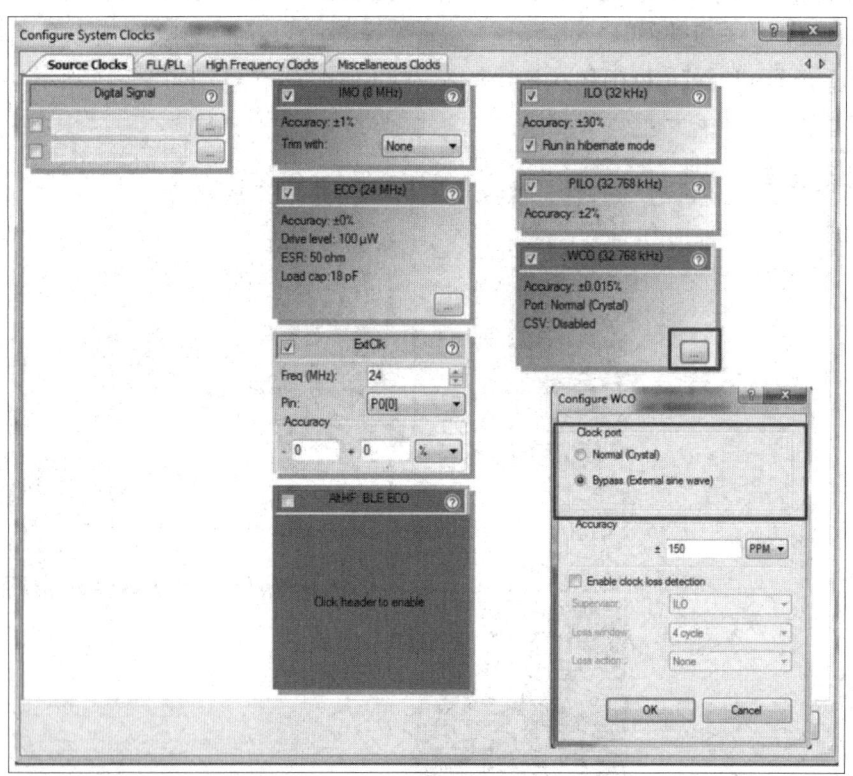

图 2-16　在 PSoC Creator 中配置 WCO

在 PSoC6 中，0～100 MHz 范围的时钟可以连接到 EXT_CLK 引脚（P0[0]或 P0[5]），并路由到 PSoC6 内的各个模块，如图 2-17 所示。当选择特定引脚接收外部时钟时，PSoC Creator 会自动为 ExtClk 配置并保留该引脚。PSoC6 期望在 ExtClk 输入端接收到 0～100MHz 范围的数字信号，且占空比在 45%～55%之间。

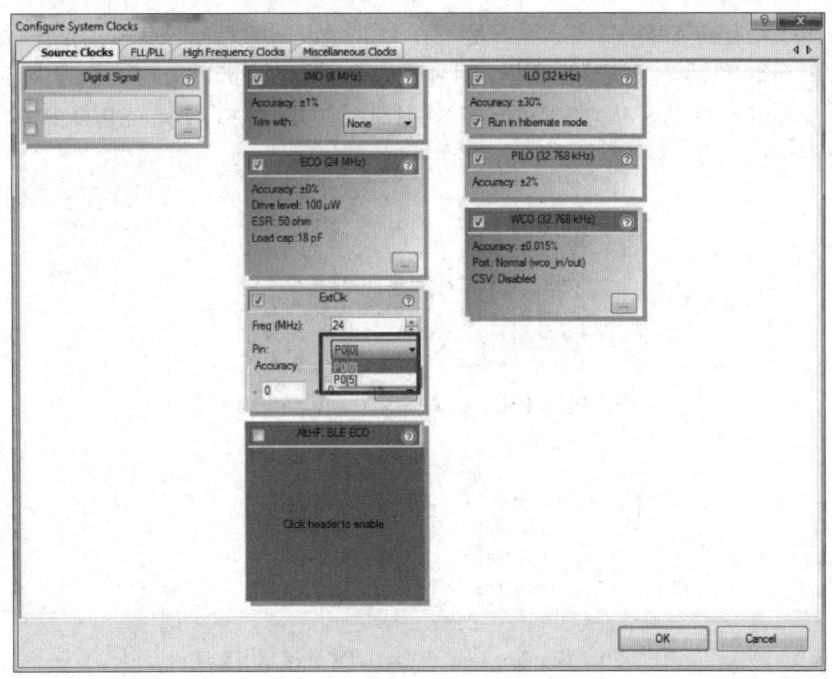

图 2-17　在 PSoC Creator 中配置 ExtClk

3．复位

PSoC6 具有复位引脚 XRES，该引脚为低电平有效。为确保 XRES 引脚不会悬空并且器件可以正常工作，需要使用 4.7kΩ 电阻将 XRES 引脚上拉至 VDDD。此外，还可以将一个电容（通常为 0.1μF）连接到 XRES 引脚，如图 2-18 所示，以滤除毛刺并提高复位信号的抗噪性。如果 PSoC6 由外部主机控制，那么 XRES 引脚可以由主机直接驱动。

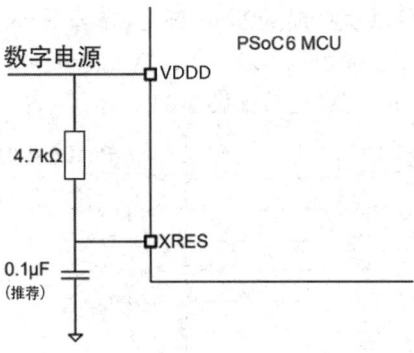

图 2-18　复位电路

4．编程和调试

PSoC6 编程和调试接口为外部器件提供通信网关，以执行编程或调试。外设既可以是 Cypress 提供的编程器和调试器，也可以是支持编程和调试的第三方设备。串行线调试（SWD）或 JTAG 接口可用作外部器件和 PSoC6 之间的编程或调试协议。此外，PSoC6 还支持 ARM Cortex-M4 CPU 上的 ARM Embedded Trace Macrocell（ETM）。

对于 SWD 编程或调试，可以使用 PSoC6 套件（KitProg3）的板载编程器或调试器。MiniProg3 支持 10 针和 5 针连接器，用于 SWD 编程和调试，如图 2-19 所示。除 SWD 外，PSoC6 还支持

ARM 定义的单线查看器（SWV）接口。SWV 接口用于程序和数据监控，其中固件可以使用类似于计算机上的"printf"调试方法输出数据，且使用单个引脚。MiniProg3 中的 SWV 支持仅适用于 10 针连接器，MiniProg3 的 SWD+SWV 连接器引脚映射如图 2-20 所示。SWD/SWV 与 PSoC6 的连接如图 2-21 所示。

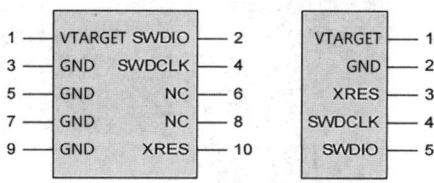

图 2-19　MiniProg3 的 SWD 连接器引脚映射

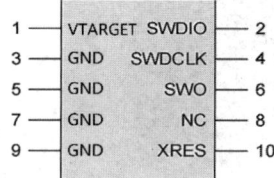

图 2-20　MiniProg3 的 SWD+SWV 连接器引脚映射

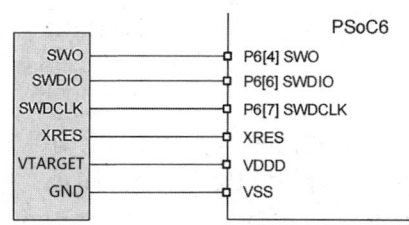

图 2-21　SWD/SWV 与 PSoC6 的连接

对于 JTAG 编程和调试，可以使用 MiniProg3 或 ULINK 等外部调试器。PSoC6 支持 4 线和 5 线 JTAG 编程。PSoC6 的 JTAG 连接如图 2-22 所示。MiniProg3 支持 10 针连接器上的 4 线 JTAG 编程，如图 2-23 所示。PSoC6 的 ETM 连接如图 2-24 所示。

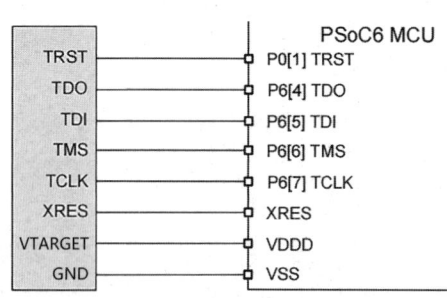

图 2-22　PSoC6 的 JTAG 连接

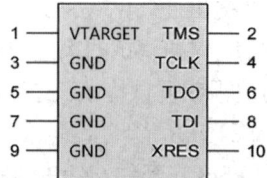

图 2-23　MiniProg3 10 针连接器的 JTAG 连接

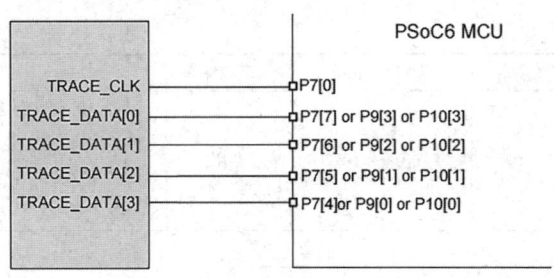

图 2-24　PSoC6 的 ETM 连接

5. GPIO 引脚

PSoC6 提供了灵活的 GPIO 引脚，所有 GPIO 引脚均可由固件控制。其中，大多数 GPIO 引脚还可以连接到 PSoC6 的外设。不同组件的终端具有不同的专用或固定引脚，如表 2-10 所示。使用专用引脚时，外设连接到专用引脚可获得最佳性能。但为了提高灵活性，外设也可以连接到其他引脚，尽管这会消耗一些内部布线资源。PSoC6 的灵活性和 I/O 能力使得大多数信号可以路由到大多数引脚，这极大地简化了电路设计和布局。如果外设有固定引脚，那么只能将其连接到这些引脚上。

表 2-10　引脚功能

模　块	引脚名称	Port#[Pin#]	固定或专有	备　注
系统功能引脚				
运行时调试			固定	如果需要运行时调试，跟踪或 SWV 支持，那么需要在 PSoC Creator 部分说明的系统设置中选择适当的设置。选择将自动锁定所需的 I/O 用于此目的
外部晶振（ECO）	ECO_IN	P12[6]	固定	ECO 的频率范围为 4～33.33MHz；不使用 BLEECO 或所需的晶振频率不是 16/32 MHz 时，请使用此 ECO
	ECO_OUT	P12[7]	固定	
时钟晶振（WCO）	WCO_IN	P0[0]	固定	如果需要高精度和低频时钟用于 RTC 或深度休眠唤醒，那么需要使用带有 32.768kHz ECO 或时钟的 WCO 模块。请注意，即使移除器件的 VDDD（应存在 VBACKUP 电源），WCO 模块也会出现在器件的备份域中并且可用
	WCO_OUT	P0[1]	固定	
唤醒（休眠和 PMIC 控制器）	HIB_WAKEUP	P0[4]或 P1[4]	固定	休眠唤醒引脚用于将 PSoC6 从休眠模式中唤醒。要唤醒提供 VDDD 的 PMIC，请使用 WAKEUP_OUT 引脚。PMIC 唤醒信号可以从内部 RTC 报警或 P0[4]（WAKEUP_IN）上的输入生成
	WAKEUP_OUT	P0[5]	固定	
	WAKEUP_IN	P0[4]	固定	
外部时钟	EXT_CLK	P0[0]或 P0[5]	固定	将引脚配置为输入（高阻抗数字），以接收外部时钟。将引脚配置为输出（禁用输入缓冲器的强驱动），以便将内部时钟（HFClk4）输出
模拟引脚				
低功耗比较器	LPCOMP. IN_P	P5[6]，P6[2]	专用	PSoC6 具有两个低功耗比较器，可在所有系统功耗模式下工作
	LPCOMP. IN_N	P5[7]，P6[3]	专用	
CapSense	CMOD	P7[1]或 P7[2] 或 P7[7]	固定	对于自电容方法，将调制器电容连接到 CMOD 引脚，将储存电容连接到 CSH_TANK 引脚。对于互电容方法，连接两个积分电容的 CINT1 和 CINT2 引脚。有关详细信息，请参见 CapSense 部分
	CSH_TAN	P7[1]或 P7[2] 或 P7[7]	固定	
	CINT1	P7[1]	固定	
	CINT2	P7[2]	固定	

续表

模　块	引脚名称	Port#[Pin#]	固定或专有	备　注
SAR ADC	SAR ADC 引脚	P10[0]～P10[7]	专用	端口 10 具有到 SAR ADC 的专用连接。可以使用 AMUX A 和 AMUX B 将 ADC 连接路由到其他端口。端口 9 是端口 10 之后的首选端口，因为与其他端口的连接在其路径中涉及额外的开关电阻
数字引脚				
定时器/计数器脉冲宽度调制器（TCPWM）	TCPWM 引脚	参考器件数据手册	专用	PSoC6 具有多达 32 个 TCPWM 模块，每个模块具有两个互补的 PWM 信号。这些信号都被路由到专用的 GPIO 引脚
串行通信模块（SCB）	SCB 引脚	参考器件数据手册	固定	PSoC6 具有多达 9 个 SCB，其中 8 个 SCB 可配置为 SPI、I2C 或 UART。一个 SCB 仅支持 I2C 从设备或 SPI 从模式，并且在深度睡眠模式下可用
串行存储器接口（SMIF）	SMIF 引脚	P11[0]～P11[7] P12[0]～P12[4]	固定	SMIF 模块使用固定引脚。有关这些引脚的详细信息，请参见 SMIF 部分和器件数据手册
音频模块	PDM_DATA	P10[5]或 P12[5]	固定	音频子系统由 I2S 模块和两个 PDM 通道组成
	PDM_CLK	P10[4]或 P12[4]	固定	
	I2S_TX_SCK	P5[1]	固定	
	I2S_TX_WS	P5[2]	固定	
	I2S_TX_SDO	P5[3]	固定	
	I2S_RX_SCK	P5[4]	固定	
	I2S_RX_WS	P5[5]	固定	
	I2S_RX_SDO	P5[6]	固定	
	I2S_MCLK	P5[0]	固定	

6．CapSense

在自电容模式下，可以将任何 PSoC6 引脚连接到 CapSense 传感器，CMOD（或 C_MOD）引脚除外，该引脚专用于调制电容（CMOD）功能。在 PSoC6 中，CMOD 应连接到 P7[1]、P7[2]或 P7[7]。如果需要使用屏蔽电极进行防水或接近功能，那么可能还需要为储能电容 CSH_TANK 保留 CTANK（或 C_SH_TANK）引脚。在 PSoC6 中，CSH_TANK 可以连接到 P7[1]、P7[2]或 P7[7]。如果屏蔽的寄生电容小于 200pF，那么可以选择使用 CSH_TANK；否则，建议使用储罐电容以提高防水性能。CMOD 的值通常为 2.2nF。CSH_TANK 的值通常为 10nF。

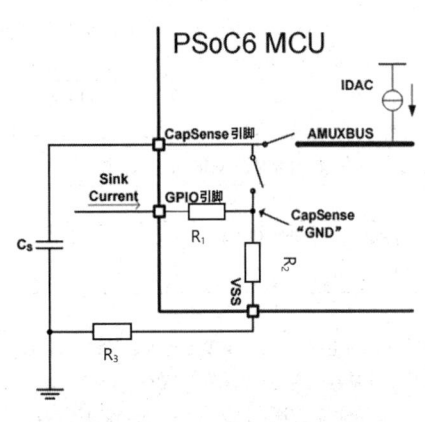

图 2-25　CapSense 共享返回路径

在互电容模式下，可以将任何 PSoC6 引脚连接到 CapSense Rx/Tx 传感器。为确保正常操作，需要使用两个积分电容（CINT1 和 CINT2）。建议在 CINT1 和 CINT2 上使用 470pF 电容。在 PSoC6 中，CINT1 和 CINT2 应连接到 P7[1]和 P7[2]。CapSense 通过传感器电容的微小变化（小于 1pF）检测手指触摸，因此它对信号和噪声都非常敏感。具有接近 CapSense 引脚的灌电流的引脚能够向 CapSense 模块的 GND 引入偏移。如图 2-25 所示，图中展示了 IDAC 模式下 CapSense 的开关电路。R_1 和 R_2 代表 PSoC6 内部走线的电阻，R_3 代表 PCB 走线的电阻。灌电流和 CapSense 电流的共享返回路径由 R_2 和 R_3 组成。引脚与 CapSense 引脚越接近，流过返回路径的灌电流越大，产生的偏移也越显著。

7．SAR ADC

PSoC6 具有一个 12 位的差分 SAR ADC，采样率高达 1Msps。SARMUX [7:0]引脚是 SAR ADC 多通道输入的专用引脚，能够提供最低的寄生路径电阻和电容。此外，还可以通过内部模拟总线将信号从其他引脚路由到 SAR ADC，但这样会增大开关电阻及额外寄生电容。

PSoC6 还提供一个 1.024 V（±1%）的高精度内部参考电压。此外，还可以使用其他内部参考电压（包括 V_{DDA} 和 $V_{DDA}/2$），以扩大 SAR ADC 的输入电压范围。当 V_{DDA} 和 $V_{DDA}/2$ 作为参考电压时，其精度取决于电源系统设计，它可能不如 1.024V 的高精度内部参考电压。当使用内部参考电压或 $V_{DDA}/2$ 作为参考电压时，一个旁路电容或 VREF 引脚会有助于 SAR ADC 在更高的时钟频率下运行。如果需要具有更高精度或特定电压值的基准电压源，那么可以将自定义外部基准电压源和旁路电容连接到 VREF 引脚。SAR ADC 在物理上是差分的，选择单端输入模式时，必须选择负输入的连接。可供选择的负输入连接有三种：VSS、VREF 和外部引脚。SAR ADC 的输入范围受所选参考电压影响，如表 2-11 所示。

表 2-11　SAR ADC 参数

参　　考	VDDA	最大组件时钟频率（MHz）	最高采样率
外部参考	1.7～3.6V	18	1Msps
没有旁路电容的内部参考电压	1.7～3.6V	1.8	100ksps/200ksps
带旁路电容的内部参考电压	1.7～3.6V	18	1Msps
VDDA 作为参考	1.7～2.7V	18	1Msps

8．使用外部存储器

PSoC6 可以与外部存储器连接，使用串行存储器接口（SMIF）IP 模块来实现该功能。SMIF 模块支持单 SPI、双 SPI、四 SPI 或八 SPI 通信，以与外部存储器芯片连接。SMIF 模块的主要用途是设置外部存储器并使用硬件将其映射到 PSoC6 的存储空间。这种操作模式称为 XIP 模式，允许 PSoC6 的总线主控器直接与 SMIF 进行交互，以便直接访问外部存储器位置。SMIF 模块连接到专用引脚。因此，如果设计需要使用外部存储器，那么应使用相应的引脚。PSoC6 接口的串行存储器连接图如图 2-26 所示。

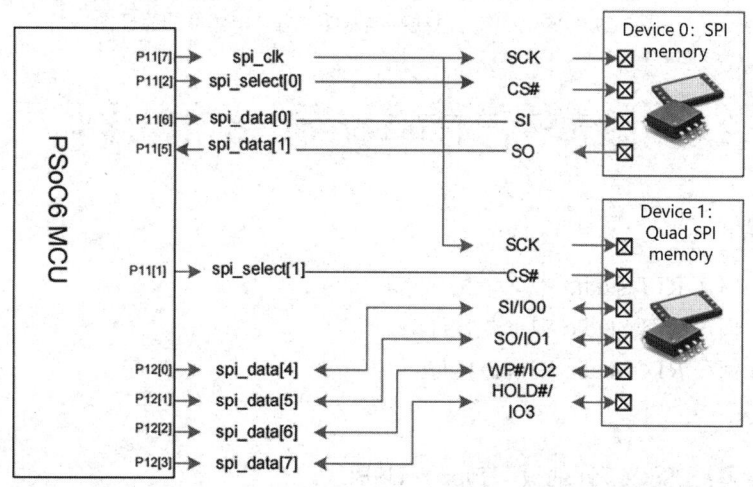

图 2-26　PSoC6 接口的串行存储器连接图

9. USB 连接

USB 模块可用作 PSoC6 器件中的固定功能数字模块，支持全速通信（12Mbit/s），符合 USB 2.0 标准。USB 模块包括发送器和接收器，对应 USB 物理层（USB PHY）。PSoC6 中的 USB PHY 还包括 D +线上的上拉电阻，以将器件标识为主机的全速类型，如表 2-12 所示。此外，PHY 在 USB 线路上集成了 22Ω 串联终端电阻。

表 2-12   USB 端口引脚

信　号	PORT/PAD	功　能
USBDP（D+）	P14[0]	数据线
USBDM（D−）	P14[1]	反转数据线
VBUS	VDDUSB	USB 电源
GND	—	接地

在 USB 通信协议中，USB 器件是主机的总线从属设备。当主机发出请求时，USB 器件通过总线传输数据或控制信息。USB 器件既可以通过总线供电，从主机获取电力，也可以自供电。图 2-27 所示为 PSoC6 作为总线供电器件和自供电器件的原理图。

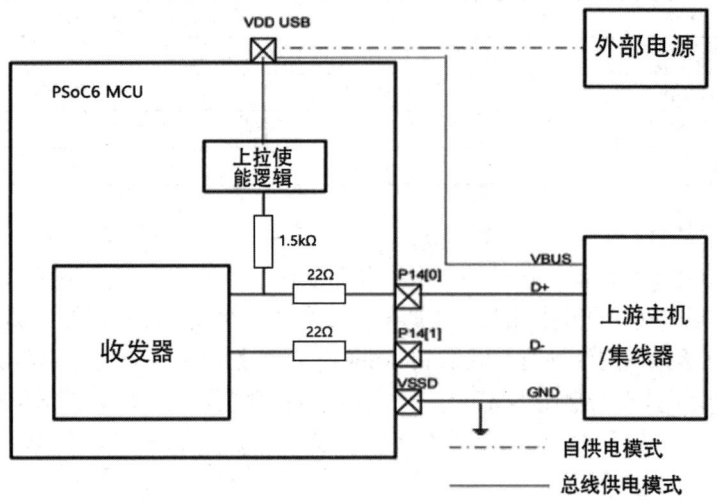

图 2-27   PSoC6 作为总线供电器件和自供电器件的原理图

2.7　实验 2：下载和运行 RT-Thread 演示程序

1. 实验目的

（1）掌握如何在 RTT Studio 中编译程序。

（2）掌握如何在 RTT Studio 中下载程序。

（3）掌握如何在 RTT Studio 中调试程序。

2. 实验准备

（1）硬件设备：PSoC62 评估板、Type-C USB 线。

（2）软件环境：RTT Studio IDE 开发环境、RTT 操作系统。

3. 实验步骤

（1）编译程序。构建好项目后，在 RTT Studio 中编译程序，选择 IDE 左上角的"构建"选项进行工程的编译（快捷键 Ctrl+B），如图 2-28 所示。

图 2-28　RTT Studio 工程编译

（2）下载程序。在 RTT Studio 中调试或下载程序，当编译完成且没有提示错误警告时，选择"调试"或"下载"选项进行调试或下载，如图 2-29 所示。

图 2-29　在 RTT Studio 中调试和下载程序

注：若选择"下载"选项并下载成功后，串口终端无显示信息，则手动按下复位按键进行重启运行。

下载程序成功之后，按下 PSoC62 评估板上的"复位"按钮，系统开始运行。打开终端工具串口助手，选择波特率为 115200bit/s。复位设备后，LED 将会以每秒 2 次的频率闪烁，而且在终端上可以看到 RTT 的输出信息，如图 2-30 所示。

```
msh >
 \ | /
- RT -     Thread Operating System
 / | \     5.0.1 build Mar 20 2024 10:39:49
2006 - 2022 Copyright by RT-Thread team
```

图 2-30　RTT Studio 终端上的显示信息

注：推荐使用串口调试助手，如 MobaXterm。

（3）调试程序。如果需要进行程序调试，那么可以单击工具栏中的"调试"按钮，启动调试功能。进入调试功能后，工具栏中出现如下调试按钮，如图 2-31 所示。

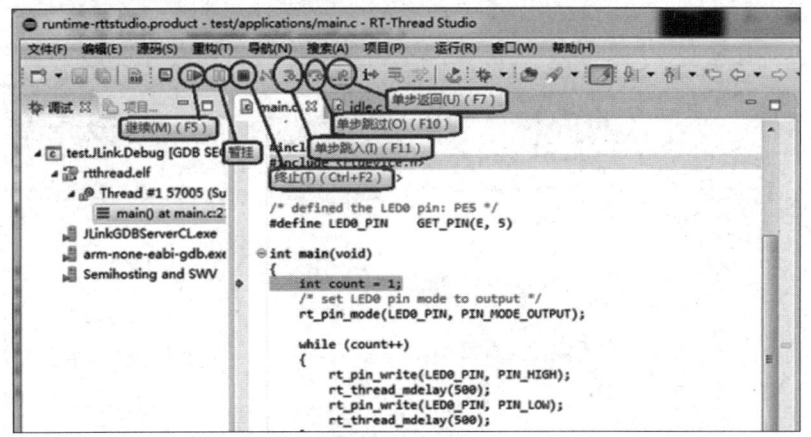

图 2-31　调试 RTT 程序

在调试模式下，在程序需要的位置双击行序号处即可添加断点，如图 2-32 所示。

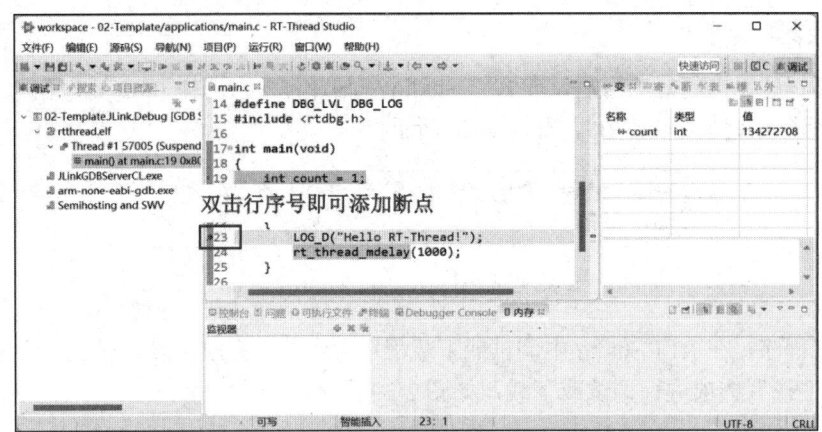

图 2-32　添加断点

单击工具栏中的"继续"按钮，程序全速运行，当运行到断点处时会停止运行。在右侧的断点管理器中可以查看到所有断点，如图 2-33 所示，在这里可以将不需要的断点取消。

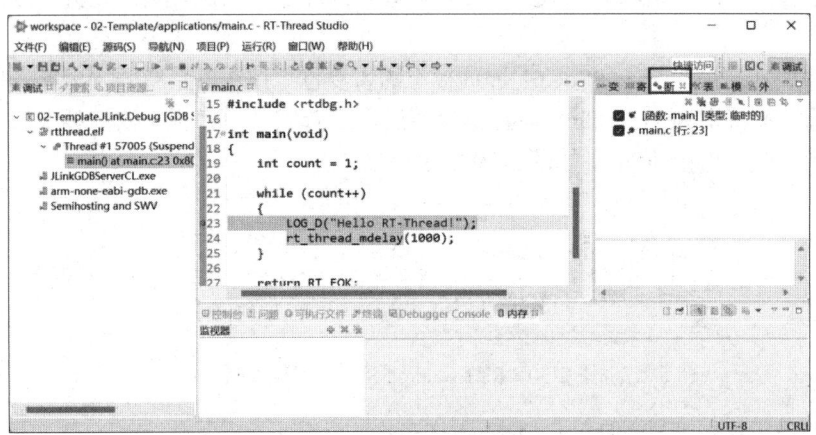

图 2-33　断点管理器

在右侧分栏中找到变量管理器，这个管理器中默认显示当前所在函数中的所有变量，如图 2-34 所示。

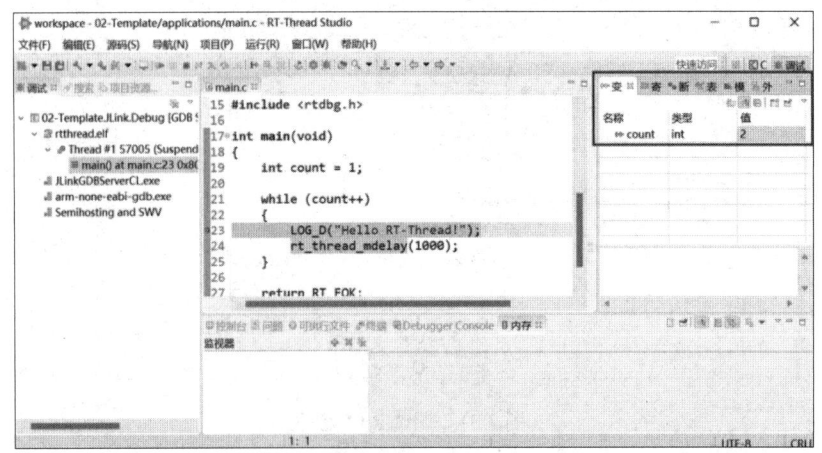

图 2-34　变量管理器

也可以手动输入要查阅的变量名，在表达式窗口中输入表达式即可。如图 2-35 所示，可以通过输入 count 变量来进行查找。

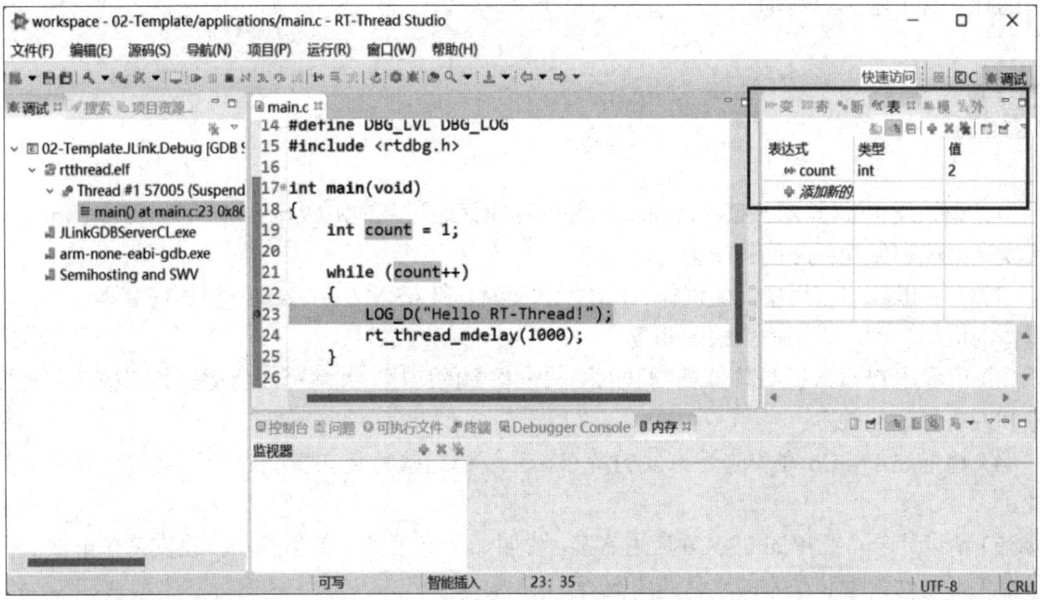

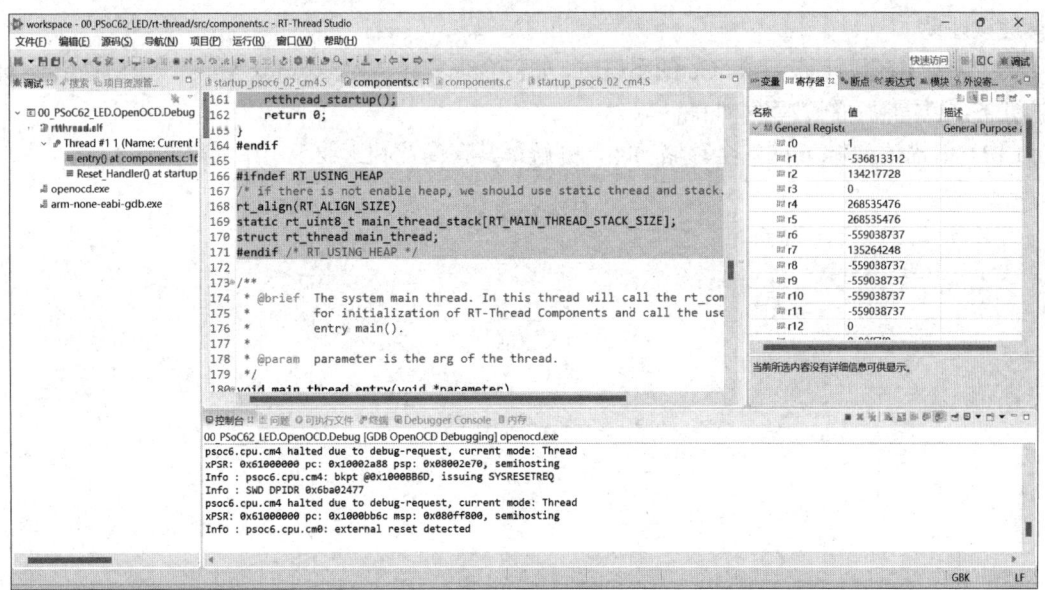

图 2-35　表达式窗口

在寄存器窗口中可以查看寄存器的数值，如图 2-36 所示。

图 2-36　寄存器窗口

2.8　本章小结

本章主要介绍了 PSoC6 的双核架构、功能和在智能设备设计中的应用，同时涵盖了基于 PSoC6

双核 MCU 的硬件设计和硬件设计注意事项。通过实验 2 展示了如何在 RTT Studio 环境中下载、运行和调试程序。通过本章的学习，学习者应能够充分理解 PSoC6 的特点和应用潜力，为物联网应用的开发奠定坚实的基础。

习题 2

（1）请描述 PSoC6 双核架构的优点，并解释如何通过 ARM Cortex-M4 和 ARM Cortex-M0+核实现高效能和低功耗之间的平衡。

（2）在智能家居应用中，请解释 ARM Cortex-M4 和 ARM Cortex-M0+核如何分担任务，并给出具体的应用示例，说明每个核的职责。

（3）请阐述 PSoC6 微处理器在物联网网关设备中的应用，并解释如何提高其双核架构的数据处理和网络管理的效率。

（4）请描述 PSoC6 在安全性方面的特点，并解释这些特点在智能家居和物联网应用中的重要性。

（5）请设计一个简单的 PSoC6 应用方案，说明如何利用其双核架构和外设支持来解决实际问题。请包括硬件配置和基本的软件逻辑流程。

（6）请解释什么是 CapSense 技术，并描述如何在 PSoC6 中应用此技术。

（7）PSoC6 提供了哪些电源管理策略和模式？请描述这些模式如何提高能源效率。

（8）请编写伪代码或流程图，展示如何初始化 PSoC6 的一个外设，并通过 ARM Cortex-M0+核管理该外设。

（9）请阐述在设计基于 PSoC6 的系统时，如何合理安排 ARM Cortex-M4 和 ARM Cortex-M0+核的任务，以提高系统效率和性能。

（10）请描述 PSoC6 的安全存储功能，并解释其在商业和工业应用中的重要性。

第3章
PSoC6 上的 GPIO 应用

在本章，我们将探讨 PSoC6 的输入/输出（I/O）工作模式、RTT 提供的 GPIO 设备接口和如何使用 RTT 实现 PSoC6 上的 GPIO 应用。

3.1 PSoC6 上的 I/O 简介

通用 GPIO 接口是一种具有输入和输出功能的数字引脚，简称 I/O 接口。PSoC6 是一款高度灵活的微控制器，集成了多种可配置的引脚，这些引脚可以根据特定应用场景被设置为不同的输入或输出模式。PSoC6 的 GPIO 引脚不仅支持多种工作模式，包括数字输入/输出、模拟输入，还能连接到特定功能，如 UART、SPI 和 I2C 通信等。此外，还支持高级功能，如中断触发、上/下拉电阻配置和电压水平选择，能够满足广泛的应用需求。

3.1.1 PSoC6 上的 I/O 工作模式

在 PSoC6 上，可编程 GPIO 引脚的数量通常在 62～102 个之间，具体数量取决于产品选型。部分 I/O 引脚在 MCU 深度睡眠模式时仍可使用，其中最多有两个引脚具备过压容忍能力。这些 GPIO 引脚支持多种工作模式，以满足不同的应用需求。这些工作模式如下。

（1）数字输出模式：引脚可以配置为高电平或低电平输出，适用于驱动 LED、继电器或其他数字设备。PSoC6 支持多种输出方式，包括推挽输出、开漏输出、复用开漏输出和复用推挽输出。

（2）数字输入模式：引脚可以配置为数字输入模式，用于读取开关、按钮或其他数字信号的状态。PSoC6 提供输入上拉功能，内部具有弱上拉，即高电平输入模式。同时支持输入下拉功能，内部具有弱下拉模式，即低电平输入模式。

（3）模拟输入模式：引脚可用于读取模拟信号，如温度传感器或压力传感器等的输出。

（4）特殊功能模式：引脚也可以配置为特定的通信接口，如 UART、SPI、I2C、USB，以支持复杂的通信需求。

（5）中断触发模式：当配置为中断输入时，引脚能够在检测到特定信号变化（如上升沿或下降沿）时触发中断事件。

3.1.2 RTT 提供的 I/O 设备接口

RTT 提供了一套简单的 I/O 设备管理框架，它位于硬件和应用程序之间，分为三层，从上到下分别是 I/O 设备管理层、设备驱动框架层、设备驱动层。RTT 提供的 I/O 设备接口允许开发者以标准化和高效的方式控制和管理 GPIO。RTT 支持多种 I/O 设备类型，包括字符设备类型、块设备类型、SPI 总线类型、SPI 从设备类型、I2C 总线类型和其他设备类型。应用程序通过 I/O 设备接口获得正确的设备驱动，然后通过这个设备驱动与底层 I/O 硬件设备进行数据（或控制）交互。

在 RTT 中，访问 I/O 设备前需要创建和注册 I/O 设备实例，驱动层负责创建设备实例，并注册到 I/O 设备管理器中，可以通过静态声明或者动态方式创建，如表 3-1 所示。

表 3-1　创建和注册 I/O 设备接口函数

功　　能	接口函数
动态创建设备	rt_device_t rt_device_create(int type, int attach_size);
销毁动态创建的设备	void rt_device_destroy(rt_device_t device);
注册设备	rt_err_t rt_device_register(rt_device_t dev, const char *name, rt_uint8_t flags);
注销设备	rt_err_t rt_device_unregister(rt_device_t dev);

RTT 将 PIN、I2C、SPI、USB、UART 等作为外设设备，通过设备注册进行管理，实现了按名称访问的设备管理子系统，可按照统一的 API 访问硬件设备。

应用程序通过 I/O 设备接口访问硬件设备。当设备驱动实现后，应用程序即可访问相应的硬件设备。I/O 设备接口与 I/O 设备操作方法的映射关系如图 3-1 所示。

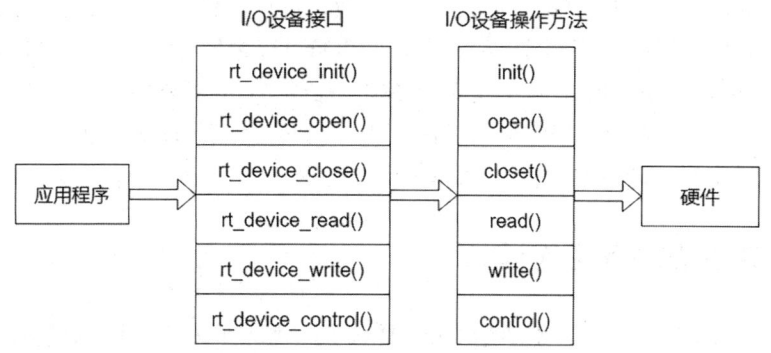

图 3-1　I/O 设备接口与 I/O 设备操作方法的映射关系

3.2　RTT 控制 LED

3.2.1　GPIO 模式

GPIO 模式是微控制器中用于控制外设的基本功能。在输出模式下，GPIO 引脚可以设置为高电平或低电平，从而驱动外设，如 LED、继电器或其他组件。

在 RTT 中，应用程序通过 PIN 设备接口操作 GPIO，如设置引脚模式和输出电平、读取引脚输入电平，以及配置引脚外部中断等。PIN 设备管理接口函数及其功能如表 3-2 所示。

表 3-2　PIN 设备管理接口函数及其功能

序　号	接口函数	功能
1	rt_pin_get()	获取引脚编号
2	rt_pin_mode()	设置引脚的工作模式（输入、输出、中断等）
3	rt_pin_wirte()	向引脚写入电平值

续表

序　号	接口函数	功　能
4	rt_pin_read()	从引脚读取电平值
5	rt_pin_attach_irq()	绑定中断处理函数到指定引脚
6	rt_pin_irq_enable()	启用或禁用指定引脚的中断
7	rt_pin_detach_irq()	脱离指定引脚中断回调函数

　　RTT 提供的引脚编号需要与芯片的引脚编号区分开来，它们是不同的概念，引脚编号由 PIN 设备驱动程序定义，和具体的芯片相关。获取引脚编号的方式有三种，分别是 API 接口、使用宏定义和查看 PIN 驱动文件。

　　在实验 1 中，新建工程后，在 main.c 文件中默认有如下宏定义。

```
#define  LED_PIN  GET_PIN(0, 1)
```

　　在本书配套使用的 PSoC62 评估板上，两个 LED 分别连接在 P0.0 和 P0.1 引脚上，如图 3-2 所示。

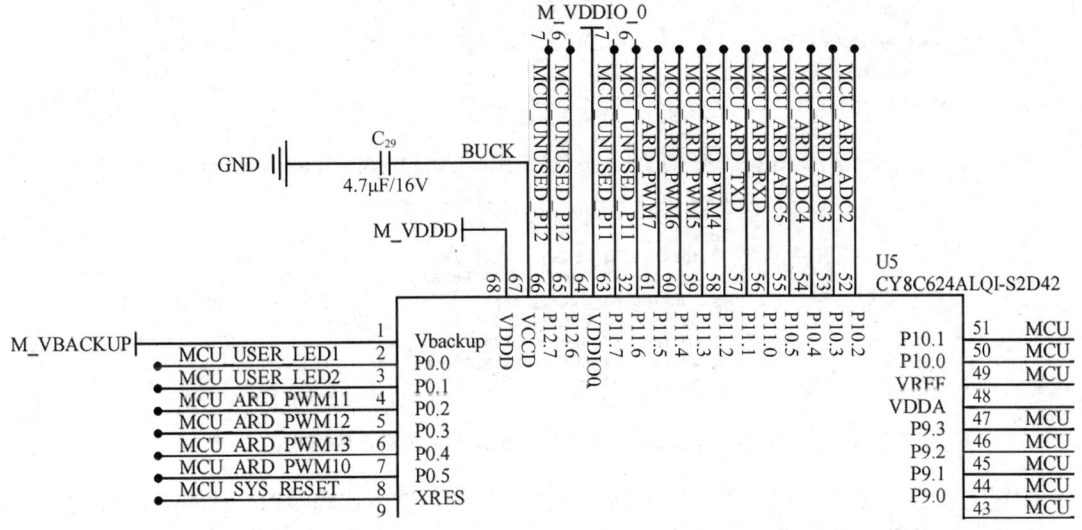

图 3-2　PSoC62 评估板原理图

　　通过宏定义，获取 P0.1 引脚的编号。在 main()函数中使用 rt_pin_mode()函数来配置引脚的输出模式。

```
rt_pin_mode(LED_PIN, PIN_MODE_OUTPUT);
```

　　根据需要，可以配置引脚模式为输出、输入、上拉输入、下拉输入和开漏输出。

```
#define PIN_MODE_OUTPUT             0x00
#define PIN_MODE_INPUT             0x01
#define PIN_MODE_INPUT_PULLUP      0x02
#define PIN_MODE_INPUT_PULLDOWN    0x03
#define PIN_MODE_OUTPUT_OD         0x04
```

3.2.2　RTT 配置 GPIO

　　在 RTT 中使用某个设备之前，需要配置或定义该设备。RTT Studio 开发环境提供了图形界面方式，方便配置需要使用的功能或设备。双击工程中的"RT-Thread Settings"图标即可进入配置界面，用于配置内核、组件、软件包和硬件。

如果需要使用 GPIO 功能，那么需要在芯片的设备驱动中使能 GPIO，如图 3-3 所示。配置完成后，会在 rtconfig.h 文件中出现设备使能的宏定义。也可以直接在 rtconfig.h 文件中写入相关设备或者功能使能的宏定义，如图 3-4 所示。

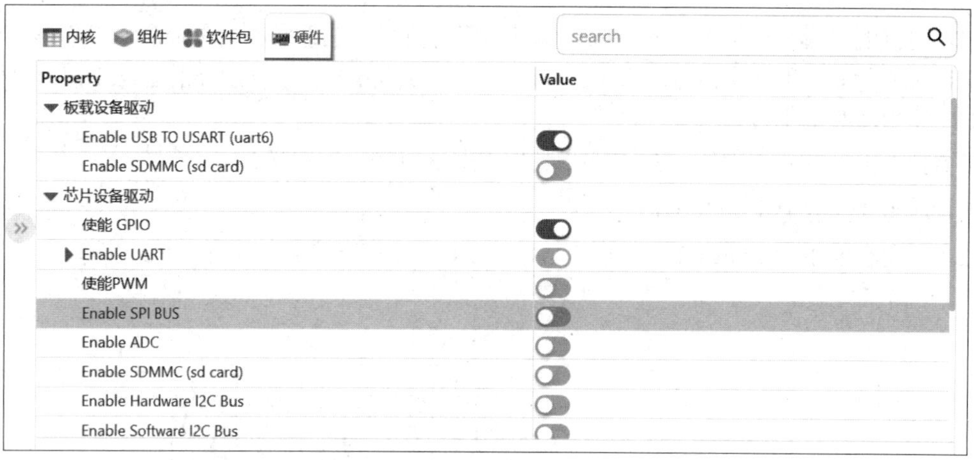

图 3-3　在 RTT Studio 提供的图形界面中使能 GPIO

```
85 /* Device Drivers */
86
87 #define RT_USING_DEVICE_IPC
88 #define RT_UNAMED_PIPE_NUMBER 64
89 #define RT_USING_SERIAL
90 #define RT_USING_SERIAL_V1
91 #define RT_SERIAL_USING_DMA
92 #define RT_SERIAL_RB_BUFSZ 64
93 #define RT_USING_PIN
```

图 3-4　在 rtconfig.h 文件中通过宏定义使能 GPIO

配置完以后，可以在需要的地方添加对 LED 的控制。以下代码即以一秒间隔点亮 LED，这里用到了 RTT 提供的延时函数。通过以上配置和如下代码，编译并下载到 PSoC62 评估板，复位后，板载 LED 将开始闪烁。

```
for (;;)
{
    rt_pin_write(LED_PIN, PIN_HIGH);
    rt_thread_mdelay(1000);
    rt_pin_write(LED_PIN, PIN_LOW);
    rt_thread_mdelay(1000);
}
```

3.3　RTT 控制按键

3.3.1　按键查询方式

按键是用户与设备交互的基本方式之一。它可以是简单的开关，也可以是复杂的输入设备，如矩阵键盘。在嵌入式系统中，通常通过查询（轮询）或中断方式确定哪一个按键被按下或松开。轮询是程序定期检查按键状态的一种方法，虽然容易实现，但会浪费处理器资源，即使没有按键被按下，程序仍然需要不断查询按键状态。

PSoC62 评估板的 P6.2 引脚连接到用户按键。首先进行宏定义，以获取按键引脚。然后通过 rt_pin_read()函数不断查询按键是否被按下，并使用软件延时进行消抖处理。

```
#define USER_KEY GET_PIN(6,2)
//main()函数中的代码
while(1)
{
    if (rt_pin_read(USER_KEY) == PIN_LOW)
    {
        rt_thread_mdelay(30);

        if (rt_pin_read(USER_KEY) == PIN_LOW)
        {
            rt_pin_write(USER_LED1, PIN_LOW);
            rt_kprintf ("Press the key............\n");
        }
    }
    else
    {
        rt_kprintf ("The system is operating normally.......\n");
        rt_pin_write(USER_LED1, PIN_HIGH);
    }
    rt_thread_mdelay(1000);
}
```

3.3.2　按键中断方式

按键中断方式允许系统在按键动作发生时立即响应，无须不断轮询检查按键状态。在 RTT 中，可以通过配置 GPIO 引脚的中断触发模式及绑定中断处理函数来实现这一功能。

将按键的 GPIO 引脚配置为上拉输入模式，并通过 rt_pin_attach_irq()函数绑定中断处理函数，设置为下降沿触发。这意味着每当按键状态从未按下（高电平）变为按下（低电平）时，系统将触发中断并执行预定义的中断处理函数。

在中断处理函数中，通常通过编写具体的逻辑来处理按键事件。例如，更新系统状态、触发事件或发送消息等。通过使能引脚中断函数 rt_pin_irq_enable()，系统将能够响应按键事件，并在按键被按下时立即执行中断处理函数。

按键中断方式提高了系统的响应速度和效率，特别适用于对实时性要求较高的应用场景。由于中断处理函数在硬件级别触发，因此减少了 CPU 的轮询负担，使得 CPU 可以处理其他任务或进入低功耗模式，从而提升了系统的整体性能。

```
#define   USER_LED1      GET_PIN(0,0)      //根据硬件对 LED 引脚进行宏定义
#define   USER_KEY       GET_PIN(6,2)      //根据硬件对按键引脚进行宏定义


void IRQ_HANDALE_KEY0(void *args);         //声明按键中断处理函数
```

```
//main()函数中的代码
rt_pin_attach_irq(USER_KEY, PIN_IRQ_MODE_FALLING, IRQ_HANDALE_KEY0, RT_NULL);
rt_pin_irq_enable(USER_KEY, PIN_IRQ_ENABLE);        /* 使能中断 */
while(1)
{
    rt_pin_write(USER_LED1, PIN_HIGH);
    rt_kprintf ("The system is operating normally........\n");
    rt_thread_mdelay(1000);
}

void IRQ_HANDALE_KEY0(void *args)        //中断处理函数
{
    rt_kprintf("Press the key............\n");
    rt_pin_write(USER_LED1, PIN_LOW);
}
```

3.3.3 RTT 线程控制按键

1. 线程和线程管理

线程是任务的实现载体。线程管理是操作系统的基本功能之一。线程管理主要实现对线程的管理和调度，以实现线程间的切换，从而实现多线程同步运行。在 RTT 中，线程由内核通过对象容器以链表的方式进行管理。每个线程包括线程控制块、线程栈、入口函数等内容。对象容器与线程对象如图 3-5 所示。

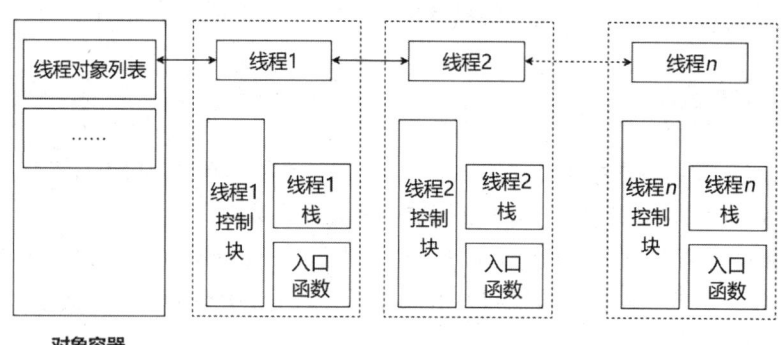

图 3-5　对象容器与线程对象

2. 线程调度

线程调度由线程调度器负责，RTT 的线程调度器采用可抢占式机制，确保最高优先级的线程能够被优先执行。在线程切换时，线程调度器会将线程的上下文保存到自己的栈中。RTT 最多支持 256 个线程优先级，优先级值越小，优先级越高，0 表示最高优先级。在实际应用中，可以根据实际情况选择支持 8 个或 32 个优先级的系统配置。

RTT 提供了一系列接口函数，使得线程在 5 种状态之间进行切换，如图 3-6 所示。

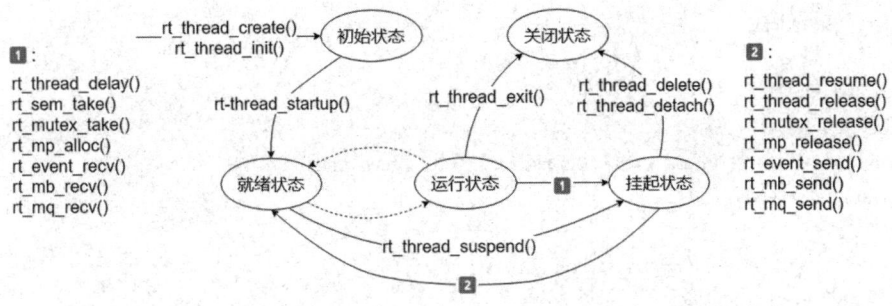

图 3-6　RTT 线程之间的状态切换

3. RTT 线程控制按键

在 RTT 中，线程分为系统线程和用户线程。系统线程是指由系统创建的线程，用户线程是指由用户程序调用线程管理接口创建的线程。RTT 内核中的系统线程包括空闲线程和主线程。空闲线程是系统创建的最低优先级线程，当系统中无其他就绪线程时，线程调度器会调度到空闲线程。空闲线程通常处于死循环状态，且永远不能被挂起。空闲线程能够回收僵尸队列中已删除线程的资源。系统启动时，会创建 main 线程，它的入口函数为 main_thread_entry()，而用户应用的入口函数 main() 就是从这里开始的。前面两种实现按键控制的方式就是将程序实现部分放在 main() 函数中实现的。接下来通过用户线程方式实现按键控制。

用户线程按键控制入口函数的程序如下。

```
static void key_thread_entry(void* parameter)
{
    while (1)
    {
        //如果按键处于被按下状态
        if (rt_pin_read(USER_KEY) == PIN_LOW)
        {
            //延时
            rt_thread_mdelay(140);
            //如果按键还是处于被按下状态
            if (rt_pin_read(USER_KEY) == PIN_LOW)
            {
                if (led_state == 0)
                    rt_pin_write(USER_LED1, PIN_HIGH);
                else
                    rt_pin_write(USER_LED1, PIN_LOW);
                led_state = ~led_state;
            }
        }
        rt_thread_mdelay(1);
    }
}
```

在按键例程函数 key_sample() 中，实现了按键和 LED 初始化，创建线程并启动线程。在 rt_thread_create() 函数中，thread_key 为线程的名称，其长度由 rtconfig.h 文件中的宏 RT_NAME_MAX 指定，多余部分会被自动截掉；key_thread_entry() 为线程入口函数，负责具体的线程功能逻辑。此外，还指定了线程入口函数参数、线程栈大小、线程优先级和线程的时间片大小。

```
rt_err_t key_sample()
{
    key_led_init();
#ifdef USING_KEY_POLL
    rt_thread_t tid1 = rt_thread_create("thread_key", key_thread_entry, RT_NULL, 512, 15, 5);
    if (tid1 == RT_NULL)
    {
        rt_kprintf("create thread: key_poll failed\n");
        return -RT_ERROR;
    }
    rt_thread_startup(tid1);
#endif
    return RT_EOK;
}
INIT_APP_EXPORT(key_sample);        //自动初始化 key_sample
```

这里用到了 RTT 的自动初始化机制。自动初始化机制是指初始化函数不需要被显式调用，只需要在函数定义处通过宏定义的方式进行声明，在系统启动过程中，rt_components_board_init() 与 rt_components_init() 会自动执行。用来实现自动初始化功能的宏接口及其描述如表 3-3 所示。

表 3-3   用来实现自动初始化功能的宏接口及其描述

初始化顺序	宏接口	描　　述
1	INIT_BOARD_EXPORT(fn)	非常早期的初始化，此时线程调度器还未启动
2	INIT_PREV_EXPORT(fn)	主要是用于纯软件的初始化，没有太多依赖的函数
3	INIT_DEVICE_EXPORT(fn)	外设驱动初始化，比如网卡设备
4	INIT_COMPONENT_EXPORT(fn)	组件初始化，比如文件系统或者 LWIP
5	INIT_ENV_PORT(fn)	系统环境初始化，比如挂载文件系统
6	INIT_APP_EXPORT(fn)	应用初始化，比如 GUI 应用

3.4　实验 3：基于 PSoC6 和 RTT 控制按键

1. 实验目的

（1）理解 PSoC62 GPIO 的功能和工作模式。

（2）掌握在 RTT 中配置和使用 GPIO 驱动的方法。

（3）基于 RTT 控制按键方式编写程序。

2. 实验准备

（1）硬件设备：PSoC62 评估板、Type-C USB 线。

（2）软件环境：RTT Studio IDE 开发环境、RTT 操作系统。

3. 实验步骤

（1）创建项目。在 RTT Studio 中，选择"文件"→"新建 RT-Thread 项目"命令，选择基于评估板 PSOC62-IFX-EVAL-KIT（以下简称 PSoC62 评估板），输入项目名称，如 PSoC62_KeyLed，然后单击"完成"按钮，如图 3-7 所示。

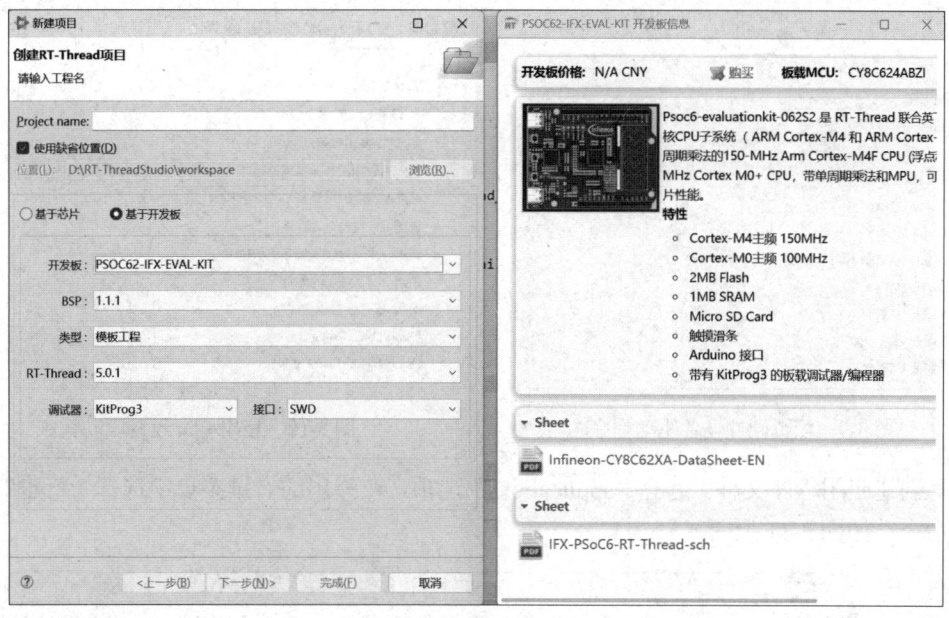

图 3-7　新建按键工程

创建项目完成后，PSoC62_KeyLed 项目将出现在项目资源管理器中。展开该项目，如图 3-8 所示。选择"RT-Thread Settings"选项可以进入图形化配置界面，可以配置内核、组件、软件包和硬件。配置完成后需要单击"保存"按钮。"Board Information"界面提供 PSoC62 评估板信息，包括 PSoC62 评估板介绍，并可以查看 CY8C62 系列芯片手册和 PSoC62 评估板原理图。

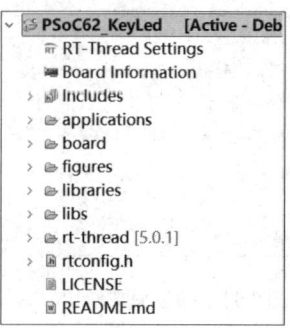

图 3-8　工程项目目录

"Includes"目录用于存放一些头文件；"applications"目录是用户应用目录，也是主程序入口 main.c 文件所在位置，通常用于存放用户应用程序的头文件和源文件；"board"目录用于存放连接脚本和板级初始化的接口函数文件；"figures"目录用于存放图片文件；"libraries"目录用于存放 RTT 对 PSoC62 处理器驱动实现的相关文件；"libs"目录用于存放芯片级的相关文件及系统上电后完成初始化的文件；"rt-thread"目录用于存放 RTT 操作系统相关文件。此外，还有一些配置文件。不同项目的构建系统、开发习惯及项目需求等不同，具体结构可能会有所不同。

（2）配置项目。创建好项目后，通过双击工程下的"RT-Thread Settings"图标配置项目，首先配置硬件设备驱动程序，如图 3-9 所示。然后选择"组件"选项，使用 PIN 设备驱动程序，如图 3-10 所示。

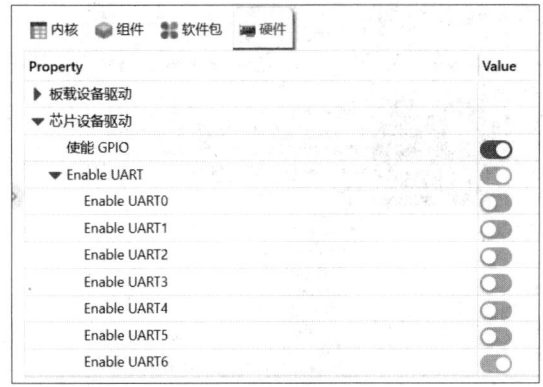
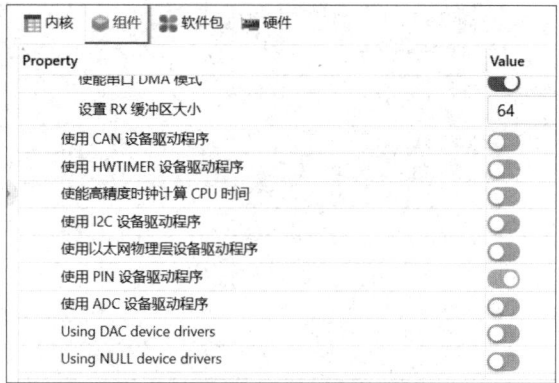

图 3-9　配置硬件设备驱动程序　　　　　　　图 3-10　使用 PIN 设备驱动程序

（3）创建应用程序文件。选择"applications"选项，在弹出的右键菜单中选择"新建"→"头文件"命令，如图 3-11 所示。

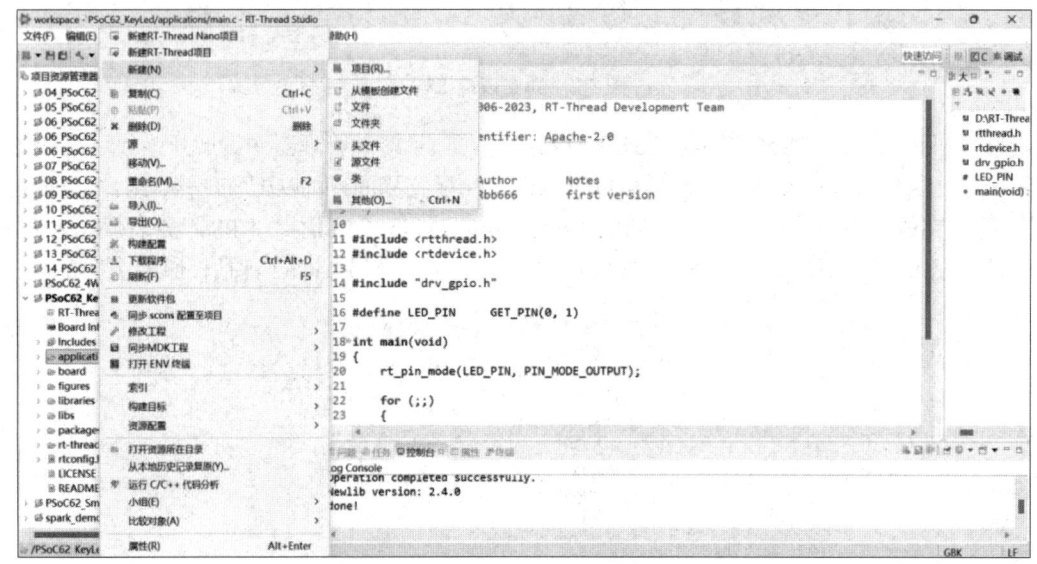

图 3-11　新建头文件和源文件

随后弹出"新建头文件"窗口，如图 3-12 所示，将新建头文件命名为"key.h"，单击"完成"按钮。同理，新建 key.c 源文件。

图 3-12　新建头文件

通过查阅 PSoC62 评估板原理图，如图 3-13 所示，将用户按键 MCU_USER_BTN 连接 MCU 的 P6.2 引脚，LED1 和 LED2 分别连接了 P0.0 引脚和 P0.1 引脚。

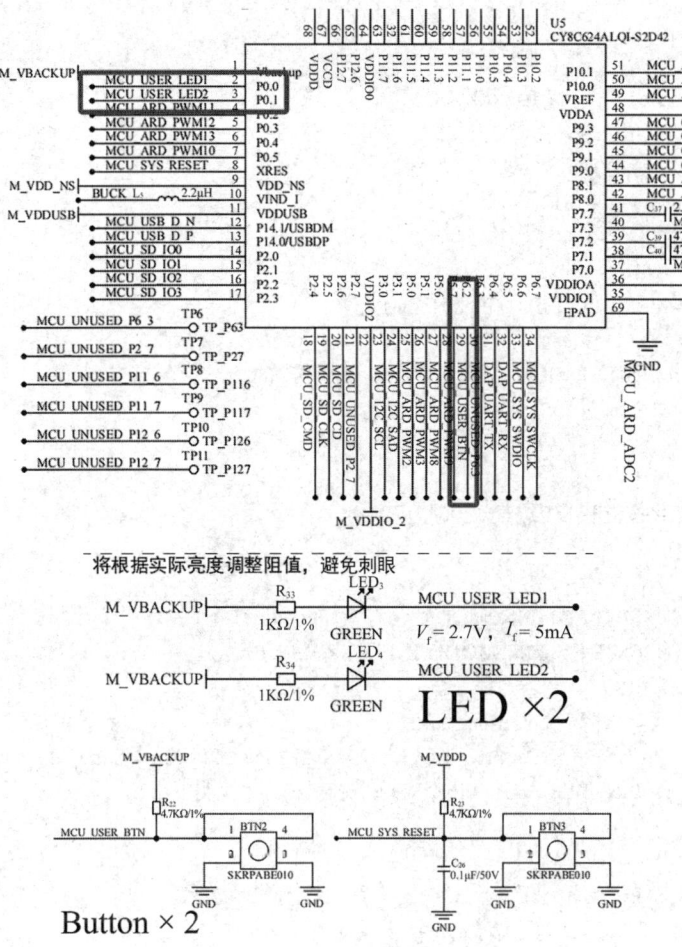

图 3-13　原理图中的按键和 LED

在 key.h 文件中，定义了按键和 LED 的宏，声明了使用的函数。编写程序如下。在程序中，可以通过切换宏定义来选择使用轮询方式或中断方式检测按键。

```
//key.h 文件
#ifndef __KEY_H_
#define __KEY_H_
#include <rtthread.h>
#include "drv_gpio.h"

#define USER_LED1        GET_PIN(0, 0)
#define USER_KEY         GET_PIN(6, 2)

//#define USING_KEY_IRQ              //使用中断接收模式
#define USING_KEY_POLL               //使用轮询模式

void key_led_init();
rt_err_t key_sample();
```

```c
#endif

//key.c 文件
#include "key.h"
static uint8_t led_state = 0;     //LED 状态标志
#ifdef USING_KEY_IRQ
/** * @brief 按键中断处理函数 */
void key_irq_handler()
{
    if (led_state == 0)
        rt_pin_write(USER_LED1, PIN_HIGH);
    else
        rt_pin_write(USER_LED1, PIN_LOW);
    led_state = ~led_state;
}
#endif
/** * @brief 初始化按键和 LED */
void key_led_init()
{
    rt_pin_mode(USER_LED1, PIN_MODE_OUTPUT);
    rt_pin_mode(USER_KEY, PIN_MODE_INPUT_PULLUP);
#ifdef USING_KEY_IRQ
    //将按键引脚设为下降沿触发中断
    rt_pin_attach_irq(USER_KEY, PIN_IRQ_MODE_FALLING, key_irq_handler, RT_NULL);
    rt_pin_irq_enable(USER_KEY, PIN_IRQ_ENABLE);   //使能中断
#endif
}
#ifdef USING_KEY_POLL
/** * @brief 按键线程入口函数 * @param parameter */
static void key_thread_entry(void* parameter)
{
    while (1)
    {
        //如果按键被按下
        if (rt_pin_read(USER_KEY) == PIN_LOW)
        {
            rt_thread_mdelay(140);   //延时
            if (rt_pin_read(USER_KEY) == PIN_LOW)   //如果按键还是处于被按下状态
            {
                if (led_state == 0)
                    rt_pin_write(USER_LED1, PIN_HIGH);
                else
                    rt_pin_write(USER_LED1, PIN_LOW);
                led_state = ~led_state;
            }
        }
        rt_thread_mdelay(1);
    }
}
```

```
}
#endif
/** * @brief 按键例程 * @return */
rt_err_t key_sample()
{
    key_led_init();
#ifdef USING_KEY_POLL
 rt_thread_t tid1 = rt_thread_create("thread_key", key_thread_entry, RT_NULL, 512, 15, 5);
    if (tid1 == RT_NULL)
    {
        rt_kprintf("create thread: key_poll failed\n");
        return -RT_ERROR;
    }
    rt_thread_startup(tid1);
#endif
    return RT_EOK;
}
INIT_APP_EXPORT(key_sample);
```

（4）调试与测试。编写好代码后，编译整个项目，编译完成后，将程序下载到 PSoC62 评估板，测试程序。通过按下用户按键，可以点亮或熄灭 LED1。

3.5 本章小结

本章介绍了 PSoC6 的 I/O 工作模式、RTT 提供的 I/O 设备管理接口，以及如何使用 RTT Studio 配置 GPIO 和按键控制方式。通过实验，演示了基于 PSoC62 评估板和 RTT 操作系统进行 GPIO 应用开发的实现过程。

习题 3

（1）请解释 PSoC6 上 GPIO 的多功能性，并列举至少两种不同的 I/O 工作模式。

（2）请描述在 RTT 操作系统中控制 LED 的基本步骤。

（3）请比较按键的查询方式和中断方式，并讨论它们各自的优势和应用场景。

（4）请设计一个小项目，在 PSoC6 上实现通过按键控制 LED 的亮灭。请描述所需的硬件连接和软件逻辑。

（5）在 RTT 操作系统中，如何配置 GPIO 引脚的中断触发模式？请编写一个简单的中断服务程序来响应按键事件。

（6）请讨论在使用 PSoC6 进行 GPIO 编程时，可能遇到的一些常见问题及其解决方案。

（7）思考 PSoC6 和 RTT 操作系统在嵌入式系统开发中的应用，讨论它们提供的功能如何帮助提高项目的效率和性能。

第4章
PSoC6 上的 UART 应用

4.1 PSoC6 上的 UART 简介

4.1.1 串口通信

UART（Universal Asynchronous Receiver/Transmitter，通用异步收发传输器）是一种广泛使用的串行通信接口，特别适用于嵌入式系统中的设备间通信。通过 UART，设备能以串行方式交换数据。UART 的简单性、可靠性及对物理连接要求较低等特点，使其在嵌入式领域得到了广泛应用。

串口通过数据信号线、地线、控制线等按位发送和接收字节数据。串口通信的关键参数包括波特率、数据位、停止位和奇偶校验位。

（1）波特率。波特率表示每秒传输的位数，决定了串口通信的速度，常见的波特率有 9600bit/s、19200bit/s、38400bit/s、57600bit/s 和 115200bit/s 等。波特率不仅会影响数据传输的速率，也关系到通信的稳定性和远距离传输能力。在选择波特率时，需要考虑信号的衰减、噪声干扰及接收端的处理能力。

（2）数据位。数据位决定了每个数据包的信息内容大小，通常配置为 7 位或 8 位。其中 8 位数据位是最常用的设置，因为它可以表示一个完整的 ASCII 字符。

（3）停止位。停止位用来标识一个数据包的结束，通常配置为 1 位或 2 位。其中 1 位停止位是最常见的配置，因为它提供了用以区分连续数据包的足够的时间间隔。2 位停止位常用于需要更明显数据包间隔的通信环境，或在较高波特率下增强数据传输的可靠性。

（4）奇偶校验位。奇偶校验位用来检测数据传输过程中的单比特错误。奇校验是通过在数据中添加一个额外的校验位（奇偶位），使得包括校验位在内的整个数据包中"1"的数量为奇数；偶校验则保证"1"的数量为偶数。在不使用奇偶校验位的配置下，系统的数据吞吐量会略微提高，但在错误更易发生的通信环境下，使用奇偶校验位可以提高数据传输的可靠性。

串口通信的数据帧格式如图 4-1 所示。

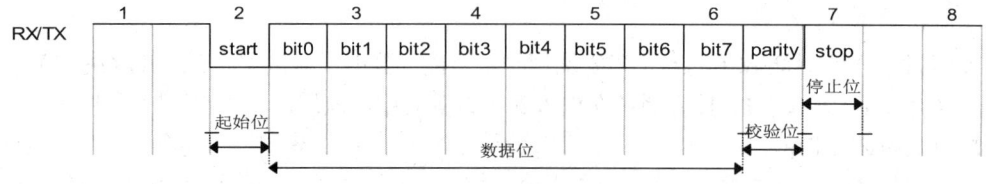

图 4-1　串口通信的数据帧格式

串口的主要类型有 TTL、RS-232、RS-422 和 RS-485 等。

（1）TTL。TTL 电平串口通过一组传输线进行通信，通信双方必须共用地线，适用于短距离、低速的通信。它常用于单片机之间的简单通信。

（2）RS-232。RS-232 属于单端信号，适用于点对点的单向通信，最大传输距离约为 15m。它常用于计算机与外设的连接。

（3）RS-422。RS-422 使用平衡传输方式，适用于长距离、高速的单向通信，最大传输距离约为 1200m。它常用于工业现场的仪器仪表连接。

（4）RS-485。RS-485 使用差分信号，适用于多点、双向通信，最大传输距离约为 1200m，具有很强的抗干扰能力。它常用于多设备通信场合，如工业自动化控制系统中的多个设备的连接。

4.1.2　PSoC6 上的 UART

PSoC6 系列微控制器具有串行通信外设接口，包括 7 或 9 个运行时间可配置的串行通信模块（SCB）。其中，6 个或 8 个模块可配置为 SPI、I2C 或 UART，另外一个深度睡眠 SCB 模块可配置为 SPI 或 I2C。此外，还具有一个 USB 全速接口和一个 SD Host/eMMC/SD 控制器。

PSoC6 的 UART 模块提供广泛的配置选项，使得开发者可以根据具体的应用需求灵活设置通信参数。该模块还提供了高级功能，如硬件流控制（CTS/RTS）、多 UART 接口支持及自动波特率检测等，这些功能进一步增强了其在复杂串行通信应用中的适用性。

除了基础的配置和通信能力，PSoC6 的 UART 模块还特别设计了用于缓冲发送和接收数据的 FIFO 队列。这一设计减少了 CPU 对 UART 操作的直接干预，提高了数据传输效率，使系统资源可以更有效地分配给其他任务。此外，PSoC6 的 UART 模块支持中断驱动的通信，并可与直接内存访问（DMA）配合使用，进一步提升了数据处理效率，尤其适用于高速数据传输的应用。

在实际应用中，PSoC6 的 UART 模块可用于与其他微控制器、计算机或串行设备的数据交换。这不仅包括简单的数据传输任务，如传感器数据读取和控制指令发送，还可实现更复杂的通信协议，如网络通信和文件传输。PSoC6 的 UART 模块因其灵活性、高效性和强大的功能，已经成为工业控制、物联网设备、消费电子产品等多种嵌入式应用的重要组成部分。

4.2　RTT 串口设备驱动接口

RTT 提供了一套完整的串口设备驱动接口，使得在嵌入式系统中实现串口通信变得简单而高效。这些接口遵循 RTT 操作系统的设备驱动模型，提供了标准化的操作方法，包括设备的初始化、打开、关闭、读写操作及配置等。

4.2.1　RTT 串口驱动接口

在 RTT 操作系统中，串口驱动接口的设计旨在提供一个高效且易于使用的框架，使开发者能够在不需要深入了解底层硬件细节的情况下，轻松实现串口通信功能。该接口封装了多种硬件操作，提供了一个抽象层，使得应用程序能够通过一致的方法与不同硬件进行交互。

在 RTT 中，UART 的层级结构框图如图 4-2 所示。

（1）I/O 设备管理层向应用程序提供 rt_device_read/write 等标准接口，应用程序可以通过这些标准接口访问 UART 设备。

（2）UART 设备驱动框架层是一个与平台无关的通用软件层。该层对接上层 I/O 设备管理层，提供统一的对 UART 进行操作的接口，向下为 UART 设备驱动层提供 UART 设备操作方法接口 struct rt_uart_ops（如 configure、control、putc、getc、transmit）。驱动开发者需要实现这些接口功能。此外，该层还提供了设备注册管理接口 rt_hw_serial_register 和中断处理接口 rt_hw_serial_isr。

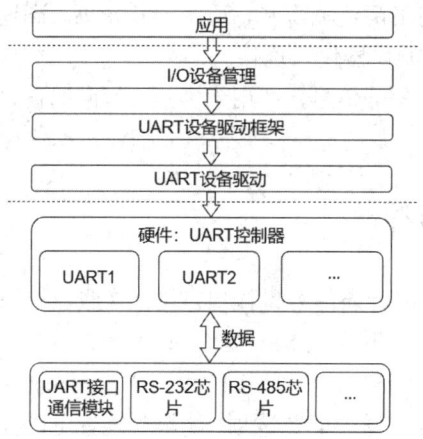

图 4-2　UART 的层级结构框图

（3）UART 设备驱动层是 UART 设备驱动的具体实现，驱动源码文件通常被命名为 drv_uart.c，并被放置在具体的 BSP 目录中。该层的实现与平台相关，负责操作具体的 UART 控制器，以提供访问和控制 UART 的能力。

（4）最后一层是外接的硬件设备，如 UART 接口通信模块、RS-232 芯片、RS-485 芯片。

应用程序通过 RTT 提供的 I/O 设备接口函数来访问串口设备，相关接口函数如表 4-1 所示。

表 4-1　RTT 提供的 I/O 设备接口函数

接口函数	描　述
rt_device_find()	查找串口设备
rt_device_open()	打开串口设备
rt_device_read()	读取串口数据
rt_device_write()	写入串口数据
rt_device_control()	控制串口设备
rt_device_set_rx_indicate()	设置接收回调函数
rt_device_set_tx_complete()	设置发送完成回调函数
rt_device_close()	关闭串口设备

（1）查找串口设备。rt_device_find()函数用于在系统设备列表中查找指定名称的串口设备。开发者需要根据设备的名称进行查找，以确保设备已经被系统识别并正确初始化。这是设置串口通信的第一步，是后续所有操作的基础。

（2）打开串口设备。一旦设备被找到，就会通过 rt_device_open()函数打开串口设备以供使用。该函数有两个参数：设备指针和设备打开模式（如只读、只写或读写）。打开串口设备是准备数据传输的关键步骤，确保串口设备准备好接收和发送数据。

（3）控制串口设备。rt_device_control()函数是串口配置的核心，允许开发者设置和修改串口设备的关键通信参数。通过这个函数，可以配置波特率、数据位、停止位和奇偶校验位等参数。只有正确配置这些参数，才能确保数据正确传输。

（4）发送和接收数据。rt_device_write()函数和 rt_device_read()函数分别用于写入串口数据和读取串口数据，即发送和接收数据。rt_device_write()函数将数据从应用程序发送到串口设备，而rt_device_read()函数则从串口设备读取数据到应用程序。这些函数支持多种模式，如阻塞模式和非阻塞模式，使它们可以适应不同的应用需求。

（5）关闭串口设备。rt_device_close()函数用于在完成所有串口通信任务后关闭串口设备。关闭串口设备有助于释放系统资源，避免设备冲突和资源浪费。

除了这些基础的操作函数，RTT 的串口驱动还支持流控、超时设置和事件回调等高级特性。例如，开发者可以通过 rt_device_set_rx_indicate()和 rt_device_set_tx_complete()等函数设置接收和发送事件的回调函数，这对需要异步通知应用程序事件发生的场景非常有用。

4.2.2　串口数据接收和发送数据的模式

串口数据的接收和发送可以采用多种模式，以适应不同的应用场景。

（1）阻塞模式。在阻塞模式下，rt_device_read()函数和 rt_device_write()函数会阻塞调用线程，直到所有数据被成功发送或接收，或者遇到超时条件。这种模式适用于对时间要求不高的场合，可以简化编程模型。

（2）非阻塞模式。在非阻塞模式下，数据操作能立即返回，不会阻塞调用线程。开发者可以通过轮询或事件通知的方式来处理数据传输完成的状态。非阻塞模式适用于需要及时响应其他任务的应用。

（3）中断接收模式。在中断接收模式下，当有数据到达时，硬件会产生中断并触发预先注册的中断服务程序（ISR），执行数据接收操作。数据发送则可以通过 DMA（直接内存访问）来实现高效传输。中断接收模式适用于对实时性要求较高的场景，能够有效减轻 CPU 的负担。

结合 RTT 的设备驱动接口和灵活的数据传输模式，可以根据具体的项目需求，设计并实现高效、可靠的串口通信解决方案。这些功能为嵌入式系统开发提供了强大的支撑，无论是在简单的数据传输中，还是在复杂的通信协议实现中，都能够很好地满足开发者的需求。

4.3　RTT 串口数据接收和发送数据

RTT 操作系统为串口通信提供了多样化的数据接收和发送策略，包括中断接收和轮询发送数据方式，以及利用 DMA 技术进行数据接收。这些策略允许开发者能够根据具体的应用需求和系统资源配置，选择最合适的数据处理方式。

4.3.1　RTT 中断接收和轮询发送数据

在 RTT 操作系统中，结合中断接收和轮询发送数据的方式是串口通信中常见的一种混合模式。在 RTT 中，通过 rt_device_open()函数开启设备的中断接收模式，并使用 rt_device_set_rx_indicate()函数设置接收回调函数。在发送数据时，程序通过主动检查发送缓冲区状态来发送数据，而非依赖中断。该种方式适用于数据发送量不大或发送频率不高的场景。中断接收提供了良好的实时性，而轮询发送则赋予了开发者更多的控制权。其示例程序如下。

```c
#define UART_DEV_NAME "uart5"
//设置接收回调函数
static rt_err_t uart_rx_callback(rt_device_t dev, rt_size_t size)
{
//处理接收到的数据
}
void uart_demo(void)
{
    rt_device_t uart_dev = rt_device_find(UART_DEV_NAME);
    if (uart_dev)
    {
        rt_device_open(uart_dev, RT_DEVICE_FLAG_INT_RX);       //开启中断接收模式
        rt_device_set_rx_indicate(uart_dev, uart_rx_callback);  //设置接收回调函数
        //轮询发送数据
        const char *send_data = "Hello RT-Thread!";
        rt_device_write(uart_dev, 0, send_data, rt_strlen(send_data));
    }
}
```

RTT 中断接收和轮询发送数据的模式结合了中断驱动和轮询两种方式的优点，适用于需要快速响应接收且发送逻辑不复杂的场景。这种混合模式在嵌入式系统中常用于实现高效且稳定的串口通信，但需要合理设计，以确保通信的可靠性和系统的稳定性。

4.3.2　DMA 接收和轮询发送数据

DMA 是一种高速数据传输方式，允许外设和存储器或寄存器之间直接读写数据，无须 CPU 干预。除了在数据传输开始和结束时做一点处理，CPU 在数据传输过程中还可以执行其他操作，从而大大提高了系统的整体效率。PSoC6 具有两个或三个 DMA 控制器。

PSoC6 的 DMA 支持多个独立的 DMA 通道，可以根据不同的数据传输需求进行独立配置。在同一时间，DMA 硬件块中只能有一个 DMA 通道处于活动状态，其他通道若被触发，则会被置于待命状态。当 DMA 硬件块完成当前活动的通道后，会根据优先级对处于待命状态的通道进行处理。

与 DMA 通道相关的数据传输被定义为描述符。DMA 通道具有三种传输模式，这些模式由其相关描述符定义，具体定义如下。

（1）单次传输。DMA 描述符仅用于传输单个数据元素。数据元素的大小可以是 1 字节、2 字节或根据描述符中的宽度定义为 4 字节的字。每次单次传输都需要由 DMA 通道的触发信号来启动。

（2）1D 传输。1D 传输又称 X 循环，可用于从缓冲区到缓冲区的传输或从外设到内存的缓冲区传输。它允许按照描述符中的定义传输多个数据元素。描述符可以决定源地址和目标地址的增量形式。触发方式可以选择一次触发一个数据元素的传输，也可以一次触发整个 1D 传输。

（3）2D 传输。2D 传输又称 Y 循环，该模式允许在单个描述符中定义多个 1D 传输。2D 传输允许更大的数据计数，并允许传输更复杂的数据实体，如数据结构数组。触发方式可以选择一次触发单个数据元素、整个 1D 传输或整个 2D 传输。

RTT 串口发送端（TX）的模式对应关系如表 4-2 所示。

表 4-2　RTT 串口发送端（TX）的模式对应关系

序　号	配置发送缓冲区（有/无）	硬件工作模式	应用层操作模式
1	不使用缓冲区，且设置缓冲区长度为 0	轮询	阻塞
2	不支持该模式	轮询	非阻塞
3	使用缓冲区	中断	阻塞
4	使用缓冲区	中断	非阻塞
5	不使用缓冲区，但需要设置缓冲区长度大于 0	DMA	阻塞
6	使用缓冲区	DMA	非阻塞

RTT 串口接收端（RX）的模式对应关系如表 4-3 所示。

表 4-3　RTT 串口接收端（RX）的模式对应关系

序　号	配置发送缓冲区（有/无）	硬件工作模式	应用层操作模式
1	不使用缓冲区，且设置缓冲区长度为 0	轮询	阻塞
2	不支持该模式	轮询	非阻塞
3	使用缓冲区	中断	阻塞
4	使用缓冲区	中断	非阻塞
5	使用缓冲区	DMA	阻塞
6	使用缓冲区	DMA	非阻塞

4.3.3　RTT 线程间同步

线程间同步是指通过特定机制控制多个线程的执行顺序，以保证线程按照预定的顺序有序执行。RTT 操作系统提供了信号量、互斥量和事件集三种线程间的同步方式。

1. 信号量

信号量是一种轻型的用于线程间同步的内核对象。信号量控制块是操作系统用于管理信号量的一个数据结构，指向信号量控制块的指针被称为信号量句柄，用 rt_sem_t 表示。信号量控制块包含信号量的相关参数，起到在信号量各种状态之间传递和转换的作用。对信号量进行操作的接口函数如表 4-4 所示。

表 4-4　对信号量进行操作的接口函数

序　号	功　　能	接口函数
1	创建/初始化	rt_sem_create/init()
2	获取	rt_sem_take/trytake()
3	释放	rt_sem_release()
4	删除/脱离	rt_sem_delete/detach()

信号量能够方便地用于中断与线程间的同步。当中断触发时，首先进行与硬件相关的操作（如从串口接收数据，并确认中断，以清除中断源），然后释放一个信号量来唤醒相应的线程，以进行后续数据处理。

2. 互斥量

互斥量又称相互排斥的信号量，是一种特殊的二值信号量。指向互斥量控制块的指针被称为互斥量句柄，用 rt_mutex_t 表示。互斥量控制块包含互斥量的相关参数。对互斥量进行操作的接口函数如表 4-5 所示。

表 4-5　对互斥量进行操作的接口函数

序　号	功　能	接口函数
1	创建/初始化	rt_mutex_create/init()
2	获取	rt_mutex_take()
3	释放	rt_mutex_release()
4	删除/脱离	rt_mutex_delete/detach()

互斥量用于保护共享资源，当一个线程拥有互斥量时，它可以确保其他线程不能访问这些共享资源。

3. 事件集

事件集是多个事件的集合，用于实现一对多或多对多的线程间同步。一个线程可以与多个事件相关联，线程可以在任意一个事件发生时被唤醒，或者在多个事件都发生后才被唤醒，并进行后续的处理，事件集可以支持多个线程同步多个事件。多个事件的集合可以用一个 32 位无符号整形变量表示，变量的每一位代表一个事件。

事件集控制块是操作系统用于管理事件集的一个数据结构，通常使用 rt_event_t 指针指向该控制块。对事件集进行操作的接口函数如表 4-6 所示。

表 4-6　对事件集进行操作的接口函数

序　号	功　能	接口函数
1	创建/初始化	rt_event_create/init()
2	发送	rt_event_send()
3	接收	rt_event_recv()
4	删除/脱离	rt_event_delete/detach()

4.4　实验 4：基于 PSoC6 和 RTT 的串口通信

1. 实验目的

（1）理解串口通信的原理。

（2）掌握如何在 RTT 中配置和使用串口驱动接口。

（3）编写程序，基于 PSoC6 和 RTT，实现通过串口与计算机进行双向通信。

2. 实验准备

（1）硬件设备：PSoC62 评估板、Type-C USB 线、USB 转 TTL 模块。

（2）软件环境：RTT Studio IDE 开发环境、RTT 操作系统。

3. 实验步骤

（1）创建项目。PSoC62 评估板具有 6 个 UART 接口，UART6 连接到 USB 转 TTL 模块。在本实验中，将使用 UART5 进行通信，以便为后续通过串口连接传感器模块或无线通信模块做好准备。首先，在 RTT Studio 中，选择"文件"→"新建 RT-Thread 项目"命令，选择基于 PSoC62

评估板，然后输入项目名称，如 PSoC62_UART5，然后单击"完成"按钮。

（2）配置项目。进入"RT-Thread Settings"界面，使能 UART5 选项，如图 4-3 所示。

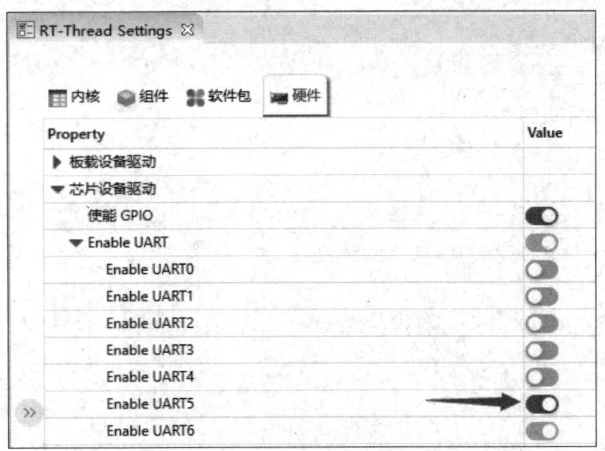

图 4-3　使能 UART5 选项

接下来，在./libraries/HAL_Drivers/uart_config.h 文件中找到 UART5 的配置信息，并根据需要修改串口引脚，如图 4-4 所示。

```
172  #if defined(BSP_USING_UART5)
173  #ifndef UART5_CONFIG
174  #define UART5_CONFIG                              \
175     {                                             \
176          .name = "uart5",                         \
177          .tx_pin = P11_1,                         \
178          .rx_pin = P11_0,                         \
179          .usart_x = SCB5,                         \
180          .intrSrc = scb_5_interrupt_IRQn,         \
181          .userIsr = uart_isr_callback(uart5),     \
182          .UART_SCB_IRQ_cfg = &UART5_SCB_IRQ_cfg,  \
183     }                                             \
184          void uart5_isr_callback(void);
185  #endif /* UART5_CONFIG */
186  #endif /* BSP_USING_UART5 */
```

图 4-4　修改串口引脚

如果需要使用 DMA 功能，那么在组件中使能串口 DMA 模式，如图 4-5 所示。

内核 组件 软件包 硬件	
Property	Value
The number of unamed pipe	64
使用系统默认工作队列	⊘
▼ 使用 UART 设备驱动程序	⬤
Choice Serial version	RT_USING_SERIAL_V1
使能串口 DMA 模式	⬤
设置 RX 缓冲区大小	64
使用 CAN 设备驱动程序	⊘
使用 HWTIMER 设备驱动程序	⊘
使能高精度时钟计算 CPU 时间	

[rt-thread-components-device-drivers-using-serial-device-drivers-choice-serial-version34]

图 4-5　使能串口 DMA 模式

（3）编写程序。

```c
//uart.c 文件
#include <rtthread.h>
#define SAMPLE_UART_NAME            "uart5"
/* 用于接收消息的信号量 */
static struct rt_semaphore rx_sem;
static rt_device_t serial;

/* 接收数据回调函数 */
static rt_err_t uart_input(rt_device_t dev, rt_size_t size)
{
    /* 串口接收到数据后产生中断，调用此回调函数，然后发送接收信号量 */
    rt_sem_release(&rx_sem);
    return RT_EOK;
}

static void serial_thread_entry(void *parameter)
{
    char ch;

    while (1)
    {
        /* 从串口读取 1 字节的数据，若没有读取到，则等待接收信号量 */
        while (rt_device_read(serial, -1, &ch, 1) != 1)
        {
            /* 阻塞等待接收信号量，等到信号量足够后再次读取数据 */
            rt_sem_take(&rx_sem, RT_WAITING_FOREVER);
        }
        rt_device_write(serial, 0, &ch, 1);
        /* 读取到的数据通过串口错位输出 */
        ch = ch + 1;
    }
}

static int uart_sample(int argc, char *argv[])
{
    rt_err_t ret = RT_EOK;
    char uart_name[RT_NAME_MAX];
    char str[] = "hello RT-Thread!\r\n";

    if (argc == 2)
    {
        rt_strncpy(uart_name, argv[1], RT_NAME_MAX);
    }
    else
    {
        rt_strncpy(uart_name, SAMPLE_UART_NAME, RT_NAME_MAX);
    }
```

```
    /* 查找系统中的串口设备 */
    serial = rt_device_find(uart_name);
    if (!serial)
    {
        rt_kprintf("find %s failed!\n", uart_name);
        return RT_ERROR;
    }
    /* 初始化信号量 */
    rt_sem_init(&rx_sem, "rx_sem", 0, RT_IPC_FLAG_FIFO);
    /* 以中断接收及轮询发送模式打开串口设备 */
    rt_device_open(serial, RT_DEVICE_FLAG_INT_RX);
    /* 设置接收回调函数 */
    rt_device_set_rx_indicate(serial, uart_input);
    /* 发送字符串 */
    rt_device_write(serial, 0, str, (sizeof(str) - 1));
    /* 创建 serial 线程 */
    rt_thread_t thread = rt_thread_create("serial", serial_thread_entry, RT_NULL, 1024, 25, 10);
    /* 若创建成功则启动线程 */
    if (thread != RT_NULL)
    {
        rt_thread_startup(thread);
    }
    else
    {
        ret = RT_ERROR;
    }
    return ret;
}
/* 导出到 msh 命令列表中 */
//MSH_CMD_EXPORT(uart_sample, uart device sample);
INIT_APP_EXPORT(uart_sample);
```

（4）硬件连接和测试。将 PSoC6 的 RX 引脚连接到 USB 转 TTL 模块的 TX 引脚，TX 引脚连接到 TTL 模块的 RX 引脚，同时连接 GND 引脚。将 TTL 模块连接到计算机，如图 4-6 所示。然后编译程序并将其下载到 PSoC62 评估板，最后复位并重启设备。

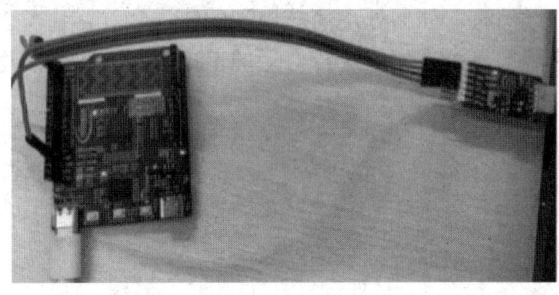

图 4-6　USB 转 TTL 模块连接示意图

用串口调试软件向微控制器发送数据，微控制器接收到数据并将其发送给计算机，如图 4-7 所示。

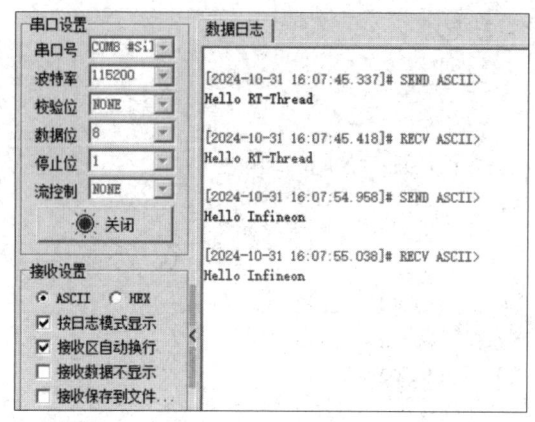

图 4-7　发送数据和接收数据

4.5　本章小结

本章首先介绍了串口通信的基本概念、重要参数和串口的类型。接着介绍了 PSoC6 上的 UART 和 RTT 提供的驱动接口，以及串口接收数据和发送数据的模式，并简要介绍了 RTT 中的线程间同步方式。通过实验，验证了在 PSoC62 评估板上基于 RTT 操作系统配置串口驱动和参数，并编写程序，实现了 PSoC62 评估板与计算机之间的串口通信。

习题 4

（1）请解释 UART 通信的基本原理，并说明它在嵌入式系统中的应用场景。

（2）请描述在 RTT 中如何配置和使用 UART 设备进行数据通信。

（3）请比较中断接收模式与轮询接收模式在串口数据处理中的不同应用场景，并分析其各自的优缺点。

（4）请解释 DMA 接收模式的工作原理，并说明它是如何提高数据传输效率的。

（5）基于 RTT，请设计一个简单的 UART 通信示例，演示如何实现串口数据的发送和接收。

（6）讨论在实现串口通信时，如何处理可能出现的错误和异常情况。

（7）在一个嵌入式应用场景中，如何选择合适的串口数据接收和发送模式？请给出理由。

第5章
PSoC6 上的 I2C 应用

5.1 PSoC6 上的 I2C

5.1.1 I2C 简介

I2C 是一种被广泛应用的串行总线标准，主要用于芯片或模块之间的通信。I2C 技术的核心是它的两线制设计，包括一条数据线（SDA）和一条时钟线（SCL）。这种两线制设计方法简化了物理布线，降低了系统的复杂性，同时节约了成本。I2C 的多主机支持功能使得任何主设备都可以发起通信，增强了系统的灵活性和可靠性。

I2C 总线的数据传输速率是由其时钟频率决定的。I2C 总线的时钟频率通常为 100kHz～400kHz。根据总线频率，I2C 总线具有以下几种工作模式。

（1）标准模式：I2C 总线的时钟频率为 100kHz，数据传输速率最高可达 10bit/s。该模式适合大多数低速应用。

（2）快速模式：I2C 总线的时钟频率为 400kHz，数据传输速率最高可达 40bit/s。该模式适用于需要较高数据传输速率的场景，如传感器数据采集等。

（3）高速模式：I2C 总线的时钟频率最高可达 1MHz，适合更高性能需求的应用。

（4）超高速模式：I2C 总线的时钟频率最高可达 5MHz，适合具有高数据量或快速响应需求的高级应用。

这些不同的速率选项使 I2C 可以在多种不同的应用场景中灵活运用，涵盖从简单的传感器数据读取到更复杂的多设备通信系统。

在 I2C 总线上，由于 SDA 和 SCL 信号线都采用开漏模式，因此需要外接上拉电阻，以避免信号电平的不确定性。上拉电阻的阻值通常在 1kΩ～10kΩ 范围内，具体取决于总线长度、总线上的设备数量和总线工作频率。此外，I2C 总线能够连接多达 127 个不同的设备，这种多设备支持使其成为物联网和其他复杂系统的理想通信方式。通过适当的总线管理和冲突解决策略，可以高效地管理多设备通信。

I2C 通信协议通过设备地址和寄存器地址提供灵活的数据访问方式。每个 I2C 设备都有唯一的地址，这使主设备可以直接与特定的从设备通信。寄存器地址进一步增强了主设备对从设备上的特定数据寄存器的访问能力，实现了精确的数据管理与控制。

5.1.2 PSoC6 上的 I2C

PSoC6 为开发者提供了强大的 I2C 功能，支持在 I2C 总线上作为主设备和从设备进行通信。

PSoC6 的硬件 I2C 模块设计包含多项高级特性，如自动地址识别、时钟拉伸和总线错误检测等，这些功能使得在复杂的多个设备系统中实现稳定、可靠的 I2C 通信成为可能。

硬件 I2C 模块可执行整个多主设备和从设备接口，并具备多主设备的校准功能。该模块的工作速率可达 1Mbit/s（快速模式+）。此外，它还提供了多种灵活的缓冲选项，能够有效减少 CPU 的中断开销和延迟。模块支持 EzI2C 功能，在 PSoC62 的存储器中创建邮箱地址范围，从而减少对存储器阵列的读取和写入操作，提高 I2C 通信效率。该模块还配备了一个 256 字节深度的 FIFO，用于接收和传输数据。FIFO 的设计延长了 CPU 读取数据的时间，从而减少了时钟延展的发生（由于 CPU 没有及时读取数据，因此才导致时钟延展）。FIFO 可用于所有通道，并在没有 DMA 的情况下提供重要的性能提升。

在 PSoC Creator 或 ModusToolbox 开发环境中，开发者可以通过图形化配置工具轻松设置 PSoC6 的 I2C 模块的参数，如设备地址、通信速率和工作模式等。此外，PSoC6 还提供了一套完整的 I2C 驱动程序和 API，支持同步和异步的数据传输操作，从而简化了应用层的开发工作。

利用 PSoC6 的 I2C 接口，开发者可以实现各种嵌入式系统中的通信需求，如读取传感器数据、配置外设参数及实现设备间的数据同步等。无论是在智能家居、可穿戴设备，还是工业控制系统中，PSoC6 的 I2C 应用都能提供高效、灵活的通信解决方案。

5.2　RTT 上的 I2C 设备驱动接口

5.2.1　访问 I2C 设备

RTT 操作系统提供了一套完善的 I2C 设备驱动接口，使得在嵌入式系统中访问和操作 I2C 设备变得更加简洁和高效。通过这套接口，无论是读取传感器数据，还是向外设发送控制指令，都可以轻松实现 I2C 设备之间的数据通信。I2C 驱动层级结构如图 5-1 所示。

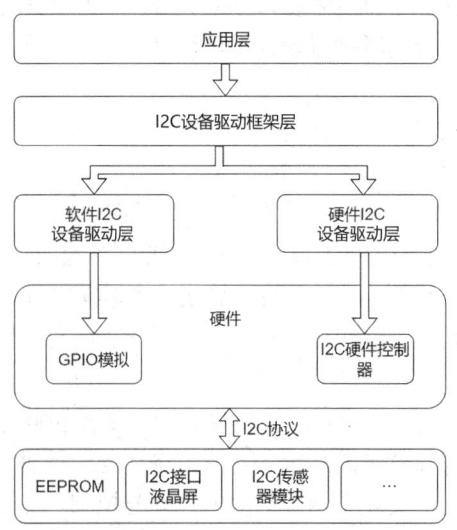

图 5-1　I2C 驱动层级结构

（1）应用层主要是业务代码，位于 I2C 设备驱动框架层之上。通过调用 I2C 设备驱动框架层提供的统一接口来完成具体业务代码的编写。

（2）I2C 设备驱动框架层是抽象的通用软件层，与平台无关，向应用层提供统一的 API。I2C 设备驱动框架源码位于 components\drivers\i2c 目录中，包含 i2c_dev.c、i2c_core.c 和 i2c-bit-ops.c 三个文件，提供了对硬件 I2C 设备驱动和软件 I2C 设备驱动的操作方法，包括注册接口、时序控制、发送和接收框架等。

（3）I2C 设备驱动层的实现与平台相关，分为硬件 I2C 设备驱动层和软件 I2C 设备驱动层。硬件 I2C 设备驱动层通过 I2C 总线接口实现了对外接的 I2C 硬件控制器的操作，软件 I2C 设备驱动层则是通过 GPIO 模拟 I2C 时序操作外接的 I2C 硬件设备。其源码位于具体的 BSP 目录中。

（4）最下面一层是使用 I2C 总线通信的模块，如 I2C 接口液晶屏、I2C 传感器模块等。

在 RTT 中，访问 I2C 设备的第一步通常是获取设备的句柄。可以通过调用 rt_device_find()函数来实现，该函数通过设备名称来查找并返回对应的设备对象。例如，在应用程序中定义 I2C 设备句柄，并在设备初始化函数中获取句柄。

```
static struct rt_i2c_bus_device *i2c_bus;    //I2C 设备句柄
i2c_bus = (struct t_i2c_bus_device )rt_device_find(PKG_USING_SSD1306_I2C_BUS_NAME);
```

5.2.2　读写 I2C 设备数据

在 I2C 总线上进行数据读写涉及与特定 I2C 设备通信，以交换信息。这包括从设备中读取数据和向设备写入数据。当获取到 I2C 设备句柄后，就可以通过 RTT 提供的 rt_i2c_transfer()函数进行数据传输。

此外，RTT 还封装了两个函数来简化数据读写操作，它们基于 rt_i2c_transfer()函数。rt_i2c_master_send()函数用于向 I2C 设备发送数据；rt_i2c_master_recv()函数用于从 I2C 设备中读取数据。

I2C 设备间的每次通信都从发送目标设备的地址开始，地址后跟随一个读/写标志位。如果是写操作，那么主设备发送写请求并传输数据到从设备，这些数据可以是命令、配置信息或要存储的信息；如果是读操作，那么主设备发送读请求，从设备响应后，主设备接收数据。读写 I2C 设备的时序图如图 5-2 所示。

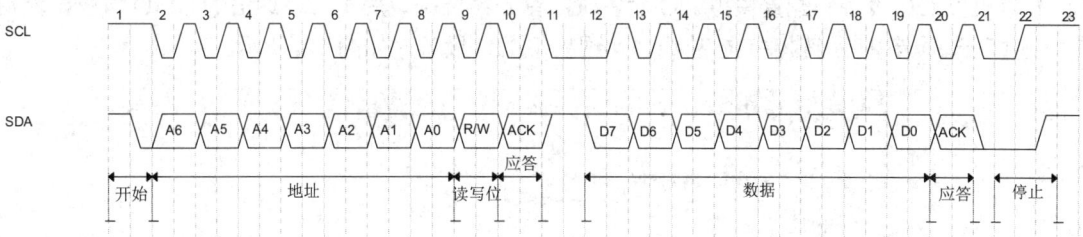

图 5-2　读写 I2C 设备的时序图

（1）写操作步骤。

①发送开始信号：初始化 I2C 通信。

②发送设备地址和写标志：指明目标设备和操作类型（写）。

③传输数据字节：发送一个或多个字节的数据。

④发送停止信号：结束 I2C 通信。

（2）读操作步骤。

①发送开始信号：初始化 I2C 通信。

②发送设备地址和读标志：指明目标设备和操作类型（读）。

③接收数据：主设备读取从设备发送的数据。

④发送停止信号：结束 I2C 通信。

在操作过程中，每发送 1 字节后，需要检查从设备的应答。如果没有收到应答或通信出错，那么可以执行错误处理流程。某些 I2C 设备可能要求进行分页写入。也可以向特定寄存器地址读写数据，通常用于配置设备或读取设备状态。

5.3　RTT 上的模拟 I2C 设备

5.3.1　配置 I2C 设备

（1）配置硬件 I2C 设备。在 RTT 上配置硬件 I2C 设备。首先在硬件选项卡中使能硬件 I2C 总线，根据连接的引脚确定 SCL 引脚编号和 SDA 引脚编号，如图 5-3 所示。然后在组件选项卡中开启"使用 I2C 设备驱动程序"，如图 5-4 所示。

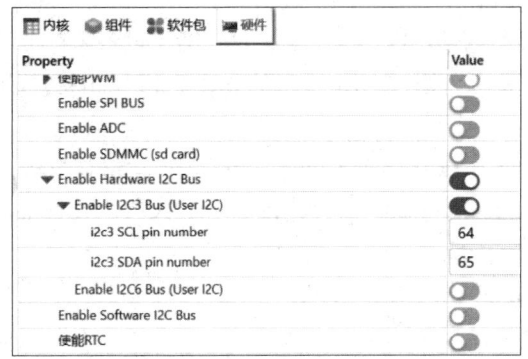

图 5-3　配置硬件 I2C 设备　　　　　　　　　图 5-4　开启"使用 I2C 设备驱动程序"

配置模拟 I2C 设备。配置模拟 I2C 设备时，首先需要确定用于 I2C 通信的 GPIO 引脚，然后在"硬件"选项卡中启用软件 I2C 总线，实现模拟 I2C 设备，如图 5-5 所示。

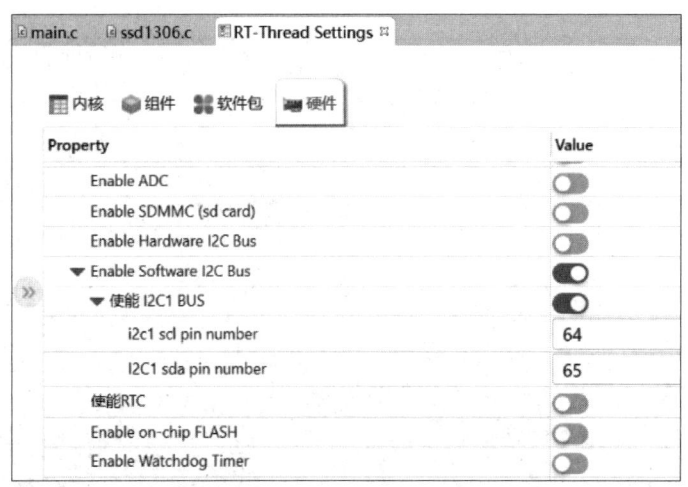

图 5-5　配置模拟 I2C 设备

通常，实现模拟 I2C 设备驱动的过程包括以下几个步骤。

①选择 GPIO 引脚：根据硬件设计选择两个可用的 GPIO 引脚，分别用作 SCL 线和 SDA 线。

②初始化 I2C 总线：调用 RTT 提供的模拟 I2C 初始化函数 rt_soft_i2c_bus_init()，并传入相应的 GPIO 引脚编号和 I2C 总线名称。

③注册 I2C 总线：初始化完成后，通过调用 rt_i2c_bus_device_register()函数，将模拟的 I2C 总线注册到系统中，使其成为一个可操作的 I2C 设备。

5.3.2　模拟 I2C 设备驱动接口

一旦模拟 I2C 设备配置完成并注册到系统中，就可以通过标准的 I2C 设备驱动接口进行数据的读写操作。

模拟 I2C 设备驱动接口提供了与硬件 I2C 设备相同的编程模型，无须修改应用层代码，就可以在硬件 I2C 设备和模拟 I2C 设备之间切换，这极大地提高了代码的可重用性和系统的灵活性。

使用模拟 I2C 设备虽然增加了额外的 I2C 通信能力，但也需要注意其可能带来的影响。由于模拟 I2C 设备依赖 CPU 生成 I2C 协议的时钟和数据信号，因此在高速数据传输或 CPU 负载较大的场景下，可能会影响通信的稳定性和准确性。因此，在选择使用模拟 I2C 设备时，需要根据实际应用需求和系统资源情况做出合理的决策。

总之，模拟 I2C 设备驱动接口在性能和效率上可能不如硬件 I2C 设备，但它为在资源受限的环境下实现 I2C 通信提供了可行的解决方案。通过适当的软件设计和时序管理，可以确保模拟 I2C 设备通信的可靠性和有效性。

5.4　实验 5：I2C 总线驱动 SSD1306 OLED 屏

1. 实验目的

（1）理解 I2C 总线协议及其工作模式。

（2）掌握如何在 RTT 中配置和使用 I2C 总线，驱动 SSD1306 OLED 屏。

（3）编写程序，通过 I2C 总线在 SSD1306 OLED 屏上显示文本和图形。

2. 实验准备

（1）硬件设备：PSoC62 评估板、Type-C USB 线、SSD1306 OLED 屏。

（2）软件环境：RTT Studio IDE 开发环境、RTT 操作系统。

3. 实验步骤

（1）创建项目。在 RTT Studio 中，选择"文件"→"新建 RT-Thread 项目"命令，选择基于 PSoC62 评估板，输入项目名称，如 PSoC62_hwi2c，然后单击"完成"按钮。

本实验通过配置 PSoC62 评估板的硬件 I2C 设备来驱动 0.96 寸 OLED 屏并显示文本。

（2）硬件连接。连接 PSoC62 评估板和 OLED 屏，连接方式如表 5-1 所示。

表 5-1　PSoC62 评估板与 OLED 屏硬件引脚连接

PSoC62 评估板的引脚	OLED 屏的引脚
SCL	SCL

续表

PSoC62 评估板的引脚	OLED 屏的引脚
SDA	SDA
3.3V	VCC
GND	GND

（3）软件配置。选择"RT-Thread Settings"→"硬件"命令，在该界面配置硬件 I2C 设备。启用硬件 I2C3，SCL 引脚为 P8.0，SDA 引脚为 P8.1，将引脚编号分别配置为 64 和 65，如图 5-6 所示。

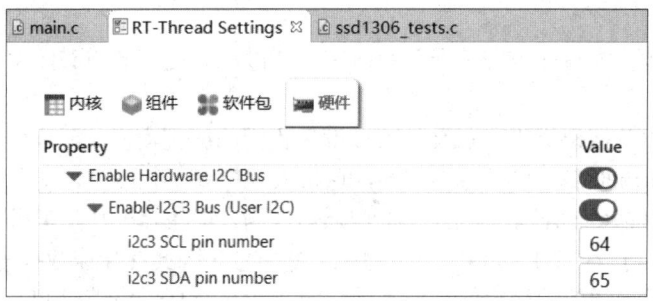

图 5-6　配置硬件 I2C 设备及引脚编号

若不知道 OLED 屏的地址，则可以使用 i2c-tools 软件包扫描 I2C 总线上的设备。在"RT-Thread Settings"中添加软件包 i2c-tools，编译下载后，在终端上输入命令 i2c scan i2c3，通过该命令可以扫描 I2C3 总线上的设备，如图 5-7 所示。

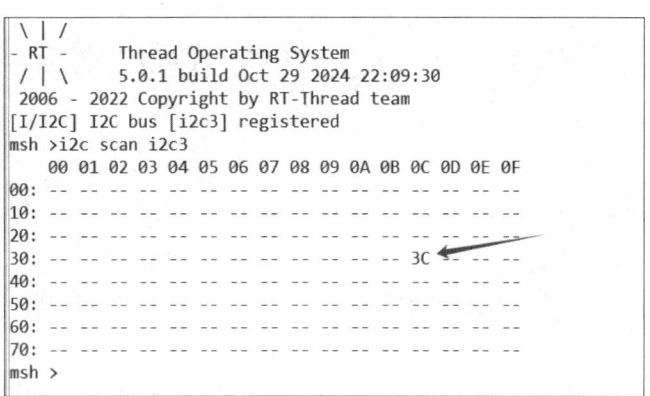

图 5-7　扫描 I2C3 总线上的设备

在"RT-Thread Settings"中添加 ssd1306 软件包，如图 5-8 所示。

图 5-8　添加 ssd1306 软件包

接下来配置 ssd1306 软件包，将 I2C 地址配置为 0x3c，将 I2C 总线名称配置为 i2c3，将 Version 配置为 latest，如图 5-9 所示。

RT-Thread Settings

内核　组件　软件包　硬件

Property	Value
ld3320 speech recognition chip	◯
wk2124: spi wk2124 driver library.	◯
ly68l6400:a device drive and frame for ly68l6400	◯
DM9051:DAVICOM SPI to Ethernet Controller	◯
▼ ssd1306: OLEDs based on SSD1306, SH1106, SH1107 and SSD1309 driver	●
Enable debug log output	◯
I2C address	0x3c
I2C bus name	i2c3
Enable ssd1306 sample	●
Version	latest

图 5-9　配置 ssd1306 软件包

（4）编写程序。在 applications 目录中新建 ssd1306_test.c 文件，用于编写 OLED 屏显示程序。编写测试程序如下。

```
static int ssd1306_test()
{
    ssd1306_Init();
    ssd1306_Fill(Black);
    ssd1306_SetCursor(13, 0);
    ssd1306_WriteString("RT-Thread", Font_11x18, White);
    ssd1306_SetCursor(0, 30);
    ssd1306_WriteString("Hello World", Font_11x18, White);
    ssd1306_UpdateScreen();
}
MSH_CMD_EXPORT(ssd1306_test, ssd1306 test)
```

（5）调试与测试。编译并下载程序后，按下 PSoC62 评估板上的 RESET 键，在终端上输入"ssd1306_test"命令，屏幕显示如图 5-10 所示。

图 5-10　OLED 屏测试图

5.5　本章小结

本章主要介绍了 I2C 总线技术及其工作模式，重点讲解了 PSoC6 上的 I2C 总线。内容涵盖了

RTT 操作系统提供的驱动程序接口、如何访问 I2C 设备、I2C 设备数据读写，以及如何使用 RTT 配置硬件 I2C 设备和软件 I2C 设备。通过实验，实现了基于 PSoC62 评估板和 RTT 操作系统，使用 I2C 设备控制 OLED 屏的功能。

习题 5

（1）请解释 I2C 通信协议的基本原理，包括它的主要特点和在嵌入式系统中的应用场景。

（2）请描述在 PSoC6 上配置 I2C 设备的步骤，包括硬件配置和软件配置的过程。

（3）请阐述通过 RTT 操作系统如何实现对 I2C 设备的访问和操作，包括设备的初始化、打开、读写数据及关闭操作。

（4）请比较硬件 I2C 设备和模拟 I2C 设备在性能、灵活性和应用场景上的差异。

（5）请设计一个基于 RTT 操作系统的 I2C 通信示例项目，以实现温度传感器的数据读取功能。描述所需的硬件连接步骤和软件实现步骤。

第6章
PSoC6 上的 SPI 应用

6.1 PSoC6 上的 SPI 简介

6.1.1 SPI 简介

串行外设接口（Serial Peripheral Interface，SPI）总线是一种同步串行通信总线，广泛应用于微控制器和各种外设之间的全双工、同步串行通信。

1. 主从架构

SPI 协议的主从架构是其核心特点之一。在这种架构中，主设备控制通信过程，包括时钟信号的生成、从设备的选择和数据传输的控制。从设备则响应主设备的请求，发送或接收数据。

2. 物理连接

MCU 与外围器件通信只需 4 条线即可完成。

（1）串行时钟线（SCLK）：这条线由主设备控制，用于同步数据传输。时钟信号的频率可以调整，以匹配系统的性能需求和外设的能力。

（2）主设备到从设备的数据线（MOSI）：数据通过这条线从主设备传输到从设备。在发送数据时，数据位与 SCLK 的每个上升沿或下降沿同步。

（3）从设备到主设备的数据线（MISO）：这条线用于从设备向主设备回送数据。与 MOSI 类似，数据传输也是与时钟信号同步的。

（4）从设备选择线（CS 或 SS）：每个从设备都通过一个独立的选择线与主设备连接。主设备通过激活相应的 CS 线来选择与哪个从设备进行通信，从而在同一条 SPI 总线上连接多个从设备，而不会造成数据混淆。

3. 工作模式

SPI 的工作模式由时钟极性（CPOL）和时钟相位（CPHA）之间的相位关系决定。当 CPOL 为 0 时，SPI 总线空闲时为低电平；当 CPOL 为 1 时，SPI 总线空闲时为高电平；当 CPHA 为 0 时，数据在 SCK 第一个跳变沿采样；当 CPHA 为 1 时，数据在 SCK 第二个跳变沿采样。SPI 总线的工作模式如表 6-1 所示，SPI 总线的工作时序图如图 6-1 所示。

表 6-1 SPI 总线的工作模式

CPOL/CPHA 的设定	第一位数据的输出	其他位的输出	数据采样
CPOL=0，CPHA=0	在第一个 SCK 上升沿之前	SCK 下降沿	SCK 上升沿

续表

CPOL/CPHA 的设定	第一位数据的输出	其他位的输出	数据采样
CPOL=1，CPHA=1	第一个 SCK 下降沿	SCK 下降沿	SCK 上升沿
CPOL=1，CPHA=0	在第一个 SCK 下降沿之前	SCK 上升沿	SCK 下降沿
CPOL=0，CPHA=1	第一个 SCK 上升沿	SCK 上升沿	SCK 下降沿

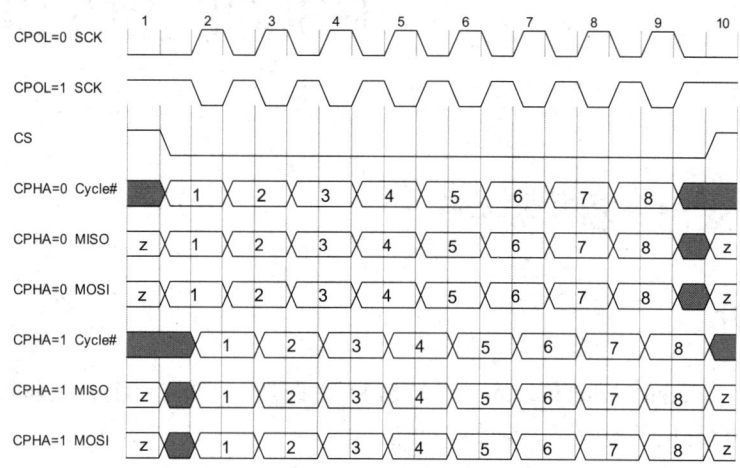

图 6-1　SPI 总线的工作时序图

（1）工作模式 1。当 CPHA=0、CPOL=0 时，MISO 引脚上的数据会在第一个 SPSCK 沿跳变之前就已上线，而为了保证正确传输，MOSI 引脚的最高有效位（MSB）必须与第一个 SPSCK 沿同步。在 SPI 传输过程中，将数据上线，在同步时钟信号的上升沿，SPI 的接收方捕捉位信号，在时钟信号的一个周期结束时，下一位数据上线，如此重复，直到 1 字节的（8 位数据）信号传输结束。

（2）工作模式 2。当 CPHA=0、CPOL=1 时，此模式与模式 1 的区别是 SPI 总线只是在同步时钟信号的下降沿捕捉信号，而在上升沿，下一位数据上线。

（3）工作模式 3。当 CPHA=1、CPOL=0 时，MISO 引脚和 MOSI 引脚上的数据的 MSB 必须与第一个 SPSCK 沿同步。在传输过程中，在同步时钟信号开始时数据上线，在同步时钟信号的下降沿，SPI 的接收方捕捉位信号，在时钟信号的一个周期结束时，下一位数据上线，如此重复，直到 1 字节的（8 位数据）信号传输结束。

（4）工作模式 4。当 CPHA=1、CPOL=0 时，此模式与工作模式 3 的区别是在同步时钟信号的上升沿捕捉位信号，而在下降沿，下一位数据上线。

除了标准 SPI，还有一种扩展协议，称为 QSPI。QSPI 在 SPI 的基础上增加了队列传输机制，可以一次性传输最多 16 个 8 位或 16 位的数据。它增加了两条 I/O 线，因此共有 6 个引脚信号，分别是 CLK、CS、SIO0、SIO1、SIO2、SIO3。在一个时钟内，可以同时传输 4 位数据。QSPI 用 80 字节的 RAM 替代了 SPI 的发送和接收数据寄存器，而且一旦传输启动直到结束，都不需要 CPU 干预，从而大大提高了数据传输的效率。

6.1.2　PSoC6 上的 SPI

PSoC6 提供了灵活且强大的 SPI 硬件支持，使其能够轻松地与各种 SPI 兼容的外设进行通信。PSoC6 的 SPI 模块支持多种工作模式，包括不同的时钟极性和时钟相位配置选项，以满足不同外设的需求。SPI 模式支持全部 Motorola SPI、TI SSP（用于同步 SPI 编码的启动脉冲）和 National Microwire（SPI 半双工模式）。PSoC6 上的 SPI 模块可以使用 FIFO 并支持 EZSPI 模式，在该模式中，数据交换通过在存储器中读取和写入数据的方式进行，从而简化了数据传输。

　　PSoC6 提供了以 80MHz 运行的 QSPI（可选 1、2 或 4 位宽度）。该模块为 PSoC6 和外部串行存储器之间的通信提供了高度可配置的接口，支持使能缓存、代码本地执行、命令模式和动态加密、解密等功能。QSPI 模块的体系结构图如图 6-2 所示。

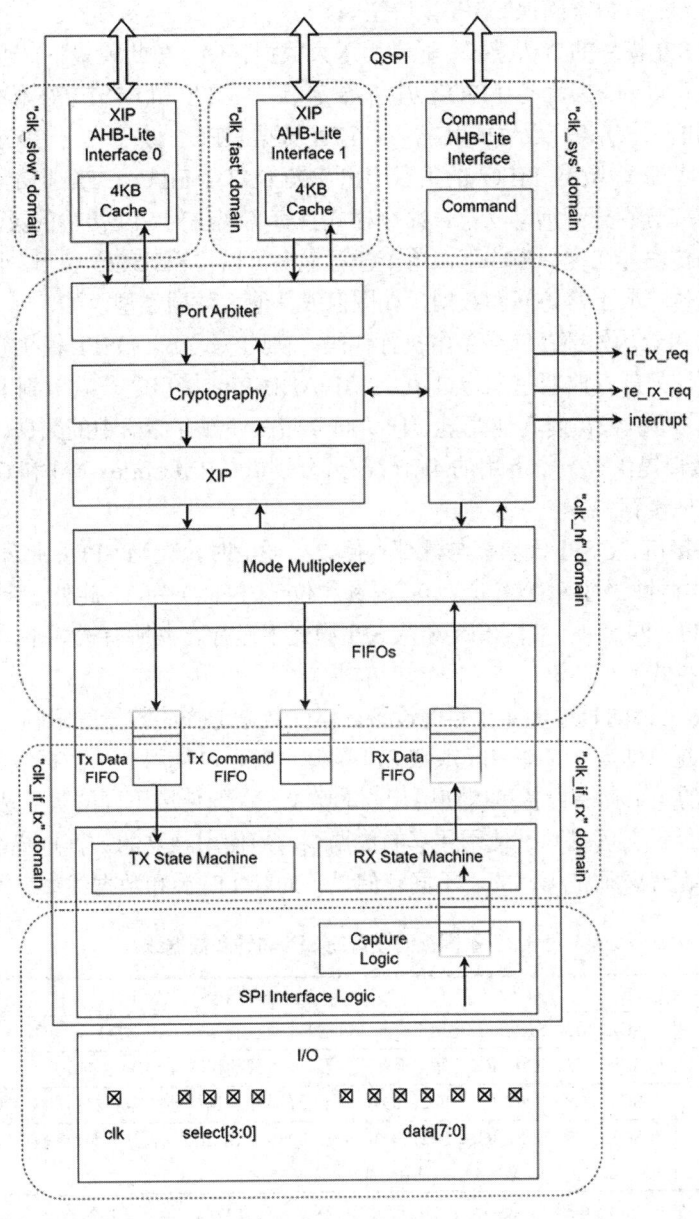

图 6-2　QSPI 模块的体系结构图

　　（1）时钟域。QSPI 模块有三个 AHB-Lite 总线接口，其中两个用于 XIP 模式，一个用于命令模式。在 XIP 模式下，接口由快速域和慢速域组成。ARM Cortex-M4 是快速域中唯一的总线主控器。在慢速域中，ARM Cortex-M0、Crypto、Datawire0 和 Datawire1 可以作为总线主控器。对于命令模式操作，总线接口位于 clk_sys 域中，该域是 clk_hf 的分频时钟。在命令模式下，总线主控器可以是 XIP 模式下的任何总线主控器。

模块中的 FIFO 工作在 SPI 接口时钟域。其余的模块组件，包括加密组件、模式复用器和端口仲裁器等都在高频时钟域中运行。

（2）模式。QSPI 硬件提供了一个模式多路复用器，可以在命令模式或 XIP 模式下操作 QSPI 模块。在外设驱动库（Peripheral Driver Library，PDL）中，可以在运行时通过调用 Cy_QSPI_SetMode() 函数来更改此模式。需要注意的是，只有在当前传输完成后才可以切换模式。可以调用 Cy_SMIF_BusyCheck() 函数来确保 QSPI 模块空闲。

命令模式是 QSPI 模块的默认模式，通常用于大数据存储。在此模式下，通过访问 FIFO 来启动数据传输。软件可以向 TX 命令 FIFO 传输命令字节，向 TX 和 RX FIFO 传输数据字节。此模式根据可用或使用的 FIFO 条目数生成触发器。当 TX 数据 FIFO 的条目少于 TX_DATA_FIFO_CTL 指定的条目时，或者 RX 数据 FIFO 的条目超出 RX_DATA_FIFO_CTL 指定的条目时，触发器 tr_tx_req 和 tr_rx_req 分别处于活动状态。命令模式具有实现任何 SPI 传输的灵活性，包括配置或擦除外部存储器的传输。在这种模式下，单个任务最多可以传输 65535 字节。因此，通常将命令模式用于批量数据传输或不常访问的数据，如图像或其他大数据类型。

XIP 模式通常用于从外部存储设备中执行代码。在此模式下，QSPI 模块会自动发起 SPI 传输，无须软件干预。外部存储器空间通过两个 XIP AHB-Lite 接口之一映射到 PSoC6 地址空间中的可配置地址范围，可以像访问其他变量一样访问存储在外部存储器中的数据。QSPI 模块还为每个 XIP AHB-Lite 接口提供了一个专用的 4KB 缓存，分别供 ARM Cortex-M4 和 CMV/DMA 使用，默认情况下启用这些缓存。

（3）存储设备接口。QSPI 模块在与外部存储设备通信时，充当 SPI 主控器。QSPI 模块仅支持 SPI 配置 0，其中时钟极性（CPOL）为 0，时钟相位（CPHA）为 0。此外，除了标准 SPI，QSPI 模块还可以在双 SPI、四 SPI、双四 SPI 和八 SPI 模式下运行。在所有模式下，QSPI 模块都以单数据速率（SDR）模式运行。

QSPI 模块最多支持同时连接 4 个存储设备，但受数据选择线数量的限制。例如，QSPI 模块支持 8 条数据线，这意味着 4 个单 SPI 或双 SPI 存储设备可以使用 8 条数据线和所有可用的数据选择线，或者相同的 4 个存储设备可以使用相同的数据线，但使用不同的数据选择线。同样，4 个四 SPI 或八 SPI 存储设备可以同时使用共享的数据线，但使用独立的数据选择线。对于给定的存储设备，使用的数据线必须是相邻的。不同存储设备的 SPI 时钟和数据线如表 6-2 所示。

表 6-2　不同存储设备的 SPI 时钟和数据线

存储设备	I/O 信号
标准 SPI 存储器	SCK、CS、SI、SO，适用于有两条数据信号线的存储器（SI 和 SO）
Dual SPI 存储器	SCK、CS、IO0、IO1，适用于有两条数据信号线的存储器（IO0 和 IO1）
Quad SPI 存储器	SCK、CS、IO0、IO1、IO2、IO3，适用于有 4 条数据信号线的存储器（IO0、IO1、IO2、IO3）
Octal SPI 存储器	SCK、CS、IO0、IO1、IO2、IO3、IO4、IO5、IO6、IO7，适用于有 8 条数据信号线的存储器（IO0、IO1、IO2、IO3、IO4、IO5、IO6、IO7）

每个存储设备都必须映射到 QSPI 模块中的 4 个"插槽"之一。每个插槽都有一个对应的 I/O 引脚控制其 CS 线。为了确保固件正确访问设备，QSPI 模块配置必须与外部存储器的 CS 线连接一致。对于 4 条片选线，需要进行正确配置。

在 ModusToolbox 开发环境中，可以通过图形界面配置 SPI 组件的参数，如数据位宽、时钟速率、工作模式等。通过 PSoC6 上的 SPI 应用，可以实现高速的数据传输。无论是在工业控制系统、通信设备、消费电子产品或物联网应用中，PSoC6 上的 SPI 应用都能够提供可靠、高效的通信解决方案。

6.2　RTT 上的 SPI 设备驱动接口

6.2.1　挂载 SPI 设备

挂载 SPI 设备是指将 SPI 设备连接到已经注册好的 SPI 总线上。RTT 操作系统提供了完善的 SPI 和 QSPI 设备驱动，实现了 SPI 设备的操作方法 struct rt_spi_ops，并注册了 SPI 总线设备。SPI/QSPI 的层级结构图如图 6-3 所示。

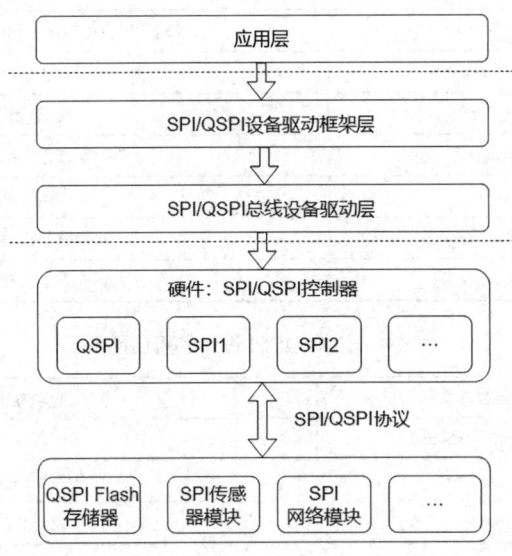

图 6-3　SPI/QSPI 的层级结构图

（1）应用层是用户应用程序，用户通过调用 SPI/QSPI 设备驱动框架提供的统一接口来完成具体的业务操作。

（2）SPI/QSPI 设备驱动框架层是抽象出的通用软件层，与平台无关。源码文件为 spi_core.c 或 qspi_core.c，位于 components/drivers/spi 文件夹。应用程序通过这一层提供的接口与硬件进行交互。

（3）SPI/QSPI 总线设备驱动层是针对具体硬件平台实现的，与具体硬件相关。实现代码文件一般被命名为 drv_spi.c 或 qdrv_spi.c，位于具体的 BSP 目录中。SPI/QSPI 总线设备驱动层实现了访问和控制 SPI/QSPI 总线设备的操作方法，并负责将 SPI/QSPI 总线设备注册到操作系统。

（4）最后一层是外接的使用 SPI/QSPI 总线通信的硬件模块，如 Flash 存储器、SPI 传感器模块、SPI 网络模块等。

在 RTT 中，使用 rt_spi_bus_attach_device_cspin()函数可以将一个 SPI 设备挂载到指定的 SPI 总线上，并将 SPI 设备注册到内核中。在该过程中，既可以使用 BSP 级的 GET_PIN 宏定义指定片选引脚，也可以使用 RTT 提供的 PIN 框架 rt_pin_get 指定片选引脚。

6.2.2　配置 SPI 设备

挂载 SPI 设备后，需要配置 SPI 设备的工作参数，包括通信速率、数据位宽、主从模式、时钟极性和时钟相位等。在 RTT 中，可以通过 rt_spi_configure()函数来配置这些参数。该函数接收一个指向 struct rt_spi_configuration 结构体的指针，该结构体中包含了需要配置的 SPI 参数。配置 QSPI 设备的函数是 rt_qspi_configure()。

6.2.3 使用 SPI 进行数据传输

配置完 SPI 设备后,就可以使用 SPI 进行数据的发送和接收了。RTT 提供了一些接口函数,用于访问 SPI/QSPI 设备和进行数据传输,访问 SPI 设备的接口函数如表 6-3 所示,访问 QSPI 设备的接口函数如表 6-4 所示。

表 6-3　访问 SPI 设备的接口函数

序　号	接口函数	功能描述
1	rt_device_find()	根据 SPI 设备名称查找设备并获取设备句柄
2	rt_spi_transfer_message()	自定义传输数据
3	rt_spi_transfer()	传输一次数据
4	rt_spi_send()	发送一次数据
5	rt_spi_recv()	接收一次数据
6	rt_spi_send_then_send()	连续发送两次数据
7	rt_spi_send_then_recv()	先发送后接收数据

表 6-4　访问 QSPI 设备的接口函数

序　号	接口函数	功能描述
1	rt_qspi_transfer_message()	传输数据
2	rt_qspi_send_then_recv()	先发送后接收数据
3	rt_qspi_send()	发送一次数据

在多线程的情况下,同一个 SPI 总线可能会在不同的线程中被使用。为了避免在传输过程中发生数据丢失情况,从设备在开始传输数据前需要先获得 SPI 总线使用权,获取成功后,才能够使用总线传输数据,并使对应的片选信号有效。此外,还可以通过接口函数将新的传输消息添加到待传输的消息链表中。SPI 设备的其他接口函数如表 6-5 所示。

表 6-5　SPI 设备的其他接口函数

序　号	接口函数	功能描述
1	rt_spi_take_bus()	获取总线使用权
2	rt_spi_take()	选中片选信号
3	rt_spi_message_append()	在消息链表中添加一条消息
4	rt_spi_release()	释放片选信号
5	rt_spi_release_bus()	释放总线使用权

6.3　实验 6:使用 SPI 访问 ST7789 屏幕

1. 实验目的

(1)理解 SPI 总线的工作原理和工作模式。

(2)掌握如何在 RTT 中配置和使用 PSoC6 的 SPI 总线及驱动 ST7789 显示屏。

(3)编写程序,测试和使用 ST7789 LCD。

2．实验准备

（1）硬件设备：PSoC62 评估板、Type-C USB 线、ST7789 LCD。

（2）软件环境：RTT Studio IDE 开发环境、RTT 操作系统。

3．实验步骤

（1）创建项目。在 RTT Studio 中，选择"文件"→"新建 RT-Thread 项目"命令，选择基于 PSoC62 评估板，输入项目名称 PSoC62_ST7789，然后单击"完成"按钮。

本实验通过配置 PSoC62 评估板的 spi0 驱动 ST7789 LCD 并依次使用不同的颜色填充屏幕，以测试显示效果。

（2）硬件连接。查阅 PSoC62 评估板原理图，PSoC62 评估板上的 SPI 引脚如图 6-4 所示。

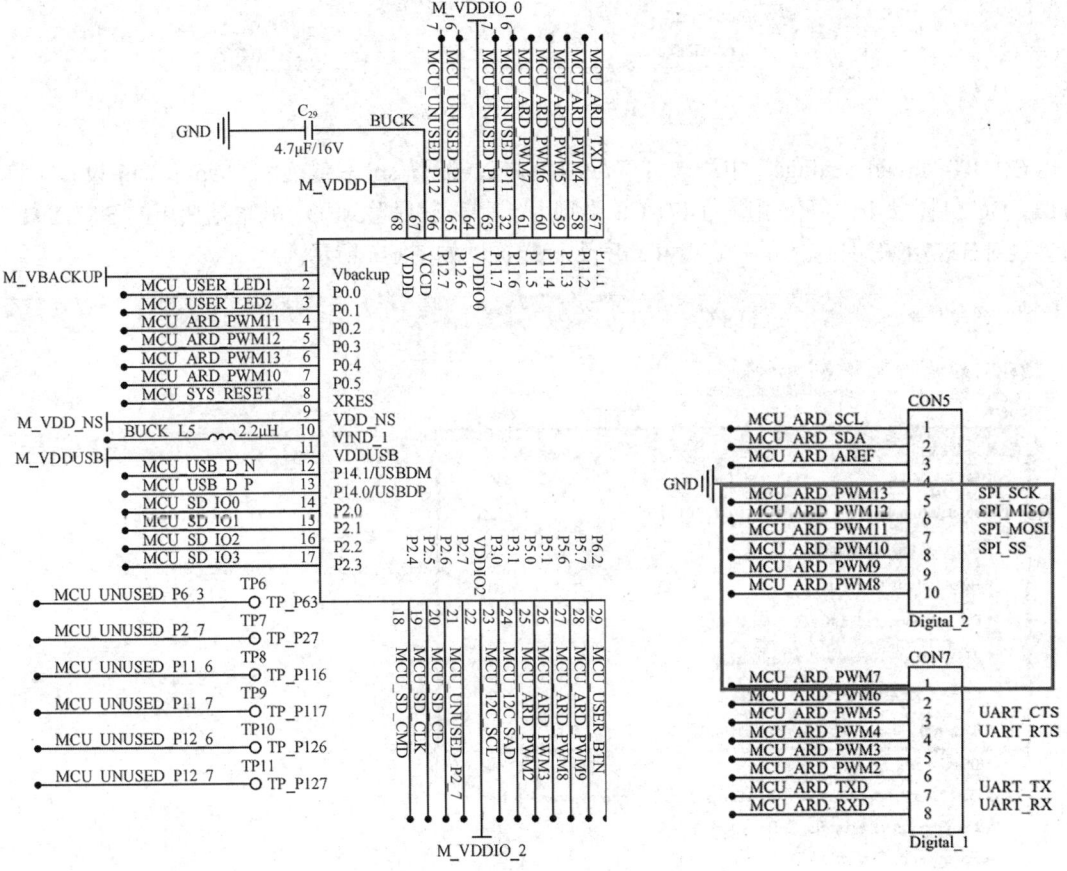

图 6-4　PSoC62 评估板上的 SPI 引脚

ST7789 LCD SPI 引脚与 PSoC62 评估板 SPI 引脚的对应关系如表 6-6 所示。

表 6-6　ST7789 LCD 引脚与 PSoC62 评估板 SPI 引脚的对应关系

ST7789 LCD SPI 引脚	PSoC62 评估板 SPI 引脚	功能描述
SCK	P0.4	时钟线
MOSI	P0.2	数据线
RES	P5.7	复位 LCD
DC	P5.6	区分发送到 LCD 的是数据还是命令
BLK	P11.5	LCD 背光控制

（3）软件配置。选择"RT-Thread Settings"→"硬件"命令，选择"芯片设备驱动"选项，使能 SPI0 BUS，如图 6-5 所示。

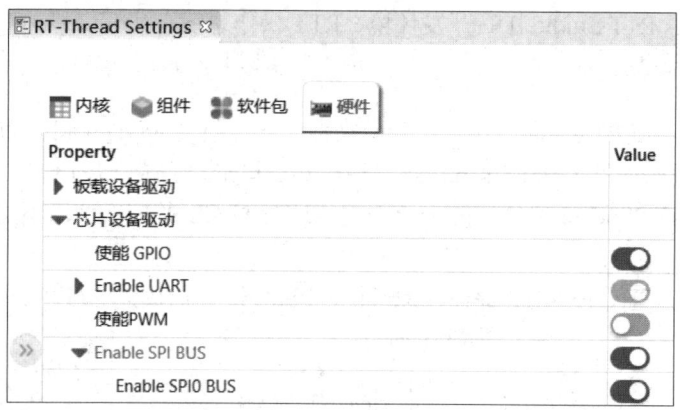

图 6-5　使能 SPI0 BUS

在"RT-Thread Settings"中添加 ST7789 软件包。配置 spi 总线名称为 spi0，spi 设备名称为 spi01，DC 引脚为 46，复位引脚为 47，CS 引脚为 5，背光引脚为 103，并根据使用的 ST7789 LCD 的参数对 ST7789 软件包的屏幕宽度和高度进行配置，如图 6-6 所示。

Property	Value
▼ TFT-LCD ST7789 SPI Graphic driver.	⬤
spi bus name	spi0
spi device name	spi01
Width of the LCD display	240
Height of the LCD display	240
DC pin connected to the LCD display	46
RESET pin connected to the LCD display	47
CS pin connected to the LCD display	5
Backlight pin connected to the LCD display	103
vs1003 driver	
x9555: I/O expander with interrupt, weak pull-up & config registers	
System_Run_LED: System Run LED Control thread.	
Device driver of BT chip MX-01	
Use RgPower	

[PKG_USING_ST7789]

图 6-6　添加 ST7789 软件包

（4）编写程序。在官网下载 ST7789 驱动程序。将下载的 lcd_st7789.c 和 lcd_st7789.h 驱动文件添加到 applications 文件夹中，如图 6-7 所示。

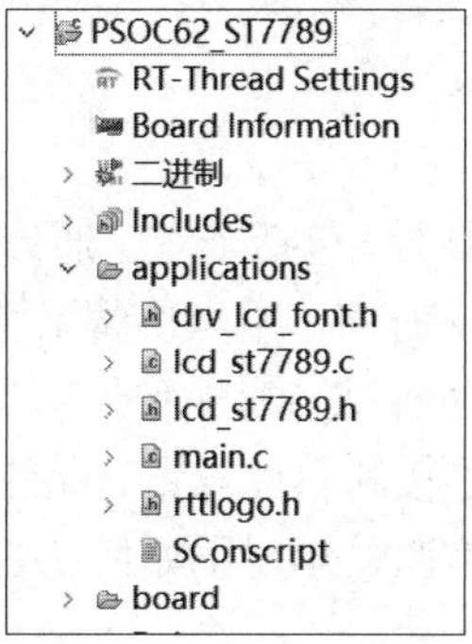

图 6-7　添加 ST7789 驱动文件

在 lcd_st7789.c 文件中，有如下测试程序。

```
static uint16_t color_array[] = {WHITE, BLACK, BLUE, BRED,GRED, GBLUE, RED, YELLOW };
static int lcd_spi_test(void)
{
    uint8_t index = 0;
    uint16_t time_tick0 = 0, time_tick1 = 0;
    _spi_lcd_init();
    for (index = 0; index < sizeof(color_array) / sizeof(color_array[0]); index++)
    {
        time_tick0 = rt_tick_get();
        LCD_Clear(color_array[index]);
        time_tick1 = rt_tick_get();
        LOG_I("lcd clear color: %#x", color_array[index]);
        LOG_I("spend time:%d ms\n", time_tick1 - time_tick0);
        DELAY(200);
    }
    return RT_EOK;
}
MSH_CMD_EXPORT(lcd_spi_test, lcd will fill color => you need init lcd first);
```

（5）调试与测试。编译并下载程序，按下 RESET 键，在终端上输入 lcd_spi_test 命令，运行
LCD 测试程序，如图 6-8 所示，可以看到屏幕在循环切换颜色。

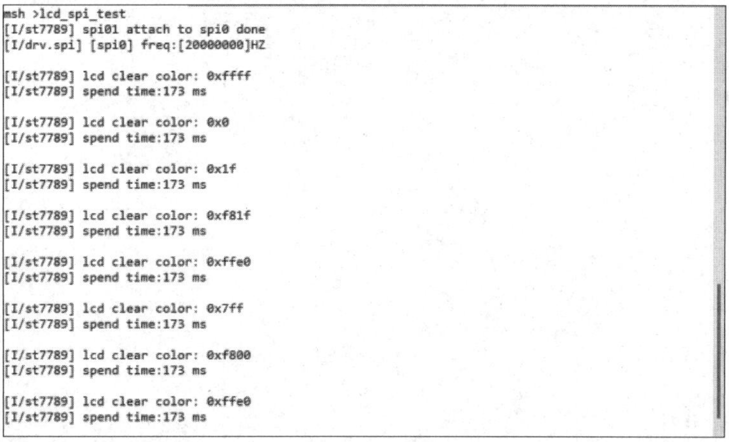

图 6-8　ST7789 LCD 测试

6.4　本章小结

本章介绍了 SPI 通信协议的基本特性，包括全双工通信、主从架构、四线制接口和工作模式。讨论了 SPI 的数据传输机制和数据传输时序，重点讲解了主设备的控制作用和数据帧的结构。还介绍了 PSoC6 上的 QSPI 模块，包括时钟域、模式和外部存储器接口，详细说明了如何在 SPI 总线上挂载和配置 SPI 设备，包括物理连接和软件设置。此外，介绍了如何使用 RTT 提供的接口函数进行 SPI 数据的发送和接收。通过实验，学习了如何在 PSoC62 评估板上基于 RTT 操作系统使用 SPI 通信控制 ST7789 LCD。

习题 6

（1）请简要说明 SPI 通信协议的主要特点和工作原理。

（2）请描述如何在 PSoC6 上配置和使用 SPI 通信。

（3）在 RTT 操作系统中，如何挂载和配置 SPI 设备？请提供一个实例说明。

（4）请设计一个利用 SPI 通信读取外部传感器数据的应用，并描述所需的硬件连接和软件逻辑。

第 7 章
PSoC6 上的 ADC 应用

7.1 PSoC6 上的 ADC 简介

7.1.1 ADC 的基本原理

ADC（Analog-to-Digital Converter，模数转换器）主要用于将连续的模拟信号转换为数字信号，便于数字计算系统对转换后的信息进行处理和分析。

1. ADC 的工作原理

模拟信号是指用连续变化的物理量所表达的信息，如温度、湿度、压力和电流等。ADC 采集的模拟信号是连续变化的电压或电流信号。ADC 将模拟信号转换为数字信号的工作过程包括采样、保持、量化和编码 4 个步骤。采样即在特定的时间点测量模拟信号的值；保持是指将已经采集到的模拟信号在一段时间内保持恒定，以便后续模拟信号向数字信号转化，这样，ADC 可以处理快速变化的高频信号；量化是指将保持的输出电压按某种方式划分到对应的离散电平，这个过程又称数值量化；编码就是将量化后的结果生成相应的数字信号输出的过程。

2. ADC 的主要性能指标

（1）分辨率。分辨率是表示输出数字量变化一个相邻数值所需输入模拟电压的变化量。分辨率决定了 ADC 可以识别的最小电压变化，常用位数 n 表示，如 8 位、10 位、12 位、16 位、24 位等。分辨率是分辨输入电压变化的最小值，相当于满刻度值的 $1/2^N$。

（2）采样率。采样率是 ADC 每秒采样的次数，常用单位为 ksps 和 Msps。ADC 的采样率必须小于转换速率，必须大于或等于被测信号频率的两倍。

（3）转换速率。转换时间的导数是转换速率，模拟信号转换成数字信号需要一定的时间，通常以毫秒或微秒为单位，高速 ADC 可达到纳秒级别。

（4）转换量程。转换量程是指 ADC 芯片允许输入模拟信号的电压范围。所测量的信号电压超出此范围时，需要进行信号调理和运算。

（5）偏移误差。当 ADC 的输入信号为 0 时，若输出的数字信号不为 0，则差值为偏移误差。

（6）满刻度误差。当 ADC 输出满刻度信号时，对应的输入信号与理想输入信号之差称为满刻度误差。

（7）线性度。实际 ADC 的转移函数和理想直线之间的最大偏移称为线性度。

3. ADC 的类型

（1）流水线型 ADC。在流水线型 ADC 中，输入信号经过采样后，顺序地沿着流水线移动，逐步进行数字转换，每一步转换后，输出一定数量的数字输出位，最高有效位最先输出，最低有效位最后输出。

（2）Flash 型 ADC。Flash 型 ADC 是并联比较型 ADC，是一种高速流水线型 ADC，内部使用多个比较器，其数据传输速率高，转换速率高且精度高，但由于采用大量电阻和比较器，因此在高速转换时，相对功耗也较高。

（3）SAR 型 ADC。SAR（逐次逼近寄存器）型 ADC 采用一种反馈型电路结构，主要由比较器、DAC、寄存器、时钟脉冲源和逻辑控制单元组成。其工作原理是首先设定一个数字量，并通过 DAC 生成一个对应的输出模拟电压。从最高位开始依次将这个模拟电压和输入的模拟电压进行比较，若不相等，则调整数字量，直到二者相等，最后得到的数字量就是转换结果。

（4）双积分型 ADC。双积分型 ADC 是一种间接式 ADC，它先将输入的模拟电压信号转换成与之成正比的时间宽度信号，随后在该时间宽度内对固定频率的时钟进行脉冲计数，计数值就是正比于模拟输入电压信号的数字信号。该型 ADC 由积分器、比较器、计数器、控制逻辑和时钟信号源组成，双积分型 ADC 具有性能稳定、抗干扰能力强的优点，但转换速率低。

（5）Σ-Δ（Sigma-Delta）型 ADC。Σ-Δ 型 ADC 不同于上述 ADC，它并不是对采样信号的绝对值进行量化编码，而是对两次相邻采样值之差进行量化和编码。Σ-Δ 型 ADC 由线性积分器、1 位输出量化器、1 位输入 DAC 和一个求和电路组成。尽管该 ADC 可以做到高分辨率，但转换速率低，且电路规模大。

（6）电压-频率（V-F）变换型 ADC。电压-频率变换型 ADC 是一种间接式 ADC，主要由 V-F 变换器、计数器、时钟信号控制闸门、寄存器、单稳态触发器等组成。其工作原理是将输入的模拟电压转换为一个与之成正比的频率信号，在固定的时间内对频率信号进行计数，计数结果正比于输入电压的幅值。

4．ADC 的信号输入方式

ADC 的信号输入方式分为单端输入和差分输入两种。

（1）单端输入。单端输入是指信号通过一个引脚传输，信号源的电压或电流相对于地或参考电压的变化表示信号的信息。单端输入较为常见，适用于短距离的数据传输。其抗干扰能力相对较弱，容易产生杂散和共模信号。通过使用屏蔽双绞线并确保有效接地，采用镀锌管屏蔽和优化布线，可有效减少共模干扰。

（2）差分输入。差分输入采用两根信号线传输信号，信号大小相同但极性相反。信号接收端通过比较这两根线上的电压来判断发送端发送的逻辑信息。在电路板上，差分信号的走线必须等长、等宽、紧密靠近。差分信号传输能够识别小信号，抗电磁干扰能力更强，可以精确处理双极信号。

7.1.2　PSoC6 上的 ADC

PSoC6 系列 MCU 具备一个 12 位、2Msps 的 SAR ADC，其最大时钟频率为 36MHz，在该频率下进行 12 位转换至少需要 18 个时钟周期。ADC 可以使用三种内部参考电压中的任意一种作为参考电压，这些参考电压是 V_{DD}、$V_{DD}/2$ 和 V_{REF}（标称值为 1.2 V，精度为±1%）。此外，还可以使用外部参考电压，可以通过驱动 VREF 引脚或将外部参考电压路由到 GPIO 引脚 P9.7 来实现。这些参考选项允许在参考精度范围内进行比率测量或绝对测量。PSoC6 中 ADC 的框图如图 7-1 所示。

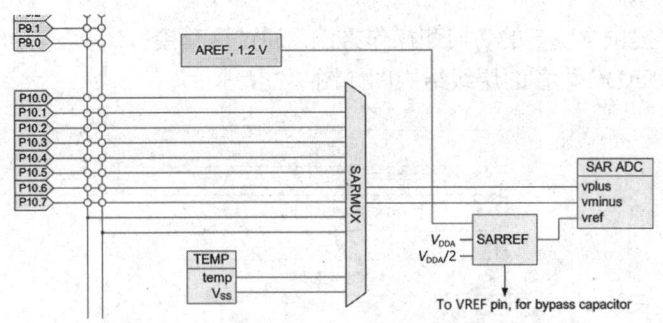

图 7-1 PSoC6 中 ADC 的框图

PSoC6 系列的 SAR ADC 的输入范围为 VSS 和 VDDA/VDDIOA 之间的整个供电电压范围。SAR ADC 可以在同一配置中混合单端和差分信号。SAR ADC 的采样保持（S/H）窗口是可编程的，以便在必要时为高阻抗信号提供足够的时间，确保高阻抗信号能充分稳定。在使用适当的参考电压和允许的系统噪声水平下，系统精度可达到真正的 12 位，性能为 65dB。为了在噪声条件下提高性能，可以添加一个内部参考放大器（通过固定的"VREF"引脚）的外部旁路电容。SAR ADC 通过输入多路复用器连接到一组固定的引脚上。多路复用器会自主地循环选择通道（序列器扫描），并且在切换时不会产生零开关开销（也就是说，无论它是针对单个通道还是多个通道，其总采样带宽都等于 2Msps）。每个通道的转换结果都会被缓存，以便在对所有通道完成完全扫描后触发中断。

此外，还可以设置一对范围寄存器，以便在输入超出最小值和最大值时检测并触发中断。这使得系统可以快速检测超出范围的值，而无须等待序列器扫描完成，CPU 读取值并在软件中检查超出范围的值。SAR ADC 还可以在固件控制下通过模拟多路复用器总线（AMUXBUS）连接到其他大多数 GPIO 引脚上。由于 SAR ADC 需要高速时钟（高达 36MHz），因此在系统处于深睡眠和休眠模式时，SAR ADC 不可用。SAR ADC 的操作电压范围为 1.71～3.6 V。

PSoC6 系列 MCU 内置了一个片上温度传感器，可以直接连接到 SAR ADC 的一个测量通道上。ADC 将温度传感器的输出进行数字化，Cypress 提供的软件功能可以将数字化的读数转换为温度值，并支持校准和线性化处理。

在 PSoC Creator 或 ModusToolbox 中，可以配置 ADC 的参数，如输入通道、采样率、分辨率和参考电压等。此外，PSoC6 的 ADC 还支持 DMA（直接内存访问）功能，可以在不占用 CPU 资源的情况下直接将数据传输到内存中，进一步提高数据采集效率。

PSoC6 的 ADC 还提供了丰富的硬件过滤和处理功能，如平均值滤波、去噪及差分模式采集等，这些功能可以在硬件层面提升数据采集质量，减少后续软件处理的负担。

通过 PSoC6 上的 ADC，可以实现各种高精度、高效率的数据采集和传感器读取方案，无论是在工业控制、医疗设备、环境监测，还是消费电子产品中，PSoC6 的 ADC 都能够提供强大的支持。

7.2 RTT 上的 ADC 设备驱动接口

7.2.1 ADC 设备驱动接口

RTT 操作系统为 ADC 设备提供了一套完善的设备驱动接口，这套接口将底层硬件细节进行了抽象，为应用程序提供了统一的访问和操作方法。通过这套接口，开发者可以简便地进行 ADC 应用的开发。RTT 中 ADC 设备的层级结构图如图 7-2 所示。

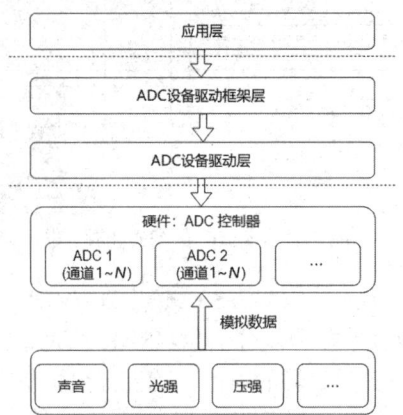

图 7-2   RTT 中 ADC 设备的层级结构图

（1）应用层主要是用户业务代码，用户可以通过调用 ADC 设备驱动框架提供的接口来实现业务逻辑，如转换各种电压信息、温/湿度和光照度传感器数据等。

（2）ADC 设备驱动框架层是一个通用的抽象层，与具体硬件平台无关。其源码文件为 adc.c，位于 components\drivers\misc 目录中。该层的主要功能是向应用程序提供 ADC 设备管理接口，为底层驱动提供对 ADC 设备的通用操作方法，并提供 ADC 设备注册接口。

（3）ADC 设备驱动层与具体硬件平台相关，负责实现具体硬件平台的 ADC 设备驱动。其源码文件一般被命名为 drv_adc.c，位于具体 BSP 目录中。该层具有访问和控制 ADC 控制器的能力，并负责将 ADC 设备注册到 ADC 设备驱动框架层中。ADC 控制器通常支持多个 ADC，每个 ADC 控制器都支持多路转换。ADC 设备驱动层实现了对多个设备（如 ADC1、ADC2 等）和多个通道（如通道 1、通道 2 等）的支持。

7.2.2   配置 ADC 设备

秉承嵌入式操作系统可裁剪的传统，RTT 通过配置.config 文件来加载和编译不同源码和第三方组件包。其构建工具做了改变，引入了 Scons 构建系统，采用 Kconfig+.config+Scons 的方式，简化了各种配置过程。

1．Kconfig 配置

Kconfig 用于构建操作系统内核的配置界面，通过定义各种配置选项和条件块，实现内核、驱动等的定制化配置。它具有独特的语法结构和条目依赖关系。内核的配置工具通过读取各个 Kconfig 文件，生成配置界面，实现图形化配置，然后生成.config 配置文件。在 RTT 中，Kconfig 文件的配置项会映射到 rtconfig.h 文件中。

在基于 PSoC62 评估板建立的项目中，工程的 board 目录中的 Kconfig 文件包含了平台硬件驱动的配置项。如果需要添加新的硬件驱动，那么应按照如下语句编写相应的配置项。

```
menuconfig BSP_USING_ADC
bool "Enable ADC"
default n
```

```
select RT_USING_ADC
if BSP_USING_ADC
    config BSP_USING_ADC1
    bool "Enable ADC1"
    default n
endif
```

该配置项中的 BSP_USING_ADC 宏用于控制是否将 ADC 驱动的相关代码添加到工程中；RT_USING_ADC 宏用于控制是否将 ADC 驱动框架的相关代码添加到工程中；BSP_USING_ADC1 宏用于配置具体 ADC 对应的转换通道。

2．SCons 配置

SCons 是一个由 Python 语言编写的开源构建系统，类似于 Make 工具。不同于 Makefile 方式，SCons 使用 SConstruct 和 SConscript 文件来代替。在 RTT 操作系统中，SCons 用于构建和编译整个 RTT 操作系统，除了依赖工程根目录中的 rtconfig.py、SConstruct 和 SConscript 文件，也会依赖 Kconfig 进行配置，以确定哪些代码文件将参与构建。RTT 工程根目录中的部分文件如图 7-3 所示。

名称	修改日期
.project	2023/12/13 10:32
Kconfig	2023/12/1 10:20
LICENSE	2023/12/1 10:20
makefile.targets	2024/3/20 11:41
project.uvoptx	2023/12/1 10:20
project.uvproj	2023/12/1 10:20
project.uvprojx	2023/12/1 10:20
README.md	2023/12/1 10:20
rtconfig.h	2023/12/1 10:23
rtconfig.py	2023/12/1 10:20
rtconfig.pyc	2023/12/7 11:17
rtconfig_preinc.h	2023/12/7 11:17
SConscript	2023/12/1 10:20
SConstruct	2023/12/1 10:20
template.uvoptx	2023/12/1 10:20
template.uvproj	2023/12/1 10:20
template.uvprojx	2023/12/1 10:20

图 7-3　RTT 工程根目录中的部分文件

在 Libraries/HAL_Drivers/SConscript 文件中添加了 ADC 设备驱动的判断选项，若定义了 RT_USING_ADC 宏，则 drv_adc.c 文件会被添加到工程中。

```
if GetDepend(['BSP_USING_ADC']):
    src += ['drv_adc.c']
```

7.2.3　访问 ADC 设备

配置完 ADC 设备后，应用程序通过 RTT 提供的 ADC 设备管理接口访问 PSoC62 中的 ADC 器件，并进行数据读取。ADC 设备管理接口函数如表 7-1 所示。

表 7-1　ADC 设备管理接口函数

序　号	接口函数	功能描述
1	rt_device_find()	根据 ADC 设备名称查找设备并获取设备句柄
2	rt_adc_enable()	使能 ADC 设备
3	rt_adc_read()	读取 ADC 设备数据
4	rt_adc_disable()	关闭 ADC 设备

首先是查找和打开 ADC 设备,使用 rt_device_find()函数,通过设备名称查找 ADC 设备对象,然后通过 rt_adc_enable()函数使能该设备。在使能 ADC 设备后,可以对 ADC 设备进行各种配置,包括设置采样率、分辨率和工作模式等。

使用 rt_adc_read()函数从指定的 ADC 通道读取数字值。此函数通常返回 ADC 转换结果的原始值,通常需要根据 ADC 的分辨率进行相应的比例转换,以获得实际的模拟信号电压值。数据采集完成后,通过 rt_adc_disable()函数关闭 ADC 设备,并释放相关资源。

7.2.4　RTT 线程间通信

线程间通信是指不同线程之间需要传递一些必要的数据。在裸机编程中,通常会使用全局变量进行各功能模块之间的数据传递,而 RTT 操作系统与其他大部分操作系统类似,提供了邮箱、消息队列和信号,来实现线程间的通信。

1. 邮箱

RTT 提供的邮箱开销低、效率较高。邮箱中的每一封邮件的内容在 32 位处理器中只容纳 4 字节内容,通常这个内容就是指针。线程或中断服务例程将一封 4 字节的邮件发送到邮箱,而一个或多个线程可以从邮箱中接收并处理这些邮件。邮箱通过一个控制块进行管理,该控制块是一个结构体,包含了邮箱的各种操作。对邮箱进行操作的接口函数如表 7-2 所示。

表 7-2　对邮箱进行操作的接口函数

序　号	功　能	接口函数
1	创建/初始化	rt_mb_create/init()
2	发送	rt_mb_send/send_wait()
3	接收	rt_mb_recv()
4	删除/脱离	rt_mb_delete/detach()

非阻塞方式的邮件发送过程能够安全地应用于中断服务中,是线程、中断服务和定时器向线程发送消息的有效手段。根据邮箱中是否有邮件和设置的超时时间,邮件的接收过程可能是堵塞的。在发送或接收邮件时,线程会根据邮箱的状态(邮箱是否已满或为空)来选择处理邮件的方式,或挂起等待,或唤醒其他线程。

2. 消息队列

消息队列是邮箱的扩展,它按先进先出(FIFO)原则工作。消息队列能够接收来自线程或中断服务例程的不固定长度的消息。同样,一个或多个线程可以从消息队列中获取消息。对消息队列进行操作的接口函数如表 7-3 所示。

表 7-3　对消息队列进行操作的接口函数

序　号	功　能	接口函数
1	创建/初始化	rt_mq_create/init()
2	发送消息或紧急消息	rt_mq_send/urgent()
3	接收消息	rt_mq_recv()
4	删除/脱离	rt_mq_delete/detach()

在 RTT 中，当创建消息队列时，系统会为该队列分配一个控制块，包括消息队列名称、内存缓冲区、消息大小和队列长度等信息。每个消息队列对象中的消息框都用于存放单个消息，并形成一个消息链表。

3．信号

信号在 RTT 中用于异步通信，在软件上理解为对中断机制的一种模拟。一个线程不需要通过任何操作来等待信号的到达，实际上，线程也不知道信号何时到达，线程之间可以通过互相调用 rt_thread_kill() 函数来发送软中断信号。接收信号的线程类似于中断处理程序，可以选择处理信号，也可以忽略该信号或使用系统的默认处理方式。对信号进行操作的接口函数如表 7-4 所示。

表 7-4　对信号进行操作的接口函数

序　号	功　能	接口函数
1	信号安装	rt_signal_install()
2	阻塞或解除阻塞信号	rt_signal_mask/unmask()
3	发送信号	rt_thread_kill()
4	等待信号	rt_signal_wait()

7.3　实验 7：单通道 ADC 电压采集

1．实验目的

（1）理解 ADC 的工作原理和性能指标。

（2）掌握如何基于 RTT 配置和使用 PSoC62 的 ADC。

（3）编写程序，实现单通道 ADC 采集模拟电压。

2．实验准备

（1）硬件设备：PSoC62 评估板、Type-C USB 线、光敏传感器和 OLED 屏。

（2）软件环境：RTT Studio IDE 开发环境、RTT 操作系统。

3．实验步骤

（1）创建项目。在 RTT Studio 中，选择"文件"→"新建 RT-Thread 项目"命令，选择基于 PSoC62 评估板，输入项目名称，如 PSoC62_ADC，然后单击"完成"按钮。

本项目通过配置 PSoC62 评估板的 ADC，将光敏传感器输出的模拟信号转换为数字信号，并将光照强度显示到 OLED 屏上，实验中使用邮箱来实现线程间通信。

（2）硬件连接。将光敏传感器的一端连接到 PSoC62 评估板的 3V3 引脚，另一端连接到 PSoC62 评估板的 ADC1 通道 0（P10.0 引脚）。

（3）软件配置。选择"RT-Thread Settings"→"硬件"命令，选择"芯片设备驱动"选项，使能 ADC1，如图 7-4 所示。

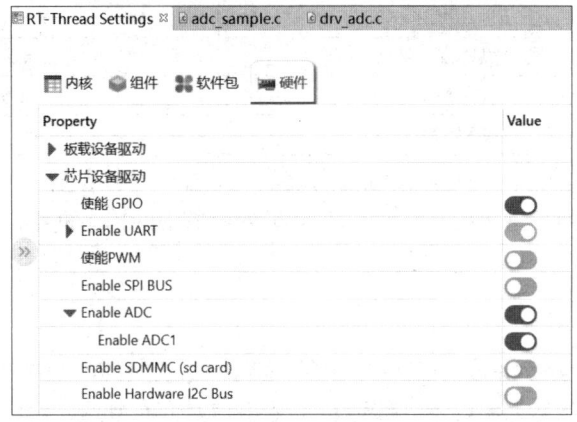

图 7-4　使能 ADC1

修改 static rt_err_t ifx_adc_enabled()函数，将函数中的 VPLUS_CHANNEL_0 改为 channel，如图 7-5 所示。

```
38 static rt_err_t ifx_adc_enabled(struct rt_adc_device *device, rt_uint32_t channel, rt_bool_t enabled)
39 {
40     cyhal_adc_channel_t *adc_ch;
41     cy_rslt_t result;
42
43     RT_ASSERT(device != RT_NULL);
44     adc_ch = device->parent.user_data;
45
46     const cyhal_adc_channel_config_t channel_config =
47     {
48         .enable_averaging = false,      // Disable averaging for channel
49         .min_acquisition_ns = 1000,     // Minimum acquisition time set to 1us
50         .enabled = enabled              // Sample this channel when ADC performs a scan
51     };
52
53     if (enabled)
54     {
55         /* Initialize ADC. The ADC block which can connect to pin 10[0] is selected */
56         result = cyhal_adc_init(&adc_obj, VPLUS_CHANNEL_0, NULL);
57
58         if (result != RT_EOK)
59         {
60             LOG_E("ADC initialization failed. Error: %u\n", result);
61             return -RT_ENOSYS;
62         }
63
64         /* Initialize a channel 0 and configure it to scan P10_0 in single ended mode. */
65         result = cyhal_adc_channel_init_diff(adc_ch, &adc_obj, VPLUS_CHANNEL_0,
66                                             CYHAL_ADC_VNEG, &channel_config);
```

图 7-5　修改 static rt_err_t ifx_adc_enabled()函数

修改读取 ADC 值的函数 ifx_get_adc_value()，如图 7-6 所示。

```
136 #define MICRO_TO_MILLI_CONV_RATIO       (1000u)
137 static rt_err_t ifx_get_adc_value(struct rt_adc_device *device, rt_uint32_t channel, rt_uint
138 {
139     cyhal_adc_channel_t *adc_ch;
140
141     RT_ASSERT(device != RT_NULL);
142     adc_ch = device->parent.user_data;
143
144     channel = adc_ch->channel_idx;
145
146 #if 1
147     *value = cyhal_adc_read_uv(adc_ch) / MICRO_TO_MILLI_CONV_RATIO;
148 #else
149     *value = cyhal_adc_read(adc_ch);
150 #endif
151     return RT_EOK;
152 }
```

图 7-6　修改 ifx_get_adc_value()函数

在"RT-Thread Settings"→"硬件"→"芯片设备驱动"界面使能硬件 I2C 的 I2C4 总线，如图 7-7 所示。

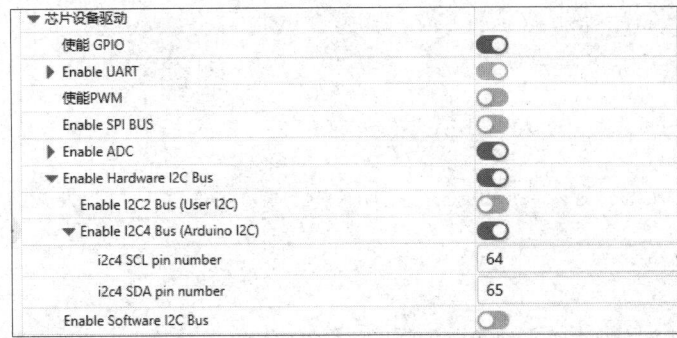

图 7-7　使能 I2C4 总线

在"RT-Thread Settings"中添加并配置 ssd1306 软件包，如图 7-8 所示。

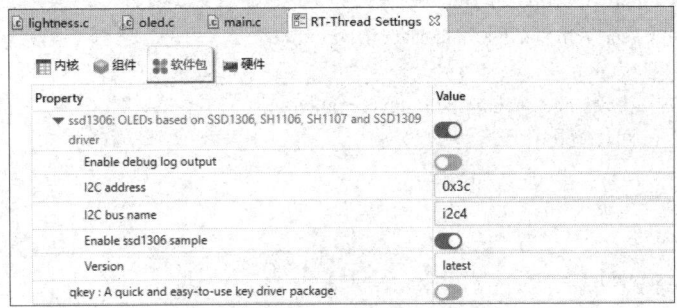

图 7-8　添加并配置 ssd1306 软件包

（4）编写程序。在 applications 目录中新建 lightness.c 文件，在该文件中编写 ADC 读取光敏传感器的程序。

```
#include <rtthread.h>
#include <rtdevice.h>
#include "cyhal.h"
#define DBG_TAG "lightness"
#define DBG_LVL DBG_INFO
#include <rtdbg.h>

#define ADC_DEV_NAME        "adc1"
#define ADC_DEV_CHANNEL     (P10_1)

struct rt_messagequeue mq;
static rt_uint8_t msg_pool[2048];

static void get_lightness(void* parameter)
{
    rt_uint32_t value;
    rt_err_t ret = RT_EOK;
    rt_uint8_t lightness;
    rt_adc_device_t adc_dev;
```

```c
    adc_dev = (rt_adc_device_t) rt_device_find(ADC_DEV_NAME);
    if (adc_dev == RT_NULL)
    {
        LOG_E("can't find %s device!\n", ADC_DEV_NAME);
        return;
    }
    ret = rt_adc_enable(adc_dev, ADC_DEV_CHANNEL);
    if (ret != RT_EOK)
        LOG_E("enable %s %s failed!\n", ADC_DEV_NAME, ADC_DEV_CHANNEL);

    while (RT_TRUE)
    {
        value = rt_adc_read(adc_dev, ADC_DEV_CHANNEL);
        value = value > 3300 ? 0 : value;
        LOG_D("the value is: %d, vol: %d.%03d\n", value, value / 1000, value % 1000);
        lightness = (double)value / 3298 * 50;
        LOG_D("lightness: %dlx\r\n", lightness);
        ret = rt_mq_send(&mq, &lightness, sizeof(rt_uint8_t));
        if (ret != RT_EOK)
            LOG_E("message queue send lightness failed!");
        rt_thread_mdelay(1000);
    }
}

rt_err_t app_lightness(void)
{
    rt_err_t ret;
    ret = rt_mq_init(&mq, "mqt", &msg_pool[0], sizeof(rt_uint8_t), sizeof(msg_pool),
                RT_IPC_FLAG_PRIO);
    if (ret != RT_EOK)
    {
        LOG_E("init message queue failed.\n");
        return -1;
    }
    rt_thread_t lightness_t = rt_thread_create("lightness_t", get_lightness, RT_NULL, 2048, 14, 5);
    if (lightness_t != RT_NULL)
        ret = rt_thread_startup(lightness_t);
    return ret;
}
```

在 applications 目录中新建 oled.c 文件，编写 OLED 屏显示程序。

```c
#include <rtthread.h>
#include <rtdevice.h>
#include <ssd1306.h>
#include <stdio.h>
#define DBG_TAG "oled"
#define DBG_LVL DBG_INFO
#include <rtdbg.h>
```

```c
extern struct rt_messagequeue mq;
static void oled_entry(void* parameter)
{
    rt_uint8_t lightness;
    char str[3];
    ssd1306_Fill(Black);
    while (1)
    {
        if (rt_mq_recv(&mq, &lightness, sizeof(lightness), RT_WAITING_NO) > 0)
        {
            LOG_D("get lightness: %d", lightness);
            memset(str, 0, sizeof(str));
            sprintf(str, "%02d", lightness);
            ssd1306_SetCursor(10, 15);
            ssd1306_WriteString("lightness:", Font_11x18, White);
            ssd1306_SetCursor(55, 35);
            ssd1306_WriteString(str, Font_11x18, White);
            ssd1306_UpdateScreen();
        }
        rt_thread_mdelay(50);
    }
}


rt_err_t app_oled(void)
{
    {
        rt_pin_mode(91, PIN_MODE_OUTPUT);
        rt_pin_write(91, PIN_LOW);
    }
    ssd1306_Init();
    ssd1306_Fill(Black);
    ssd1306_SetCursor(30, 30);
    ssd1306_WriteString("loading", Font_11x18, White);
    ssd1306_UpdateScreen();
    rt_thread_t oled_t = rt_thread_create("oled_t", oled_entry, RT_NULL, 1024, 15, 5);
    if (oled_t == RT_NULL)
    {
        LOG_E("thread oled_t create failed!");
        return -RT_ERROR;
    }
    if (RT_EOK != rt_thread_startup(oled_t))
    {
        LOG_E("thread oled_t startup failed!");
        return -RT_ERROR;
    }
    return RT_EOK;
}
```

在 applications 目录中的 main.c 文件中的 main()函数中，启动光照强度采集线程和 OLED 屏显示线程。

```
#include <rtthread.h>
#include <rtdevice.h>
#include "drv_gpio.h"

#define LED_PIN        GET_PIN(0, 1)

rt_err_t app_lightness(void);
rt_err_t app_oled(void);

int main(void)
{
    rt_pin_mode(LED_PIN, PIN_MODE_OUTPUT);
    app_lightness();
    app_oled();
    for (;;)
    {
        rt_pin_write(LED_PIN, PIN_HIGH);
        rt_thread_mdelay(500);
        rt_pin_write(LED_PIN, PIN_LOW);
        rt_thread_mdelay(500);
    }
}
```

（5）调试与测试。将程序下载到 PSoC62 评估板后，按下 RESET 键，程序会自动运行。ADC 测试效果如图 7-9 所示。

图 7-9　ADC 测试效果

7.4　本章小结

本章介绍了 ADC 的基本原理，以及将模拟信号转换为数字信号的基本过程（包括采样、保持、量化和编码）。还讨论了 ADC 的主要性能指标，如分辨率、采样率、转换速率、转换量程等，介绍了 ADC 的类型和信号输入方式，探讨了 PSoC6 上的 ADC。接着，分析了 RTT 操作系统中 ADC 设备驱动的层级结构，简要说明了如何在 RTT 中构建整个系统，选择配置相应的驱动模块及 ADC 设备管理接口函数。还介绍了如何查找 ADC 设备、使能和关闭 ADC 设备，以及读取 ADC 转换结果的数据。最后，通过实验演示了如何在 PSoC62 评估板上基于 ADC 和 RTT 操作系统进行数据采集和输出显示，并在实验中使用邮箱作为线程间通信机制。

习题 7

（1）请解释 ADC 的基本工作原理，并说明采样率和分辨率是如何影响 ADC 的性能的。

（2）请描述在 PSoC6 上配置 ADC 的流程，包括如何设置采样率、分辨率等关键参数。

（3）在 RTT 操作系统中，如何查找、打开并读取 ADC 设备的数据？请提供相应的代码示例。

（4）请比较单通道和多通道读取 ADC 数据的区别，并阐述它们的应用场景。

（5）请设计一个基于 PSoC6 ADC 功能的应用示例，用于监测外部传感器（如温度传感器）的模拟信号，并通过串口输出采集到的数据。请描述所需的硬件连接和软件逻辑。

（6）在设计使用 ADC 的嵌入式系统时，为确保数据采集的准确性和稳定性，开发者需要考虑哪些因素？

第8章
PSoC6 上的 DAC 应用

8.1 PSoC6 上的 DAC 简介

8.1.1 DAC 的基本原理

DAC（Digital-to-Analog Converter，数模转换器）常用于将数字信号转换为模拟电压或电流。

1. DAC 的工作原理

DAC 通常由加权网络、运算放大器、基准电源和模拟开关等部分组成，按工作原理可分为电流求和型和分压器型两种。其基本工作过程是根据输入的数字信号，在一定的时间间隔内生成相应的模拟输出。这个输出信号可以是连续的模拟电压或电流信号，也可以是离散的模拟量信号。DAC 的转换过程包括两个关键步骤：量化和重建。

（1）量化。量化过程涉及将输入的数字信号映射到一定范围的电压值。此过程通过 DAC 内部的数字到电压转换器来实现。在量化过程中，数字信号被解析成具体的电压级别，这些级别对应于 DAC 的分辨率。分辨率越高，DAC 输出的电压级别越细致，输出信号的精度也越高。

（2）重建。重建过程是指将量化后的电平通过模拟滤波技术转换为平滑的连续模拟信号。这通常通过一个低通滤波器来实现，其目的是消除量化过程中产生的阶跃和噪声，从而输出更为平滑和精确的模拟信号。

2. DAC 的主要性能指标

（1）分辨率。分辨率是指 DAC 能够区分的最小输出模拟增量，它取决于输入数字信号的二进制位数。通常，分辨率以数字信号的位数来表示，常见的有 8 位、12 位、16 位等。例如，N 位 DAC 的分辨率为 $1/(2^N-1)$。分辨率越高，DAC 输出的模拟信号的精度越高，从而能更好地表示复杂的波形或音频信号。

（2）转换精度。转换精度是指在 DAC 满量程条件下，实际模拟输出值和理论输出值之间的接近程度。例如，如果理论输出值为 10V，实际输出值为 9.99V，那么转换精度为 $\pm 10mV$。

（3）偏移量误差。偏移量误差是指输入数字信号为零时，DAC 输出的模拟量相对于零的偏移量。

（4）线性度。线性度是指 DAC 的实际转换特性曲线与理想直线之间的最大偏差。

（5）转换时间。转换时间是指输入的数字信号转换为输出的模拟信号所需的时间。一般在几十纳秒到几毫秒之间。

3. DAC 的常见类型

DAC 的常见类型主要包括开关树型、权电阻网络型、倒 T 型电阻网络和权电流型。

8.1.2　PSoC6 上的 DAC

PSoC6 通过（CSD）硬件块支持 CapSense 功能。该硬件块专为高灵敏度的自电容和互电容测量而设计，专为用户界面解决方案而构建。除了 CapSense 功能，CSD 硬件块还支持 3 种通用功能。当不使用 CapSense 时，这些功能可以单独使用，或者在固件控制下，两种或多种功能可以在应用程序中同时复用。

CSD 硬件块支持的 4 种功能包括 CapSense、10 位 ADC、可编程电流源（IDAC）和比较器。CapSense 子系统中的比较器可以在低功耗和超低功耗模式下运行。反相输入连接到内部可编程参考电压，非反相输入通过多路复用器连接到任意 GPIO 引脚。PSoC6 上的 CSD 模块结构如图 8-1 所示。

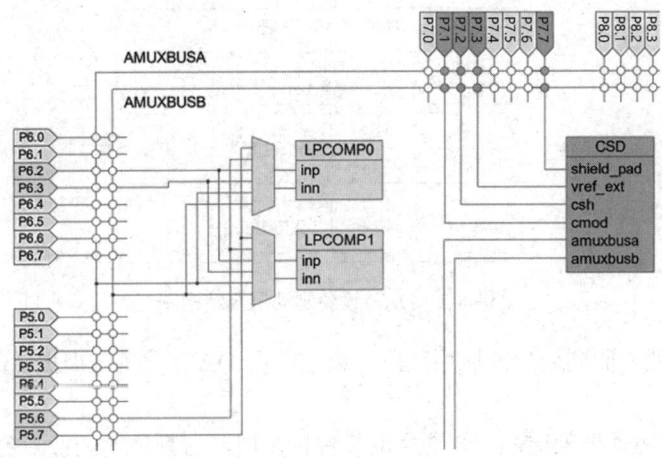

图 8-1　PSoC6 上的 CSD 模块结构

PSoC6 的 DAC 是电流输出型的。在通用模式下，两个 IDAC 可以通过多路复用器连接到任意 GPIO 引脚，并具有以下特征。

① 7 位分辨率。

② 支持灌电流和拉电流模式。

③ 电流源可编程，范围为 37.5nA～609μA。

④ 两个 IDAC 可以并行使用，形成一个 8 位 IDAC。

通过 ModusToolbox 工具，可以配置 DAC 的工作参数，如输出范围、转换速率等。PSoC6 上的 DAC 适用于多种应用场景，包括但不限于音频信号生成和电压输出等。

在使用 PSoC6 的 DAC 进行应用开发时，开发者可以通过提供的 API 函数或直接访问寄存器来控制 DAC，进行从数字信号到模拟信号的转换。此外，PSoC6 还支持多种电源管理策略，使得在低功耗和超低功耗模式下也能有效使用 DAC 功能。

8.2 RTT 上的 DAC 设备驱动接口

8.2.1 DAC 设备驱动接口

RTT 操作系统为 DAC 设备提供了完善的设备驱动程序框架，这套框架对常用的操作方式进行了抽象，为应用程序提供了访问和操作 DAC 设备的统一接口，从而简化了 DAC 应用的开发过程。DAC 设备驱动层级结构图如图 8-2 所示。

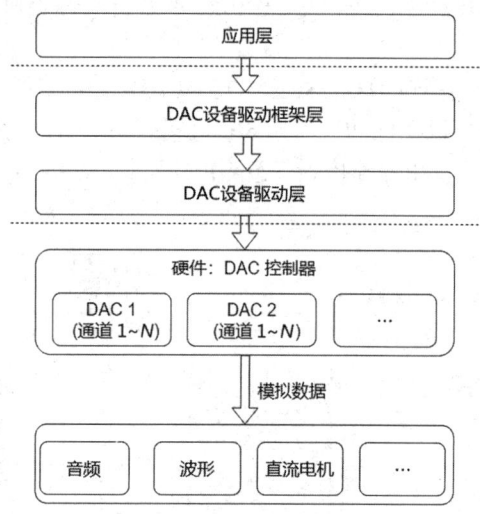

图 8-2 DAC 设备驱动层级结构图

（1）应用层主要是面向用户的应用代码，通过调用 DAC 设备框架提供的统一接口来实现业务逻辑。

（2）DAC 设备驱动框架层是一层通用的软件抽象层，与具体的硬件平台无关。DAC 设备驱动框架的源码文件为 dac.c，位于 components\drivers\misc 目录中。它的功能如下：一是向应用程序提供设备管理接口，用于操作 DAC 控制器；二是向底层驱动程序提供 DAC 设备操作方法（struct rt_dac_ops），驱动开发者需要实现这些方法；三是提供 DAC 设备注册函数，将驱动操作方法注册到 DAC 设备驱动框架中。

（3）DAC 设备驱动层与具体硬件平台相关，是针对具体硬件实现的设备驱动。它一般被命名为 drv_dac.c，位于具体的 BSP 目录中。DAC 设备驱动层实现了 DAC 设备的操作方法接口（struct rt_dac_ops），具有访问和控制 DAC 硬件的功能，并将 DAC 设备注册到 DAC 设备驱动框架层中。

DAC 设备驱动层需要支持多设备（如 DAC1、DAC2 等）和多通道（如通道 1、通道 2 等）。

8.2.2 配置 DAC 设备

1. Kconfig 配置

DAC 的 Kconfig 配置信息位于工程根目录中的 board 目录中，在 Kconfig 文件中有如下信息。

```
menuconfig BSP_USING_DAC
bool "Enable DAC"
default n
```

```
select RT_USING_DAC
if BSP_USING_DAC
    config BSP_USING_DAC1
    bool "Enable DAC1"
    default n
    config BSP_USING_DAC2
    bool "Enable DAC2"
    default n
endif
```

其中，BSP_USING_DAC 宏用于控制是否将 DAC 驱动的相关代码添加到工程中；RT_USING_DAC 宏用于控制是否将 DAC 驱动框架的相关代码添加到工程中；BSP_USING_DAC1 宏用于配置使用具体的 DAC 控制器。

2. Scons 配置

在 Libraries\HAL_Drivers\SConscript 文件中，添加了对 DAC 驱动的判断选项，若定义了 RT_USING_DAC 宏，则 drv_dac.c 会被添加到工程的源文件中。

```
if GetDepend(['RT_USING_DAC']):
    src += ['drv_dac.c']
```

8.2.3　访问 DAC 设备

配置完 DAC 设备后，应用程序可以通过 RTT 提供的 DAC 设备管理接口访问 PSoC62 中的 DAC 器件，并根据实际需求设置 DAC 输出值。DAC 设备管理接口如表 8-1 所示。

表 8-1　DAC 设备管理接口函数

序号	接口函数	功能描述
1	rt_device_find()	根据 DAC 设备名称查找设备并获取设备句柄
2	rt_dac_enable()	使能 DAC 设备
3	rt_dac_write()	设置 DAC 设备输出值
4	rt_dac_disable()	关闭 DAC 设备

首先查找 DAC 设备，根据设备名称使用 rt_device_find() 函数查找 DAC 设备对象，然后通过 rt_dac_enable() 函数使能 DAC 设备，在使能 DAC 设备后，可以对其进行各种配置，如设置采样率、分辨率、工作模式等。最后，使用 rt_dac_write() 函数设置 DAC 通道的输出值，完成输出后，通过 rt_dac_disable() 函数关闭 DAC 通道并释放相关资源。

8.3　实验 8：通过按键控制 DAC 输出值

1. 实验目的

（1）理解 DAC 的工作原理。

（2）掌握如何基于 RTT 配置和使用 PSoC62 的 DAC。

（3）编写程序，响应按键中断事件，动态调整 DAC 输出电压。

2. 实验准备

（1）硬件设备：PSoC62 评估板、Type-C USB 线。

（2）软件环境：RTT Studio IDE 开发环境、RTT 操作系统。

3. 实验步骤

（1）创建项目。在 RTT Studio 中，选择"文件"→"新建 RT-Thread 项目"命令，选择基于 PSoC62 评估板，输入项目名称，如 PSoC62_DAC，然后单击"完成"按钮。

本实验通过配置 PSoC62 评估板上的 DAC，利用按键控制 DAC 输出电压，从而调节 LED 的亮度。

（2）硬件连接。使用万用表，将万用表的正极连接 P10.1 引脚，负极连接 PSoC62 评估板的 GND 端口，可以查看万用表上的数值变化。也可以连接一个 LED，正极连接 P10.1 引脚，负极连接 GND 端口，可以观察 LED 的亮度变化。

（3）软件配置。选择"RT-Thread Settings"→"硬件"命令，选择"芯片设备驱动"选项，使能 DAC1，如图 8-3 所示。

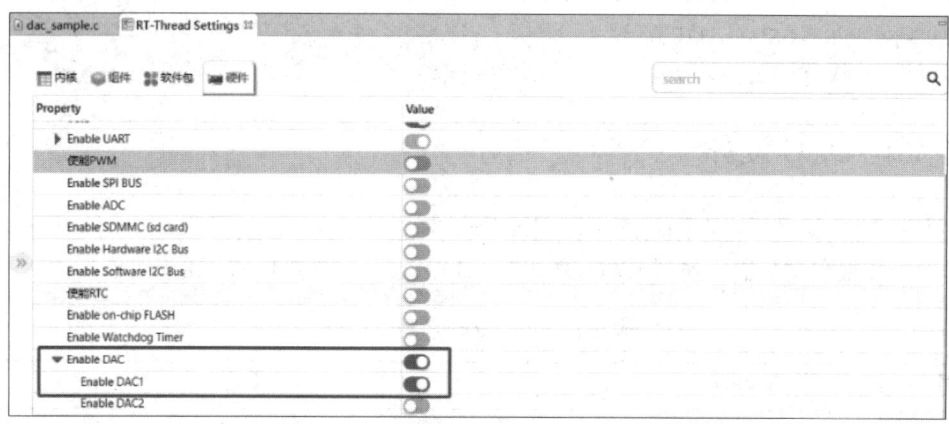

图 8-3　使能 DAC1

（4）编写程序。在 applications 目录中新建 dac_sample.c 文件。

```c
#define DAC_DEV_NAME          "dac1"    /* DAC 设备名称 */
#define DAC_DEV_CHANNEL       1         /* DAC 通道 */
#define REFER_VOLTAGE    330     /* 参考电压为3.3V，数据乘以100，保留2位小数 */
#define CONVERT_BITS         (1 << 12)    /* 转换位数为12位 */
#define USER_KEY             GET_PIN(6, 2)

rt_dac_device_t    dac_dev;
rt_uint32_t    value;

//按键中断处理程序
void key_irq_handler()
{
    if (value < 330) value += 110;
else value = 0;
}
//配置 GPIO 引脚，设置为按键输入，启用外部中断
```

```
static int key_init()
{
    rt_pin_mode(USER_KEY, PIN_MODE_INPUT_PULLUP);
    //将按键引脚设置为下降沿触发中断
    rt_pin_attach_irq(USER_KEY, PIN_IRQ_MODE_FALLING, key_irq_handler, RT_NULL);
    //使能中断
    rt_pin_irq_enable(USER_KEY, PIN_IRQ_ENABLE);
}
INIT_COMPONENT_EXPORT(key_init);

//测试主程序
static int dac_vol_sample(int argc, char *argv[])
{
    rt_uint32_t vol;
    rt_err_t ret = RT_EOK;
    /* 查找设备 */
    dac_dev = (rt_dac_device_t) rt_device_find(DAC_DEV_NAME);
    if (dac_dev == RT_NULL)
    {
        rt_kprintf("dac sample run failed! can't find %s device!\n", DAC_DEV_NAME);
        return RT_ERROR;
    }
    /* 打开通道 */
    ret = rt_dac_enable(dac_dev, DAC_DEV_CHANNEL);

    /* 设置输出值 */
    value = atoi(argv[1]);
    rt_dac_write(dac_dev, DAC_DEV_CHANNEL, value);
    rt_kprintf("the value is :%d \n", value);
    return ret;
}
/* 导出到 msh 命令列表中 */
MSH_CMD_EXPORT(dac_vol_sample, dac voltage convert sample);
```

（5）调试与测试。编译程序并将其下载到 PSoC6 评估板，在按键操作时，观察 DAC 输出的变化，使用电压表测量输出电压或观察 LED 的亮度变化。DAC 终端输出如图 8-4 所示。

```
 \ | /
- RT -     Thread Operating System
 / | \     5.0.1 build Jul  2 2024 10:33:31
 2006 - 2022 Copyright by RT-Thread team
msh >dac_vol_sample
the value is :0
msh >the value is :110
the value is :220
the value is :330
the value is :0
the value is :110
the value is :220
the value is :330
```

图 8-4　DAC 终端输出

8.4　本章小结

　　本章介绍了 DAC 的基本工作原理及将数字信号转换为模拟信号的过程。详细讨论了 DAC 的性能指标，包括分辨率、采样率、输入范围及精度，并介绍了不同类型的 DAC。还探讨了 PSoC6 上的 CSD 硬件模块及其功能。进一步分析了 RTT 操作系统中 DAC 设备驱动的层级结构，说明了如何配置 DAC 设备和设置 DAC 通道的输出值。最后，通过实验演示了如何基于 PSoC62 中的 DAC 和 RTT 操作系统来控制 DAC 输出。

习题 8

　　（1）请解释 DAC 的工作原理及其在嵌入式系统中的作用。

　　（2）描述如何在 PSoC6 上配置 DAC，并提供一个简单的应用示例，如产生一个固定电压输出。

　　（3）在 RTT 操作系统中，如何查找、打开、配置和写入 DAC 设备以产生模拟信号？请给出示例代码。

　　（4）请比较 DAC 和 ADC 在嵌入式系统中的应用和区别。

　　（5）请设计一个基于 PSoC6 和 RTT 的应用，要求该应用周期性地更新 DAC 输出，以模拟正弦波信号。请描述所需的硬件连接和软件实现。

　　（6）讨论在使用 DAC 输出模拟信号时，如何处理可能的噪声和信号失真问题。

第 9 章
PSoC6 上的定时器应用

9.1 概述

定时器的功能是从指定的时刻开始，经过预设的时间后触发一个超时事件。用户可以自定义定时器的周期与频率。定时器可以分为软件定时器和硬件定时器两种类型。

9.1.1 软件定时器

软件定时器是由操作系统提供的一类系统接口函数，基于硬件定时器实现，从而为系统提供更多的软件定时器服务。

在操作系统中，软件定时器通常以系统节拍（tick）为单位，即通过系统节拍来进行计时。节拍长度指的是周期性硬件定时器两次中断间的时间间隔。这个周期性硬件定时器又称操作系统时钟。软件定时器以这个节拍长度为单位，数值必须是这个节拍长度的整数倍。例如，如果节拍是10ms，那么软件定时器的定时时间可以设置为10ms、20ms、100ms 等。由于节拍定义了系统中软件定时器能够分辨的精度，因此系统可以根据实际系统 CPU 的处理能力和实时性需求，设置合适的数值，节拍值越小，精度越高，但系统开销也越大。

软件定时的主要目的是经过设定的时间后，在系统节拍中断中检查是否超时，然后调用相应的回调函数，执行用户设定的任务，该任务即软件定时器设定的时间到了之后要执行的任务，与中断服务程序类似。因此，要求超时函数执行时间尽量短。软件定时器适用于对时间精度要求不是非常高的场景，如超时处理、周期性任务调度等。

9.1.2 硬件定时器

硬件定时器基于内部或外部时钟源，并结合计数器来测量时间间隔。硬件定时是由保存计数值的寄存器和时钟周期来决定的，每隔一个计数周期，计数器就计数一次，硬件定时器的时间即计数值乘以计数周期。

硬件定时器本质上是一个硬件电路，可以是处理器内部集成的定时器控制器，也可以是外接的硬件电路。硬件定时器一般由外部晶振提供给芯片时钟信号，在软件中配置好硬件定时器相关寄存器后。启动硬件定时器后，它会按照设定好的频率周期性地向 CPU 发送中断信号，即硬件定时器中断。中断服务程序可以非常精确地执行。

硬件定时器一般有两种工作模式：定时器模式和计数器模式。无论工作在哪种模式，实质上都是通过内部计数器模块对脉冲信号进行计数。硬件定时器基于系统硬件资源，数量有限，用尽后不能再创建新的硬件定时器。硬件定时器具有非常高的精度，可以达到纳秒级别，适用于对时间精度要求较高的场景，如精确的 PWM 控制、高精度定时任务等，可以配置为在中断上下文中运行，即在没有操作系统干预的情况下触发操作。

9.1.3 PSoC6 上的定时器

PSoC6 提供了一系列的定时器功能，包括定时器、计数器和调制解调器，在 PSoC6 中简称为 TCPWM 模块。PSoC6 提供了 8 个 32 位的 TCPWM 和 24 个 16 位的 TCPWM，PSoC6 上的 TCPWM 组成框图如图 9-1 所示。

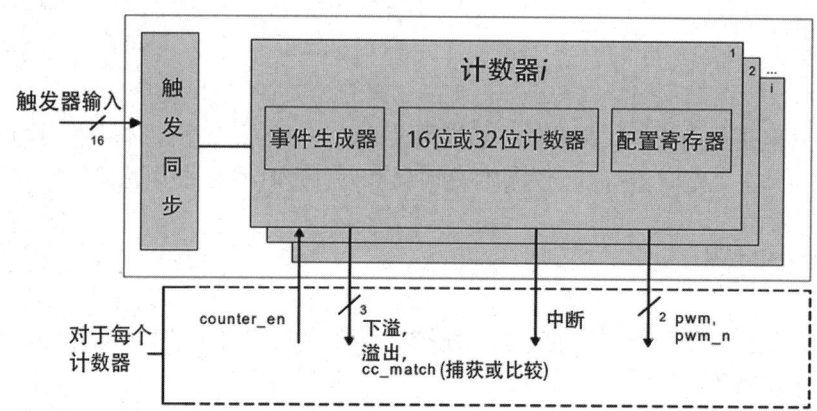

图 9-1　PSoC6 上的 TCPWM 组成框图

PSoC6 的 TCPWM 模块具有以下特征。

（1）支持以下操作模式。

①带比较功能的定时计数器。

②带捕获功能的定时计数器。

③正交解码。

④脉冲宽度调制。

⑤伪随机 PWM。

⑥带死区时间的 PWM。

（2）支持向上计数、向下计数及向上或向下计数模式。

（3）提供时钟预缩放。

（4）支持 16 位或 32 位的计数器宽度。

（5）比较/捕获和周期值的双重缓存。

（6）提供欠流、溢出和捕获/比较输出信号。

（7）支持以下中断。

①终端中断：取决于工作模式，通常发生在溢出或下溢时。

②捕获/比较中断：当计数器被捕获到捕获寄存器，或者计数器值等于比较寄存器中的值时触发。

（8）支持 PWM 的互补输出。

（9）每个 TCPWM 模块支持多种事件信号选择，包括启动、重新加载、停止、计数和捕获事件（事件是指由触发的外设生成的信号，激活 TCPWM 模块中每个计数器的特定函数）这些事件信号可以基于上升沿、下降沿、双边和级别触发进行选择。

可以通过设置 TCPWM_CTRL_SET 寄存器中的相关位来使能计数器，通过设置 TCPWM_CTRL_CLR 寄存器中的相关位停止计数器。每个 TCPWM 计数器都有独立的时钟源，这个时钟源由可配置的外部时钟分频器产生。

9.1.4　PSoC6 上的 WDT

WDT（看门狗定时器）实际上也是一种计数器，用于监视系统的正常运行。当系统变得不响应或发生故障时，WDT 可以重置系统，将其恢复到已知的安全状态。当程序卡在某个循环或因错误停止响应时，WDT 确保系统能够自动重启。

PSoC6 中包含一个 WDT 和两个 MCWDT（复用计数器和看门狗定时器）。WDT 具有一个自由运行计数器。每个 MCWDT 由两个 16 位计数器和一个 32 位计数器组成，支持多种操作模式，可以配置为一个 64 位或 48 位计数器。所有 16 位计数器都能复位 WDT，且都能产生与事件匹配的中断。

WDT 时钟来自 ILO，它可以在系统 LP/ULP、深度睡眠和休眠电源模式下产生中断或唤醒。MCWDT 时钟来自 LFCLK（ILO 或 WCO），它可以在系统 LP/ULP 和深度睡眠模式下产生周期性中断或唤醒。PSoC6 上的 WDT 组成框图如图 9-2 所示。

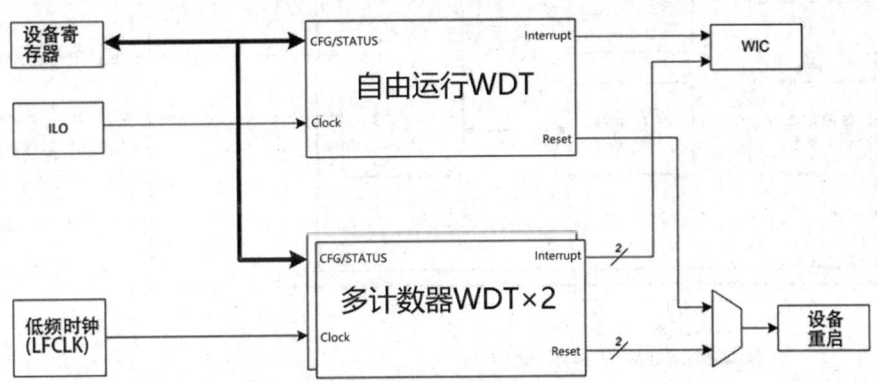

图 9-2　PSoC6 上的 WDT 组成框图

9.1.5　PSoC6 上的 RTC

RTC（实时时钟）是一个独立的可编程的定时器，具有低功耗特性，即使在主系统电源关闭时，也能通过备用电源继续运行。

在 PSoC6 上，具有一个始终启用的备份域，该备份域由单独的备用电源供电，如电池或超级电容。备份域包括一个由 32.768 kHz（WCO）提供时钟支持的具有报警功能的 RTC、备份域寄存器和电源管理 IC（PMIC 控制）。

PSoC6 上的 RTC 具有以下特性。

（1）全功能 RTC。

①具有年、月、日、时、分、秒等字段。

②采用 BCD 编码。

③支持 12 小时和 24 小时格式。

④自动进行闰年校正。

（2）可配置报警功能。

①支持月、日、星期、小时、分钟、秒字段报警。

②提供两个独立的报警设置。

（3）带校准功能的 32.768 kHz WCO。

（4）自动切换至备用电源。

（5）内置超级电容充电器。

（6）外部 PMIC 控制。

（7）32 字节备份寄存器。

PSoC6 上的 RTC 组成框图如图 9-3 所示。

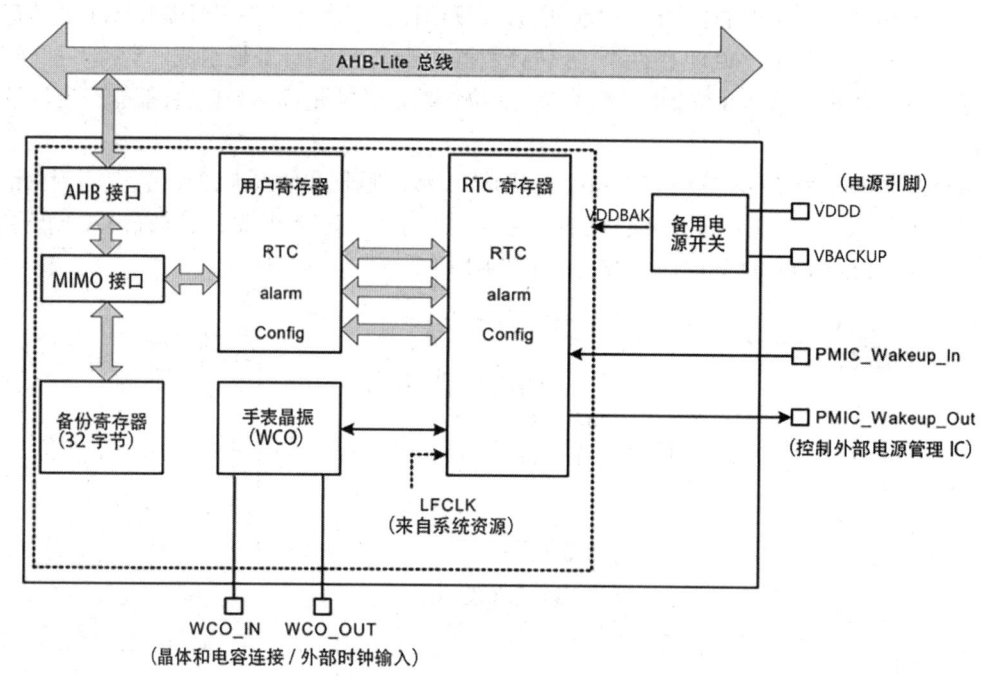

图 9-3　PSoC6 上的 RTC 组成框图

在启动读取 RTC 时，固件应设置 BACKUP_RTC_RW 寄存器中的读取位。设置以后，RTC 寄存器内容将被复制到用户寄存器并被冻结，以确保读取一致的 RTC 值。当 BACKUP_RTC_RW 寄存器中的 WRITE 位置位后，可以将数据写入 RTC 用户寄存器，写入完成后，必须清除 WRITE 位。

PSoC6 中的 alarm 功能允许使用 RTC 生成中断，用于唤醒系统的睡眠、深度睡眠和休眠电源模式。PSoC6 有两个独立的 alarm 功能，每个 alarm 功能由 6 个字段组成，这些字段分别对应 RTC 的字段，每个报警字段都有一个启用位，需要进行匹配设置。此外，必须正确配置 RTC 中断，以生成中断/唤醒功能。RTC 报警功能还可以控制外部 PMIC。

PSoC6 中的备份域包含 16 个寄存器（BACKUP_BREG0～BACKUP_BREG15），用于存储 32 字节的重要信息或标志。即使在主电源关闭时，只要备用电源存在，这些寄存器就会保留其内容。当设备进入休眠模式时，这些寄存器也可用于保存必须保留的信息。

9.2 RTT 上的定时器设备驱动接口

9.2.1 HWTIMER 设备驱动接口

RTT 提供了完善的 HWTIMER（硬件定时器）设备驱动框架。HWTIMER 设备的层级结构图如图 9-4 所示。

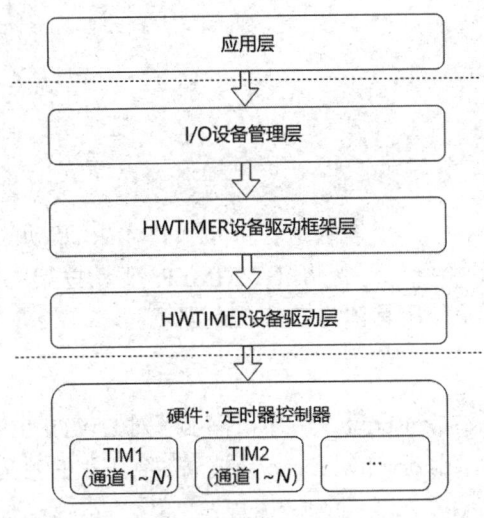

图 9-4　HWTIMER 设备的层级结构图

（1）应用层主要面向具体应用的代码，这些代码通过调用 I/O 设备管理层提供的统一接口进行定时器的读写、控制操作，实现具体业务功能，如定时采集传感器数据和控制设备输出等。

（2）I/O 设备管理层向应用层提供如 rt_device_read、rt_device_write 等标准接口。I/O 设备管理层需调用 HWTIMEER 设备驱动框架层提供的接口，完成相应的功能操作。

（3）HWTIMER 设备驱动框架层是与硬件平台无关的通用软件抽象层，其源码文件为 hwtimer.c，位于 components\drivers\hwtimer 文件夹中。该层向上提供统一的接口，向下则为 HWTIMER 设备驱动层提供 HWTIMER 设备操作方法和设备注册管理接口。

（4）HWTIMER 设备驱动层完成 HWTIMER 设备驱动框架层规定的操作，HWTIMER 设备驱动源码文件位于具体的 BSP 目录中，一般被命名为 drv_hwtimer.c。HWTIMER 设备驱动需要实现访问和控制 MCU 硬件定时器的操作方法 struct rt_hwtimer_ops，并将 HWTIMER 设备注册到操作系统中。

（5）最下面一层是具体的硬件，不同 MCU 的定时器控制器是不完全一致的。

9.2.2 配置和操作 HWTIMER 设备

配置和操作 HWTIMER 设备涉及设置定时器的参数并控制其行为，以满足嵌入式系统中的精确计时和事件调度需求。

1. Kconfig 配置

HWTIMER 的 Kconfig 配置信息位于工程根目录中的 board 目录中，在 Kconfig 文件中有如下信息。

```
menuconfig BSP_USING_TIM
bool "Enable timer"
default n
select RT_USING_HWTIMER
if BSP_USING_TIM
    config BSP_USING_TIM1
    bool "Enable TIM1"
    default n
    config BSP_USING_TIM2
    bool "Enable TIM2"
    default n
endif
```

其中，BSP_USING_TIM 宏用于控制是否将 HWTIMER 驱动的相关代码添加到工程中；RT_USING_HWTIMER 宏用于控制是否将 HWTIMER 驱动框架的相关代码添加到工程中；BSP_USING_TIM1 宏用于配置使用具体的 TIM 控制器。

2. Scons 配置

在 Libraries\HAL_Drivers\SConscript 文件中，添加了对 HWTIMER 驱动的判断选项，若定义了宏 RT_USING_HWTIMER，则 drv_hwtimer.c 会被添加到工程的源文件中。

```
if GetDepend(['RT_USING_TIM']):
    src += ['drv_hwtimer.c']
```

3. 访问硬件定时器

RTT 提供如下设备管理接口，用于访问硬件定时器，如表 9-1 所示。

表 9-1 HWTIMER 设备管理接口函数

序 号	接口函数	功能描述
1	rt_device_find()	查找定时器设备
2	rt_device_open()	以读写方式打开定时器设备
3	rt_device_set_rx_indicate()	设置超时回调函数
4	rt_device_control()	控制定时器设备，设置定时模式、频率，或停止定时器
5	rt_device_write()	设置定时器超时值，定时器随即启动
6	rt_device_read()	获取定时器当前值
7	rt_device_closes()	关闭定时器设备

4. 使用硬件定时器示例

通过配置 PSoC62 评估板的硬件定时器，使用定时器回调函数控制 LED 的亮灭，来实现 LED 间隔 2s 闪烁。

在 RTT Studio 中，选择"文件"→"新建 RT-Thread 项目"命令，选择基于 PSoC62 评估板，输入项目名称，如 PSoC62_Timer，然后单击"完成"按钮。在"RT-Thread Settings"→"硬件"→"芯片设备驱动"界面使能 TIM1，如图 9-5 所示。

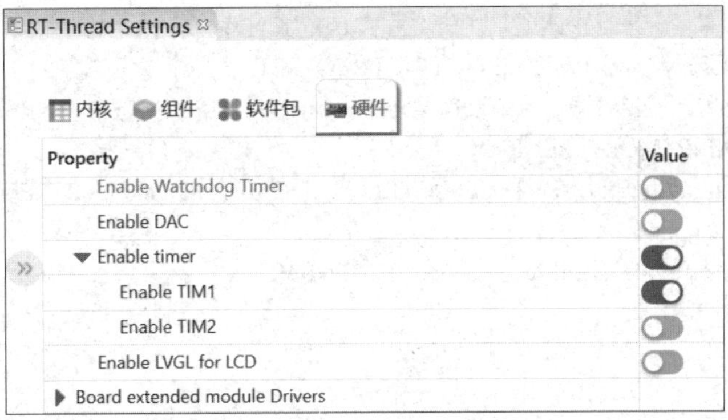

图 9-5　使能 TIM1

在 applications 文件夹中新建 blink.c 文件，编写测试程序。测试代码如下。

```c
#define HWTIMER_DEV_NAME    "time1"
#define LED1_PIN       GET_PIN(0, 0)
uint8_t state = 0;
/* 定时器超时回调函数 */
static rt_err_t timeout_cb(rt_device_t dev, rt_size_t size)
{
    rt_pin_write(LED1_PIN, state ? PIN_LOW : PIN_HIGH);
    state = ~state;
    return 0;
}

static int blink_sample(int argc, char *argv[])
{
    rt_hwtimerval_t    timeout_s;                        /* 定时器超时值 */
    rt_device_t    hw_dev = RT_NULL;                     /* 定时器设备句柄 */
    rt_hwtimer_mode_t    mode;                           /* 定时器模式 */
    rt_uint32_t    freq = 10000;                         /* 计数频率 */

rt_pin_mode(LED1_PIN, PIN_MODE_OUTPUT);
    hw_dev = rt_device_find(HWTIMER_DEV_NAME);          /* 查找定时器设备 */
    if (hw_dev == RT_NULL)
    {
        rt_kprintf("hwtimer sample run failed! can't find %s device!\n", HWTIMER_DEV_NAME);
        return RT_ERROR;
    }
    /* 以读写方式打开设备 */
    if (rt_device_open(hw_dev, RT_DEVICE_OFLAG_RDWR) != RT_EOK)
    {
        rt_kprintf("open %s device failed!\n", HWTIMER_DEV_NAME);
        return RT_ERROR;
    }
    /* 设置超时回调函数 */
    rt_device_set_rx_indicate(hw_dev, timeout_cb);
```

```
/* 设置计数频率（若未设置该项，则默认为 1MHz 或支持的最小计数频率）*/
rt_device_control(hw_dev, HWTIMER_CTRL_FREQ_SET, &freq);
/* 设置模式为周期性定时器（若未设置，则默认为 HWTIMER_MODE_ONESHOT）*/
mode = HWTIMER_MODE_PERIOD;
if (rt_device_control(hw_dev, HWTIMER_CTRL_MODE_SET, &mode) != RT_EOK)
{
    rt_kprintf("set mode failed! ret is :%d\n", RT_ERROR);
    return RT_ERROR;
}

/* 设置定时器超时值为 2s 并启动定时器 */
timeout_s.sec = 2;              /* 秒 */
timeout_s.usec = 0;            /* 微秒 */
if (rt_device_write(hw_dev, 0, &timeout_s, sizeof(timeout_s)) != sizeof(timeout_s))
{
    rt_kprintf("set timeout value failed\n");
    return RT_ERROR;
}
    return RT_EOK;
}
/* 导出到 msh 命令列表中 */
MSH_CMD_EXPORT(blink_sample, blink sample);
```

9.2.3 WDT 设备驱动接口

WDT 本质上是一个定时器电路，通过软硬件结合的方式实现对系统运行状态的监控。在系统正常运行过程中，会定时"喂狗"（更新 WDT 计时时间），以避免 WDT 发出重启信号。若 WDT 在预定时间内没有收到来自软件的喂狗信号，则发出复位重启信号，使系统恢复到安全运行状态。因此，对 WDT 的基本操作包括初始化、设置溢出阈值、隔一段时间喂狗等。

RTT 提供了完善的 WDT 设备驱动框架，其层级结构图如图 9-6 所示。

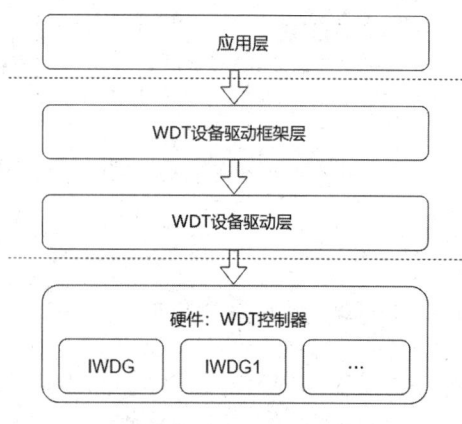

图 9-6 WDT 的层级结构图

（1）应用层通过调用 WDT 设备驱动框架层来实现具体的业务功能，如开启 WDT 设备、更新 WDT 溢出时间和获取 WDT 的配置信息。

（2）WDT 设备驱动框架层是一层通用软件层，与硬件平台无关。WDT 设备驱动框架源码文件为 watchdog.c，位于 components\drivers\watchdog 文件夹中。该层向应用层提供 rt_device_init、rt_device_control 等标准接口，向 WDT 设备驱动层提供 WDT 设备操作方法 struct rt_watchdog_ops（如 init、control）和注册设备接口 rt_hw_watchdog_register。

（3）WDT 设备驱动层与硬件平台相关，因为不同的 MCU 拥有不完全相同的 WDT 配置方法，所以需要根据不同的 WDT 控制器实现相应的驱动。其源码位于具体的 BSP 目录中，一般被命名为 drv_wdt.c，主要实现对 WDT 设备的操作方法接口，具备访问和控制 WDT 硬件，以及注册 WDT 设备到操作系统的功能。

（4）最下面一层是不同 MCU 上的 WDT 设备。

9.2.4　配置和访问 WDT 设备

1．Kconfig 配置

WDT 的 Kconfig 配置信息位于工程根目录中的 board 目录中，在 Kconfig 文件中有如下信息。

```
config BSP_USING_WDT
    bool "Enable Watchdog Timer"
    select RT_USING_WDT
    default n
```

其中，BSP_USING_WDT 宏用于控制是否将 WDT 驱动的相关代码添加到工程中；RT_USING_WDT 宏用于控制是否将 WDT 驱动框架的相关代码添加到工程中。

2．Scons 配置

在 Libraries\HAL_Drivers\SConscript 文件中，添加了对 WDT 驱动的判断选项，若定义了宏 RT_USING_WDT，则 drv_wdt.c 会被添加到工程的源文件中。

```
if GetDepend(['RT_USING_WDT']):
    src += ['drv_wdt.c']
```

3．访问 WDT 设备

RTT 提供如下设备管理接口，用于访问 WDT，如表 9-2 所示。

表 9-2　WDT 设备管理接口函数

序　号	接口函数	功能描述
1	rt_device_find()	根据看门狗名称查找设备并获取设备句柄
2	rt_device_init()	初始化看门狗
3	rt_device_control()	控制看门狗
4	rt_device_close()	关闭看门狗

4．使用 WDT 设备示例

本示例通过配置看门狗来实现按键喂狗，测试 PSoC62 评估板的看门狗功能。在 RTT Studio 中，选择"文件"→"新建 RT-Thread 项目"命令，选择基于 PSoC62 评估板，输入项目名称，如 PSoC62_WDT，然后单击"完成"按钮。在"RT-Thread Settings"→"硬件"→"芯片设备驱动"界面使能看门狗定时器，如图 9-7 所示。

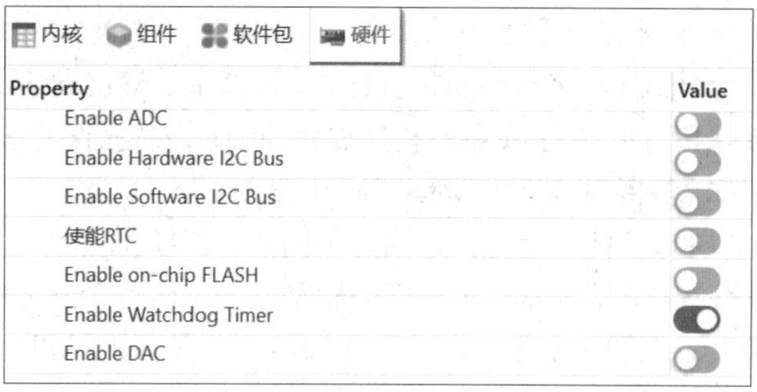

图 9-7　使能看门狗定时器

在工程 applications 目录中新建 wdt_sample.c 文件，编写测试程序。测试代码如下。

```c
#define WDT_DEVICE_NAME        "wdt"          /* 看门狗名称 */
#define USER_KEY               GET_PIN(6, 2)
static rt_device_t wdg_dev;                   /* 看门狗句柄 */
void key_irq_handler(void)                    /* 按键回调函数 */
{
    /* 按下按键时喂狗，若不喂狗，则设备将重启*/
    rt_device_control(wdg_dev, RT_DEVICE_CTRL_WDT_KEEPALIVE, NULL);
    rt_kprintf("feed the dog\n ");
}
void key_init(void)
{
    rt_pin_mode(USER_KEY, PIN_MODE_INPUT_PULLUP);
    //将按键引脚设为下降沿触发中断
    rt_pin_attach_irq(USER_KEY, PIN_IRQ_MODE_FALLING, (void*) key_irq_handler, RT_NULL);
    //使能中断
    rt_pin_irq_enable(USER_KEY, PIN_IRQ_ENABLE);
}

static int wdt_sample(void)
{
    rt_err_t ret = RT_EOK;
    rt_uint32_t timeout = 5;                  /* 溢出时间，单位为秒 */
    key_init();
    /* 根据设备名称查找看门狗，获取设备句柄 */
    wdg_dev = rt_device_find(WDT_DEVICE_NAME);
    if (!wdg_dev)
    {
        rt_kprintf("find %s failed!\n", WDT_DEVICE_NAME);
        return RT_ERROR;
    }
    /* 初始化设备 */
    rt_device_init(wdg_dev);
    /* 设置看门狗溢出时间 */
    ret = rt_device_control(wdg_dev, RT_DEVICE_CTRL_WDT_SET_TIMEOUT, &timeout);
    if (ret != RT_EOK)
    {
```

```
            rt_kprintf("set %s timeout failed!\n", WDT_DEVICE_NAME);
            return RT_ERROR;
    }
    /* 启动看门狗 */
    ret = rt_device_control(wdg_dev, RT_DEVICE_CTRL_WDT_START, RT_NULL);
    if (ret != RT_EOK)
    {
            rt_kprintf("start %s failed!\n", WDT_DEVICE_NAME);
            return -RT_ERROR;
    }
    return ret;
}
/* 导出到 msh 命令列表中 */
MSH_CMD_EXPORT(wdt_sample, wdt sample);
```

编译下载程序，按下 RESET 键后在终端上输入 wdt_sample 来运行看门狗测试程序。按下按键后可以执行喂狗操作，如果在程序运行 5s 内没有使用按键喂狗，那么 PSoC62 评估板将自动重启。看门狗测试结果如图 9-8 所示。

```
    \ | /
  - RT -     Thread Operating System
  / | \      5.0.1 build Nov 12 2024 11:34:11
 2006 - 2022 Copyright by RT-Thread team
msh >wdt_sample
msh >feed the dog
 feed the dog
 feed the dog
 feed the dog

    \ | /
  - RT -     Thread Operating System
  / | \      5.0.1 build Nov 12 2024 11:34:11
 2006 - 2022 Copyright by RT-Thread team
msh >
```

图 9-8　看门狗测试结果

9.2.5　RTC 设备驱动接口

RTC 实时时钟可以用于产生年、月、日、时、分、秒等信息。RTC 设备驱动接口提供了设置和读取实时时钟的能力。通过这些接口，可以配置 RTC 以维护系统的日期和时间信息。RTC 设备驱动框架层级结构图如图 9-9 所示。

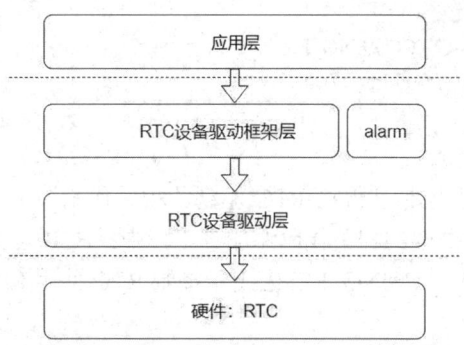

图 9-9　RTC 设备驱动框架层级结构图

（1）应用层通过调用硬件 RTC 设备驱动框架与 alarm 提供的统一接口来实现面向具体应用的功能，如设置本地 RTC 时钟、将网络时钟同步到本地、设置 RTC 闹钟来定时处理任务。

（2）RTC 设备驱动框架层与 alarm 组件是一层抽象的通用软件层，与硬件平台无关。alarm 组件功能是基于 RTC 设备实现的，根据用户设定的闹钟时间，当时间到时会触发 alarm 中断，执行闹钟事件。在硬件上，RTC 提供的 alarm 是有限的，RTT 将 alarm 在软件层次上封装成了一个组件，原理上可以实现无限个闹钟，但每个闹钟只有最后一次设定是有效的。RTC 设备驱动框架源码文件是 rtc.c，位于 components\drivers\rtc 文件夹中。该层向应用程序提供设备管理接口，如 set_date、set_time 等；向 RTC 设备驱动提供操作方法接口和 RTC 设备注册接口，并向 I/O 设备管理框架注册 RTC 设备。

（3）RTC 设备驱动层的实现与硬件相关，主要负责操作具体的硬件 RTC 控制器，以完成驱动框架规定的操作。RTC 设备驱动源码文件位于具体的 BSP 目录中，一般被命名为 dtv_rtc.c。该文件实现了 RTC 设备的 struct rt_rtc_ops 操作方法接口，并通过调用 rt_hw_rtc_register() 函数将 RTC 设备注册到操作系统中。此外，alarm 功能的实现与芯片的具体功能单元有所不同。

（4）最下面一层是不同 MCU 上的具体 RTC 硬件设备。

9.2.6　配置与访问 RTC 设备

配置 RTC 设备通常包括设置当前日期和时间，以及配置 RTC 闹钟等高级功能。通过 RTC 设备驱动接口，可以实现诸如定时唤醒、定期事件触发等应用。此外，RTT 还提供了软件模拟 RTC 的功能（适用于对时间精度要求不高和没有硬件 RTC 的产品），以及 NTP 时间自动同步功能。

1. Kconfig 配置

RTC 的 Kconfig 配置信息位于工程根目录中的 board 目录中，在 Kconfig 文件中有如下信息。

```
menuconfig BSP_USING_RTC
    bool "Enable RTC"
    select RT_USING_RTC
    default n
    if BSP_USING_RTC
        choice
            prompt "Select clock source"
            default BSP_RTC_USING_LSE

            config BSP_RTC_USING_LSE
                bool "RTC USING LSE"

            config BSP_RTC_USING_LSI
                bool "RTC USING LSI"
        endchoice
    endif
```

BSP_USING_RTC 宏用于控制是否将 RTC 驱动的相关代码添加到工程中；RT_USING_RTC 宏用于控制是否将 RTC 驱动框架的相关代码添加到工程中；BSP_RTC_USING_LSE 宏用于控制 RTC 使用 LSE 时钟；BSP_RTC_USING_LSI 宏用于控制 RTC 使用 LSI 时钟。

2. Scons 配置

在 Libraries\HAL_Drivers\SConscript 文件中，添加了对 RTC 驱动的判断选项，如果定义了

RT_USING_RTC 宏，那么 drv_rtc.c 会被添加到工程的驱动源文件中。

```
if GetDepend('BSP_USING_RTC'):
    src += ['drv_rtc.c']
```

3. 访问 RTC 设备

RTT 设备框架提供了 set_date()和 set_time()接口函数，用于快速修改时间和日期。一般用于测试 RTC 硬件是否正常工作，不建议在业务代码中使用。RTC 设备管理接口函数如表 9-3 所示。

表 9-3　RTC 设备管理接口函数

序　号	接口函数	功能描述
1	rt_device_find()	根据 RTC 设备名称查找设备并获取设备句柄
2	rt_device_open()	初始化 RTC 设备
3	set_date()	设置日期，包括年、月、日
4	set_time()	设置时间，包括时、分、秒

除了上述接口函数，通过引用头文件#include <sys/time.h>，可以在应用中使用标准的时间操作函数，如 time()、ctime()、stime()和 mktime()等。

4. 使用 RTC 设备示例

本示例通过配置 RTC 功能，实现时钟功能。在 RTT Studio 中，选择"文件"→"新建 RT-Thread 项目"命令，选择基于 PSoC62 评估板，输入项目名称，如 PSoC62_RTC，然后单击"完成"按钮。选择"RT-Thread Settings"→"硬件"命令，在"芯片设备驱动"界面使能 RTC，选择时钟源为 RTC_USING_LSI，如图 9-10 所示。

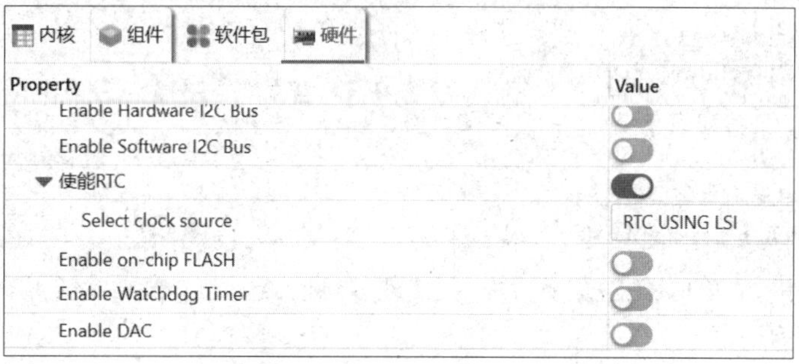

图 9-10　使能 RTC 并选择时钟源

在工程 applications 目录中新建 rtc_sample.c 文件，编写测试程序。测试代码如下。

```
#define RTC_NAME          "rtc"
static int rtc_sample(int argc, char *argv[])
{
    rt_err_t ret = RT_EOK;
    time_t now;
    rt_device_t device = RT_NULL;
    /*查找设备*/
    device = rt_device_find(RTC_NAME);
    if (!device)
    {
        LOG_E("find %s failed!", RTC_NAME);
```

```
        return RT_ERROR;
    }
    /*初始化 RTC 设备*/
    if(rt_device_open(device, 0) != RT_EOK)
    {
        LOG_E("open %s failed!", RTC_NAME);
        return RT_ERROR;
    }
    /* 设置日期 */
    ret = set_date(2023, 11, 21);
    if (ret != RT_EOK)
    {
        rt_kprintf("set RTC date failed\n");
        return ret;
    }
    /* 设置时间 */
    ret = set_time(12, 42, 55);
    if (ret != RT_EOK)
    {
        rt_kprintf("set RTC time failed\n");
        return ret;
    }
    /* 延时 3 秒 */
    rt_thread_mdelay(2000);
    /* 获取时间 */
    now = time(RT_NULL);
    rt_kprintf("%s\n", ctime(&now));
    return ret;
}
/* 导出到 msh 命令列表中 */
MSH_CMD_EXPORT(rtc_sample, rtc sample);
```

编译并下载程序，按下 RESET 键后，在终端上输入 rtc_sample，运行 RTC 测试程序。RTC 测试结果如图 9-11 所示。

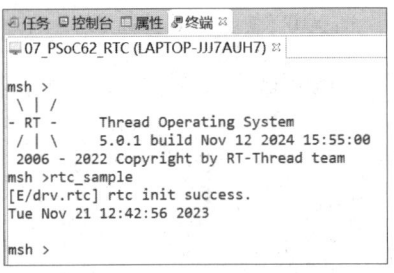

图 9-11　RTC 测试结果

9.2.7　alarm 功能

alarm（闹钟）功能是基于 RTC 设备实现的，根据设定的闹钟时间触发 alarm 中断，执行闹钟事件。RTT 将 alarm 功能封装成一个组件，理论上可以实现多个闹钟，由于硬件 RTC 提供的 alarm

是有限的，因此底层通常只设置一个闹钟。alarm 组件提供的接口函数如表 9-4 所示。

表 9-4　alarm 组件提供的接口函数

序　号	接口函数	功能描述
1	rt_alarm_create()	创建闹钟
2	rt_alarm_start()	启动闹钟
3	rt_alarm_stop()	停止闹钟
4	rt_alarm_delete()	删除闹钟
5	rt_alarm_control()	控制 alarm 设备
6	rt_alarm_dump()	打印显示设置的闹钟信息

9.3　实验 9：基于 PSoC6 和 RTT 实现闹钟

1. 实验目的

（1）掌握 RTC 的使用方法。

（2）掌握 alarm 功能的使用方法。

（3）编写程序，基于 PSoC6 和 RTT 实现闹钟。

2. 实验准备

（1）硬件设备：PSoC62 评估板、Type-C USB 线。

（2）软件环境：RTT Studio IDE 开发环境、RTT 操作系统。

3. 实验步骤

（1）创建项目。在 RTT Studio 中，选择“文件”→“新建 RT-Thread 项目”命令，选择基于 PSoC62 评估板，输入项目名称，如 PSoC62_Alarm，然后单击“完成”按钮。

本实验通过配置 PSoC62 评估板的 RTC 和 alarm 功能，并结合有源蜂鸣器实现闹钟功能，设置闹钟每分钟响一次。

（2）软件配置。选择“RT-Thread Settings”→“硬件”命令，选择“芯片设备驱动”选项，使能 RTC，并将 RTC 的时钟配置为“RTC USING LSI”，如图 9-10 所示。选择“RT-Thread Settings”→“组件”命令，在“使用 RTC 设备驱动程序”界面使能 RTC alarm 功能，如图 9-12 所示。

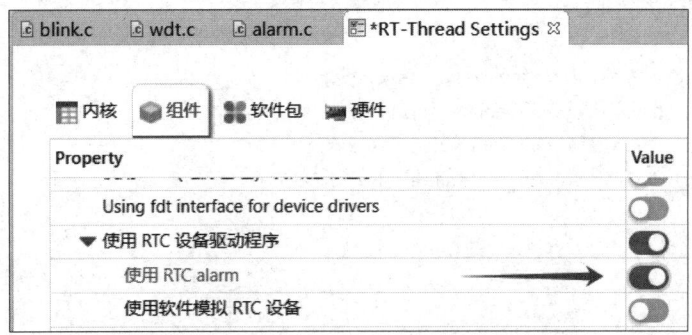

图 9-12　使能 RTC alarm 功能

修改/libraries/HAL_Drivers/drv_rtc.c 文件，适配 alarm 功能。

在 cyhal_rtc_t rtc_obj 语句后添加 RTC 设备结构体，代码如下。

```
struct rtc_device_object
{
    rt_rtc_dev_t    rtc_dev;
#ifdef RT_USING_ALARM
    struct rt_rtc_wkalarm    wkalarm;
#endif
};
```

在 static rt_err_t _rtc_init(void)函数前添加 alarm 功能函数，代码如下。

```
#ifdef RT_USING_ALARM
cyhal_rtc_event_callback_t rtc_alarm_callback(void *callback_arg, cyhal_rtc_event_t event)
{
    rt_interrupt_enter();
    rt_alarm_update(0,0);
    rt_interrupt_leave();
}
#endif

static rt_err_t _rtc_get_alarm(struct rt_rtc_wkalarm *alarm)
{
#ifdef RT_USING_ALARM
    *alarm = ifx32_rtc_dev.wkalarm;
    LOG_D("GET_ALARM %d:%d:%d",ifx32_rtc_dev.wkalarm.tm_hour,
        ifx32_rtc_dev.wkalarm.tm_min,ifx32_rtc_dev.wkalarm.tm_sec);
    return RT_EOK;
#else
    return -RT_ERROR;
#endif
}

static rt_err_t _rtc_set_alarm(struct rt_rtc_wkalarm *alarm)
{
#ifdef RT_USING_ALARM
    LOG_D("RT_DEVICE_CTRL_RTC_SET_ALARM");
    if (alarm != RT_NULL)
    {
        ifx32_rtc_dev.wkalarm.enable = alarm->enable;
        ifx32_rtc_dev.wkalarm.tm_hour = alarm->tm_hour;
        ifx32_rtc_dev.wkalarm.tm_min = alarm->tm_min;
        ifx32_rtc_dev.wkalarm.tm_sec = alarm->tm_sec;

        cyhal_rtc_set_alarm_by_seconds(&rtc_obj, 1);
    }
    else
    {
        LOG_E("RT_DEVICE_CTRL_RTC_SET_ALARM error!!");
```

```
            return -RT_ERROR;
        }
        LOG_D("SET_ALARM %d:%d:%d",alarm->tm_hour,
            alarm->tm_min, alarm->tm_sec);
        return RT_EOK;
#else
        return -RT_ERROR;
#endif
}
```

修改 static rt_err_t _rtc_init(void)函数，代码如下。

```
static rt_err_t _rtc_init(void)
{
#ifdef BSP_RTC_USING_LSE
        Cy_RTC_SelectClockSource(CY_RTC_CLK_SELECT_WCO);
#else
        Cy_RTC_SelectClockSource(CY_RTC_CLK_SELECT_ILO);
#endif /* BSP_RTC_USING_LSE */
        if (cyhal_rtc_init(&rtc_obj) != RT_EOK)
        {
            LOG_E("rtc init failed.");
            return -RT_ERROR;
        }
#ifdef RT_USING_ALARM
        cyhal_rtc_register_callback(&rtc_obj, (cyhal_rtc_event_callback_t)rtc_alarm_callback, NULL);
        cyhal_rtc_enable_event(&rtc_obj, CYHAL_RTC_ALARM, 3u, true);
#endif
        return RT_EOK;
}
```

修改 RTC 操作结构体，代码如下。

```
static const struct rt_rtc_ops _rtc_ops =
{
    _rtc_init,
    _rtc_get_secs,
    _rtc_set_secs,
    _rtc_get_alarm,
    _rtc_set_alarm,
    ifx_rtc_get_timeval,
    RT_NULL,
};
```

（3）编写程序。在 applications 目录中新建 alarm_sample.c 文件，编写闹钟测试程序。测试代码如下。

```
#include <rtthread.h>
#include <rtdevice.h>
#include "drv_gpio.h"

#define LED        GET_PIN(0, 0)
#define KEY        GET_PIN(6, 2)
```

```c
void key_callback(void)
{
    rt_pin_write(LED, PIN_LOW);
}
int gpio_init(void)
{
    rt_pin_mode(LED, PIN_MODE_OUTPUT);
    rt_pin_mode(KEY, PIN_MODE_INPUT_PULLUP);
    rt_pin_write(LED, PIN_LOW);
 rt_pin_attach_irq(KEY, PIN_IRQ_MODE_FALLING, (void *)key_callback, RT_NULL);
    rt_pin_irq_enable(KEY, PIN_IRQ_ENABLE);
    return RT_EOK;
}
INIT_BOARD_EXPORT(gpio_init);

void user_alarm_callback(rt_alarm_t alarm, time_t timestamp)
{
    rt_kprintf("The alarm is ringing!\r\n");
    rt_pin_write(LED, PIN_HIGH);
}

void alarm_sample(void)
{
    rt_device_t dev = rt_device_find("rtc");
    struct rt_alarm_setup setup;
    struct rt_alarm * alarm = RT_NULL;
    static time_t now;
    struct tm p_tm;

    if (alarm != RT_NULL) return;

    /* 获取当前时间戳 */
    now = time(NULL);
    gmtime_r(&now,&p_tm);

    setup.flag = RT_ALARM_SECOND;/* alarm each second at a certain second */
    setup.wktime.tm_year = p_tm.tm_year;
    setup.wktime.tm_mon = p_tm.tm_mon;
    setup.wktime.tm_mday = p_tm.tm_mday;
    setup.wktime.tm_wday = p_tm.tm_wday;
    setup.wktime.tm_hour = p_tm.tm_hour;
    setup.wktime.tm_min = p_tm.tm_min;
    setup.wktime.tm_sec = p_tm.tm_sec;

    alarm = rt_alarm_create(user_alarm_callback, &setup);
    if(RT_NULL != alarm)
        rt_alarm_start(alarm);
```

```
}
MSH_CMD_EXPORT(alarm_sample,alarm sample);
```

（4）调试与测试。编译并下载程序，按下 RESET 按键，在终端上输入 date 命令，查看当前日期和时间，通过 date 命令设置系统日期和时间。运行 alarm_sample 程序，闹钟会每秒触发一次，每次触发时，终端会输出"The alarm is ringing!"，当按下用户按键时，LED 点亮。闹钟测试结果如图 9-13 所示。

```
 \ | /
- RT -       Thread Operating System
 / | \       5.0.1 build Nov 11 2024 12:43:53
 2006 - 2022 Copyright by RT-Thread team
msh >date
local time: Sat Jan  1 08:00:00 2000
timestamps: 946684800
timezone: UTC+8
msh >date 2024 11 12 19 16 55
old: Sat Jan  1 08:00:38 2000
now: Tue Nov 12 19:16:55 2024
msh >date
local time: Tue Nov 12 19:16:59 2024
timestamps: 1731410219
timezone: UTC+8
msh >list_alarm
| hh:mm:ss | week | flag | en |
+----------+------+------+----+
+----------+------+------+----+
msh >alarm_sample
msh >The alarm is ringing!
The alarm is ringing!
The alarm is ringing!
```

图 9-13　闹钟测试结果

9.4　本章小结

本章介绍了软件定时和硬件定时的概念，重点讲解了 PSoC6 上定时器的组成，包括 HWTIMER、WDT、MCWDT、RTC 和 alarm 功能。这些功能为嵌入式系统提供了精确的时间控制和管理能力。随后介绍了 RTT 操作系统对 HWTIMER、WDT 和 RTC 设备的管理接口，说明了如何配置和访问 HWTIMER、WDT 和 RTC 设备，并给出了三个应用示例。通过综合实验，实现了基于 PSoC62 评估板和 RTT 操作系统的闹钟。

习题 9

（1）解释 PSoC6 上硬件定时器和软件定时器的区别，并讨论各自的应用场景。
（2）描述在 RTT 操作系统中配置和使用硬件定时器（HWTIMER）的步骤。
（3）分析 WDT 在系统设计中的作用，并说明如何在 RTT 操作系统中配置和使用 WDT。
（4）阐述 RTC 与其他类型定时器的区别，并介绍如何在 RTT 操作系统中配置和使用 RTC。
（5）在嵌入式系统中，如何利用 WDT 提高系统的可靠性？请给出一个具体的应用示例。

第 10 章
PSoC6 上的 PWM 应用

10.1 PSoC6 上的 PWM 简介

10.1.1 PWM 简介

PWM（脉冲宽度调制）是一种在现代嵌入式系统设计中广泛应用的基本技术，尤其在需要精确控制模拟信号的应用场景中发挥着关键作用。通过调整电信号的占空比（信号周期内高电平状态持续的时间比例），PWM 使得数字设备输出能够模拟连续变化的信号。这种技术因其高效率和高精度而成为控制和调节模拟信号的首选方案。

PWM 技术的核心原理是通过调整信号在固定周期内的高电平与低电平的持续时间比例（占空比），来控制输出信号的平均电压。实际上，这意味着可以通过数字控制手段实现对模拟信号的精确操控。例如，通过调节 PWM 信号的占空比，可以精确地控制 LED 的亮度、电机的转速或其他模拟电路的响应。这种高精度的控制使得 PWM 在自动化、机械控制和消费电子等领域极为重要。

PWM 有三个重要参数，分别是频率、占空比和分辨率（占空比可调精度）。

（1）频率。PWM 信号的频率决定了信号周期的长度，即从一个高电平开始到下一个高电平开始的完整时间跨度。不同的应用场景需要不同的频率设置。例如，较低的频率可能适用于电机控制，以减少噪声，而较高的频率通常用于照明应用，以避免灯光闪烁。

（2）占空比。占空比是指在 PWM 周期内信号处于高电平状态的时间比例。图 10-1 所示为占空比为 70% 的 PWM 波形图。通过调整占空比，可以改变输出信号的平均电压，从而控制连接设备的功率。例如，占空比增大意味着 LED 更亮，电机转速更快。

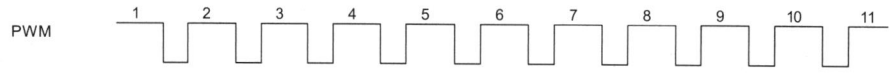

图 10-1　占空比为 70% 的 PWM 波形图

调整频率和占空比可以精确控制 PWM 信号，以适应不同的应用需求。例如，细微调节占空比可以实现平滑的 LED 调光，或是精确控制电机速度，以适应不同的负载条件。

（3）分辨率。分辨率是指 PWM 信号中最小能设定到的高电平时间所占周期的比例，即最小占空比。在同一个系统中，由于时钟不变，随着频率的提高，周期变短，分辨率会增加。例如，对于频率为 600Hz 的 PWM，若最小可以给到的时钟频率是 60kHz，则分辨率为 $(1/60\text{kHz})/(1/600\text{Hz})=1\%$。

10.1.2　PSoC6 上的 PWM

PSoC6 中的定时器、计数器、调制解调器合称为 TCPWM 模块,使用 16 位或 32 位计数器,可以配置为定时器、计数器、调制解调器或正交解码器。该模块可用于测量输入信号的周期和脉冲宽度(作为定时器),查找特定事件发生的次数(作为计数器),生成 PWM 信号或解码正交信号。

TCPWM 模块具有以下接口。

(1)I/O 信号接口。由输入触发器(如重新加载、启动、停止、计数和捕获)、输出信号[如 pwm、pwm_n、溢出(OV)、下溢(UN)]和捕获/比较信号组成。这些输入信号可用于触发计数器事件。输出信号由内部事件(如下溢、上溢和捕获/比较)生成,可以连接到其他外设以触发事件。

(2)中断。TCPWM 模块为每个计数器提供专用的中断输出,这些中断由终端计数(TC)或者捕获/比较事件触发。

TCPWM 模块通过配置 TCPWM_CNTx_CTRL 寄存器,实现以下 6 种操作模式,如表 10-1 所示。

表 10-1　TCPWM 操作模式配置

模　式	模式字段[26:24]	描　述
Timer	000	计数器在检测到计数事件的每个 clk_counter 循环中增减"1"时,Compare/capture 寄存器用于比较计数
Capture	010	计数器在检测到计数事件的每个 clk counter 循环中增加或减少"1"时,捕获事件将计数器值复制到捕获寄存器中
Quadrature	011	正交解码。计数器根据 X1、X2 或 X4 解码方案,基于两个相位输入进行递减或递增
PWM	100	脉冲宽度调制
PWM_DT	101	脉冲宽度调制,插入死区时间
PWM_PR	110	伪随机 PWM 使用 16 位或 32 位线性反馈移位寄存器(LFSR)产生伪随机噪声

每个计数器通过设置 TCPWM_CNT_CTRL 寄存器的 UP_DOWM_MODE 位,选择向上、向下和向上/向下计数模式,如表 10-2 所示。

表 10-2　计数器模式配置

计数模式	UP_DOWN_MODE [17:16]	描　述
UP 计数模式	00	计数器增加直到达到周期值。当计数器从周期值开始变化时,会生成终端计数和溢出条件
DOWN 计数模式	01	计数器从周期值开始减小,直到达到 0。当计数器从 0 开始变化时,会生成终端计数和下溢条件
UP/DOWN 计数模式 1	10	计数器增加,直到达到周期值,然后减小,直到达到 0。终端计数和下溢条件仅在计数器从 0 开始变化时生成
UP/DOWN 计数模式 2	11	类似于上/下计数模式1,但当计数器从 0 开始变化或从周期值开始变化时,会生成终端计数条件。溢出和下溢条件与向上计数和向下计数模式中分别生成的条件类似

PSoC6 可以输出左对齐、右对齐、中心对齐或非对称对齐的 PWM 信号。PWM 信号是通过在 0 和 PERIOD 之间递增或递减计数器,并将计数器值(COUNTER)与比较值(CC)进行比较而产生的。当 COUNTER 等于小时时,会触发 cc_match 事件。然后,通过使用 cc_match 事件及溢出和下溢事件来生成 PWM 信号。PSoC6 输出的 PWM 信号包括 pwm 和 pwm_n。PWM 模式功

能框图如图 10-2 所示。

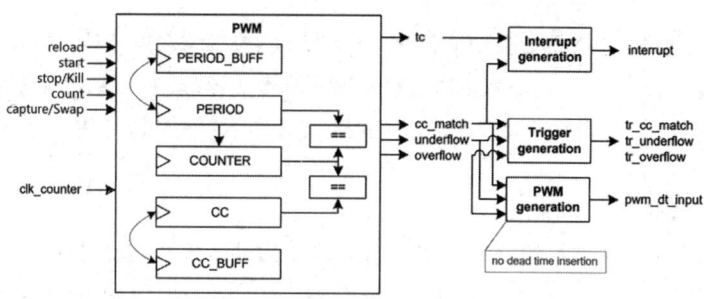

图 10-2   PWM 模式功能框图

PWM 的 极 性 通 过 CTRL.QUADRATURE_MODE[0] 控 制 ， pwm_n 的 极 性 通 过 CTRL.QUADRATURE_MODE[1]控制。PWM 的行为取决于 PERIOD 和 CC 寄存器。软件可以更新 PERIOD_BUFF 和 CC_BUFF 寄存器，而不影响 PWM 信号的输出。这是双缓冲寄存器的设计原因。

PWM 模式触发输入描述如表 10-3 所示。

表 10-3   PWM 模式触发输入描述

触发器输入	描 述
reload	设置计数器值并启动计数器。行为取决于 UP_DOWN_MODE： ① COUNT_UP：计数器设置为 "0"，计数方向设置为 "up"。 ② COUNT_DOWN：计数器设置为 PERIOD，计数方向设置为 "down"。 ③ COUNT_UPDN1/2：计数器设置为 "1"，计数方向设置为 "up"。只有在计数器未运行时才能使用
start	启动计数器。该计数器不由硬件初始化。使用当前计数器值。行为取决于 UP_DOWN_MODE： ① COUNT_UP：计数方向设置为 "up"。 ② COUNT_DOWN：计数方向设置为 "down"。 ③ COUNT_UPDN1/2：计数方向设置为 "up"，只有在计数器不运行时才能使用
stop/kill	停止计数器或抑制 PWM 输出，这取决于 PWM_STOP_ON_KILL 和 PWM_SYNC_KILL
count	计数事件会增加/减少计数器
capture/swap	此事件作为交换事件。当此事件处于活动状态时，在终端计数事件上交换 CC/CC_BUFF 和 PERIOD/PERIOD_BUFF 寄存器（当 CTRL.AUTO_RELOAD_CC 和 CTRL.AUTO_RELOAD_PERIOD 指定时）。交换事件需要采用上升、下降或上升/下降边缘事件检测模式。不支持 Pass-through 模式，除非所选事件是常数 "0" 或 "1"。 注意：当 COUNT_UPDN2 模式在与溢出事件重合的终端计数事件上交换 PERIOD 和 PERIOD_BUFF 值时，软件应确保 ERIOD 和值和 PERIOD_BUFF 值相同。当检测到交换事件且计数器正在运行时，该事件将被保留，直到检测到下一个终端计数事件。当检测到交换事件且计数不运行时，该事件将由硬件清除

PWM 模式支持的功能如表 10-4 所示。

表 10-4   PWM 模式支持的功能

支持的功能	描 述
clock pre-scaling	预设计数器 "clk_counter" 的大小
one-shot	计数器是通过硬件停止的，计数器运行一个周期后， ① COUNT_UP：在溢出事件中。 ② COUNT_DOWN and COUNT_UPDN1/2：在下溢出事件中
compare Swap	CC 和 CC BUFF 在交换事件和终端计数事件（当由 CTRL.AUTO_RELOAD_CC 指定时）中交换

续表

支持的功能	描　述
period swap	PERIOD 和 PERIOD_BUFF 在交换事件和终端计数事件（当 CTRL.AUTO_RELOAD_PERIOD 指定时）上进行交换。注意，当 COUNT_UPDN2/非对称模式在 tc 事件与溢出事件重合时交换 PERIOD 和 PERIOD_BUFF 时，软件应确保 PERIOD 和 PERIOD_BUFF 值相同
alignment (Up/Down modes)	由 UP_DOWN_MODE 指定， ① COUNT_UP：计数器从 0 到 PERIOD 进行计数，生成左向 PWM 输出。 ② COUNT_DOWN：计数器从 PERIOD 到 0 进行计数，生成右向 PWM 输出。 ③ COUNT_UPDN1/2：计数器从 1 到 PERIOD 再回到 0，生成中心对齐/非对称 PWM 输出
kill modes	由 PWM_STOP_ON_KILL and PWM_SYNC_KILL 指定， ① PWM_STOP_ON_KILL = '1'(PWM_SYNC_KILL = don't care)：在 kill 模式下停止。此模式在 stop/kill 事件上停止计数器，需要重新加载或启动事件以重新开始计数。 ② PWM_STOP_ON_KILL = '0' and PWM_SYNC_KILL = '0'：异步停止模式。此模式保持计数器运行，但抑制 PWM 输出信号，并在 stop/kill 事件期间继续这样做。 ③ PWM_STOP_ON_KILL='0'和 PWM_SYNC_KILL='1'：同步停止模式。此模式一直保持计数器运行，但抑制 PWM 输出信号，直到下一个终端计数事件没有 stop/kill 事件

PWM 模式触发输出描述如表 10-5 所示。

表 10-5　PWM 模式触发输出描述

触发器输出	描　述
cc_match (CC)	由 UP_DOWN_MODE 指定， ① COUNT_UP and COUNT_DOWN：计数器变为 COUNTER 等于 CC 的状态。 ② COUNT_UPDN1/2：计数器从 COUNTER 等于 CC 的状态开始变化
underflow (UN)	计数器正在减小，并从 COUNTER 等于"0"的状态开始变化
overflow (OV)	计数器正在增大，并从 COUNTER 等于 PERIOD 的状态开始变化

PWM 模式的中断输出描述如表 10-6 所示。

表 10-6　PWM 模式的中断输出描述

中断输出	描　述
tc	由 UP_DOWN_MODE 指定， ① COUNT_UP：终端计数事件与溢出事件相同。 ② COUNT_DOWN：终端计数事件与下溢事件相同。 ③ COUNT_UPDN1：终端计数事件与下溢事件相同。 ④ COUNT_UPDN2：终端计数事件与溢出和下溢事件的逻辑相同
cc_match (CC)	由 UP_DOWN_MODE 指定， ① COUNT_UP 和 COUNT_DOWN：计数器从 COUNTER 等于 CC 的状态开始变化。 ② COUNT_UPDN1/2：计数器从 COUNTER 等于 CC 的状态开始变化

10.2　RTT 上的 PWM 设备驱动接口

10.2.1　PWM 设备驱动接口

RTT 提供了完善的设备驱动框架，PWM 设备驱动框架的层级结构图如图 10-3 所示。

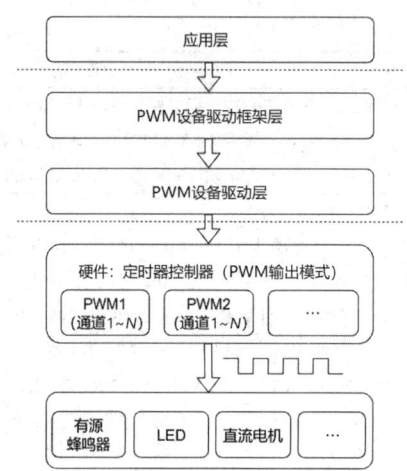

图 10-3　PWM 设备驱动框架的层级结构图

（1）应用层主要是通过调用 PWM 设备驱动框架层的统一接口来实现业务逻辑的，如驱动电机运转、实现呼吸灯效果等。

（2）PWM 设备驱动框架层是与硬件无关的通用软件抽象层。其源码为 rt_drv_pwm.c，位于 components\drivers\misc 文件夹中。该层向应用层提供 rt_pwm_enable、rt_pwm_disable、rt_pwm_set 等接口，同时向 PWM 设备驱动层提供 PWM 设备的操作方法 struct rt_pwm_ops 和注册接口。

（3）PWM 设备驱动层与硬件相关，源码文件一般为 drv_pwm.c，位于特定的 BSP 目录中。该层主要实现 struct rt_pwm_ops 中定义的各个操作接口，以提供访问和控制硬件 PWM 控制器的能力，并通过 rt_device_pwm_register 接口向 PWM 设备驱动框架注册 PWM 设备。

（4）下面两层分别是定时器控制器（PWM 输出模式）和被控对象。在 RTT 中，PWM 设备通常与定时器通道号一一对应。

10.2.2　配置 PWM 设备

1. Kconfig 配置

PWM 的 Kconfig 配置信息位于工程根目录中的 board 目录中，在 Kconfig 文件中有如下信息。

```
menuconfig BSP_USING_PWM
bool "Enable PWM"
default n
select RT_USING_PWM
if BSP_USING_PWM
menuconfig BSP_USING_PWM0
bool "Enable timer0 output pwm"
default n
if BSP_USING_PWM0
    menuconfig BSP_USING_PWM0_CH0
    bool "Enable PWM0 channel0"
    default n
    if BSP_USING_PWM0_CH0
        config BSP_USING_PWM0_PORT0
        bool "Enable PWM0-PORT0 output pwm"
```

```
            default n
        endif
        menuconfig BSP_USING_PWM0_CH7
        bool "Enable PWM0 channel7"
        default n
        if BSP_USING_PWM0_CH7
            config BSP_USING_PWM0_PORT2
            bool "Enable PWM0-PORT2 output pwm"
            default n
        endif
        if BSP_USING_PWM0_CH7
            config BSP_USING_PWM0_PORT5
            bool "Enable PWM0-PORT5 output pwm"
            default n
        endif
        if BSP_USING_PWM0_CH7
            config BSP_USING_PWM0_PORT7
            bool "Enable PWM0-PORT7 output pwm"
            default n
        endif
        if BSP_USING_PWM0_CH7
            config BSP_USING_PWM0_PORT9
            bool "Enable PWM0-PORT9 output pwm"
            default n
        endif
        if BSP_USING_PWM0_CH7
            config BSP_USING_PWM0_PORT10
            bool "Enable PWM0-PORT10 output pwm"
            default n
        endif
        if BSP_USING_PWM0_CH7
            config BSP_USING_PWM0_PORT12
            bool "Enable PWM0-PORT12 output pwm"
            default n
        endif
    endif
endif
```

其中，BSP_USING_PWM 宏用于控制是否将 PWM 驱动的相关代码添加到工程中；RT_USING_PWM 宏用于控制是否将 PWM 驱动框架的相关代码添加到工程中；BSP_USING_PWM0 宏使用定时器 0 输出 PWM 信号；BSP_USING_PWM0_CH0 和 BSP_USING_PWM0_CH7 宏用于控制使用哪个通道；BSP_USING_PWM0_PORT2 宏及其他类似宏则用于控制使用哪些端口。

2. Scons 配置

在 Libraries\HAL_Drivers\SConscript 文件中，添加了对 PWM 驱动的判断选项，如果定义了 RT_USING_PWM 宏，那么 drv_pwm.c 会被添加到工程的驱动源文件中。

```
if GetDepend('BSP_USING_PWM'):
    src += ['drv_pwm.c']
```

3. 访问 PWM 设备

RTT 提供了用于访问 PWM 设备的完善的 PWM 设备管理接口,相关接口函数如表 10-7 所示。

表 10-7 PWM 设备管理接口函数

序 号	接口函数	功能描述
1	rt_device_find()	根据 PWM 设备名称查找设备并获取设备句柄
2	rt_pwm_set()	设置 PWM 周期和脉冲宽度
3	rt_pwm_enable()	使能 PWM 设备
4	rt_pwm_disable()	关闭 PWM 设备

10.3 实验 10:通过 PWM 控制直流电机

1. 实验目的

(1)理解 PWM 的基本概念及其在电机控制中的应用。

(2)掌握基于 RTT 的 PWM 设备驱动配置及其使用方法。

(3)编写程序,通过 PWM 信号控制直流电机的速度。

2. 实验准备

(1)硬件设备:PSoC62 评估板、Type-C USB 线、直流电机及电机驱动器。

(2)软件环境:RTT Studio IDE 开发环境、RTT 操作系统。

3. 实验步骤

(1)新建项目。在 RTT Studio 中,选择"文件"→"新建 RT-Thread 项目"命令,选择基于 PSoC62 评估板,输入项目名称,如 PSoC62_PWM,然后单击"完成"按钮。

本实验通过配置 PSoC62 评估板的 PWM 来控制直流电机,并通过调整 PWM 方波的占空比来控制直流电机的速度。

(2)软件配置。先选择"RT-Thread Settings"→"硬件"命令,然后选择"芯片设备驱动"→"使能 PWM"→"Enable timer0 output pwm"→"Enable PWM0 channel7"命令,使能 PWM0-PORT5,如图 10-4 所示。

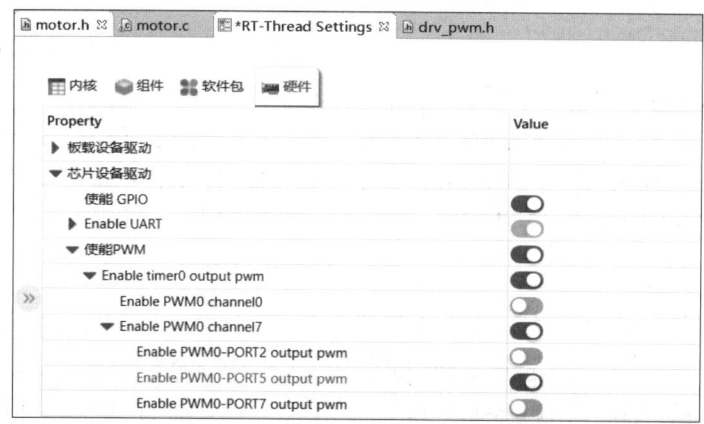

图 10-4 使能 PWM0-PORT5

在 libraries/HAL_Drivers/drv_pwm.h 中查看引脚编号，使用的 PWM 引脚为 P5.6，如图 10-5 所示。

```
43 #ifndef PWM0_CH7_PORT5_CONFIG
44 #define PWM0_CH7_PORT5_CONFIG            \
45     {                                    \
46         .name = "pwm0",                  \
47         .channel = 7,                    \
48         .gpio = GET_PIN(5, 6),           \
49     }
50 #endif /* PWM0_CH7_PORT5_CONFIG */
```

图 10-5　查看引脚编号

（3）硬件连接。将直流电机连接到 L298N 电机驱动器的电机接口，将 PWM0-PORT5 引脚（P5.6）连接到 L298N 电机驱动器的输入接口。

（4）编写程序。在 applications 目录中新建 pwm_sample.c 文件，并在该文件中编写 PWM 控制直流电机的测试程序。

```
#define PWM_DEV_NAME            "pwm0"   /* PWM 设备名称 */
#define PWM_DEV_CHANNEL         7        /* PWM 通道 */
struct rt_device_pwm   *pwm_dev;         /* PWM 设备句柄 */
static int motor(int argc, char *argv[])
{
rt_uint32_t period, pulse, dir;

    period = 500000;        /* 周期为 500000，单位为纳秒（ns） */
    dir = 1;                /* PWM 脉冲宽度值的增减方向 */
    pulse = 0;              /* PWM 脉冲宽度值，单位为纳秒 */
    /* 查找设备 */
    pwm_dev = (struct rt_device_pwm *) rt_device_find(PWM_DEV_NAME);
    if (pwm_dev == RT_NULL)
    {
        rt_kprintf("pwm sample run failed! can't find %s device!\n", PWM_DEV_NAME);
        return RT_ERROR;
    }
    if (argc != 3)
    {
        rt_kprintf("motor set\t<speed> \t - set motor speed\n");
        return RT_ERROR;
    }
    pulse = atoi(argv[2]) * 5000;
rt_kprintf("set motor speed: %s\r\n", argv[2]);
    rt_kprintf("pwm pulse: %d\n", pulse);
    /* 设置 PWM 周期和脉冲宽度默认值 */
    rt_pwm_set(pwm_dev, PWM_DEV_CHANNEL, period, pulse);
    /* 使能设备 */
    rt_pwm_enable(pwm_dev, PWM_DEV_CHANNEL);
    return RT_EOK;
}
/* 导出到 msh 命令列表中 */
MSH_CMD_EXPORT(motor, pwm motor sample);
```

（5）调试与测试。编译程序并将其下载到 PSoC62 评估板后，按下 RESET 键，等待程序运行。在终端上输入速度值（0～100）来控制直流电机的速度。PWM 控制直流电机测试结果如图 10-6 所示。

```
 \ | /
- RT -      Thread Operating System
 / | \      5.0.1 build Nov  2 2024 20:41:02
 2006 - 2022 Copyright by RT-Thread team
msh >motor set 70
set motor speed: 70
pulse: 350000
msh >
```

图 10-6　PWM 控制直流电机测试结果

10.4　本章小结

本章介绍了 PWM（脉冲宽度调制）的概念及其三个重要参数：频率、占空比和分辨率。同时，详细讲解了 PSoC6 微处理器上的 PWM 的组成、工作模式和 PWM 的输入/输出和中断配置。接下来介绍了 RTT 操作系统中的 PWM 驱动层级结构、PWM 在 Kconfig 文件中的配置信息，以及 RTT 提供的 PWM 设备管理接口。最后，通过实验实现了基于 PSoC62 评估板和 RTT 操作系统的 PWM 信号生成，从而控制直流电机的转速。

习题 10

（1）解释 PWM 的工作原理，并说明频率和占空比在其中的作用。

（2）PSoC6 上的 PWM 有哪些特点？请列举至少两个应用场景，并说明如何使用这些功能。

（3）在 RTT 实时操作系统中，配置 PWM 设备需要哪些步骤？请提供一个简单的示例代码，展示如何设置 PWM 频率和占空比。

（4）讨论 PWM 技术在电机控制应用中的重要性。如何使用 PSoC6 的 PWM 功能来控制电机的速度和方向？

第11章
PSoC6 上的 SDIO 应用

11.1 PSoC6 上的 SDIO 简介

11.1.1 SDIO 概述

SD 卡在当前的应用中非常普遍，越来越多的微控制器提供了相应的接口以支持 SD 卡操作。控制器对 SD 卡的操作主要有两种接口，一种是 SPI 接口，另外一种是 SDIO（Secure Digital Input and Output，安全数字输入/输出）接口。SDIO 接口可以连接多媒体卡（MMC）、SD 卡、SDIO 卡等。它是在 SD 卡接口的基础上发展起来的，除了兼容传统的 SD 卡，还可以连接具有 SDIO 接口的设备，如蓝牙、Wi-Fi、GPS 和摄像头等。

（1）SD 卡的结构。

SD 卡的结构包括存储单元、存储单元接口、电源检测单元、卡及接口控制单元和接口驱动器 5 个部分，如图 11-1 所示。存储单元是存储数据的部件，通过存储单元接口与卡及接口控制单元进行数据传输；电源检测单元需要确保 SD 卡在合适的电压下工作，能够检测电源的掉电或上电状态，以控制接口复位；接口控制器主要负责控制 SD 卡的输入/输出。

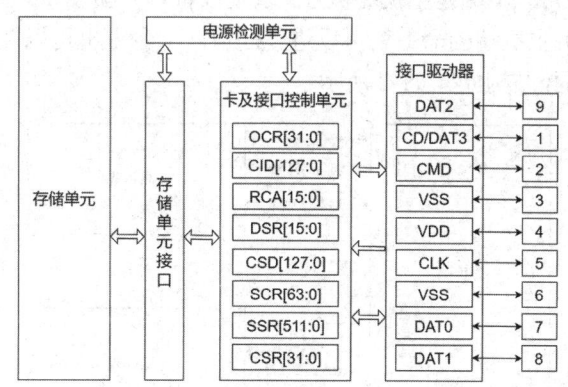

图 11-1　SD 卡的结构图

（2）SD 卡的规格。

目前市场上存在多种类型的存储卡，如 CF 卡、记忆棒、SD 卡、XD 卡、MMC、MS 卡、TF 卡和 MicroSD 卡等，平时常见的有 SD 卡和 MicroSD 卡两种。虽然 SD 卡和 MicroSD 卡的大小不同，但它们的规格和版本完全相同。

不同的 SD 卡具有不同的存储空间和传输速率，用户可以通过卡上的规格来判断出卡的容量、类型和最低传输速率等。

SD 卡按内存容量分为以下几种，如表 11-1 所示。

表 11-1　SD 卡的分类

简　称	全　称	容量大小	SD 版本
SDSC	Standard Capacity SD Memory Card	≤2GB	2.0 版本以上
SDHC	High Capacity SD Memory Card	2GB～32GB	2.0 版本以上
SDXC	Extended Capacity SD Memory Card	32GB～2TB	3.0 版本以上
SDUC	Ultra Capacity SD Memory Card	2TB～128TB	8.0 版本以上

不同的 SD 卡版本支持的总线接口和传输速率如表 11-2 所示。其中，UHS（Ultra High Speed）模式为全新的总线模式，目前有 UHS-Ⅰ、UHS-Ⅱ、UHS-Ⅲ三个等级划分，等级越高，传输速率越高。

表 11-2　不同的 SD 卡版本支持的总线接口和传输速率

SD 卡版本	总线速率	总线接口
2.0	最高速率<25MB/s	支持 4 条 3.3V 数据线的 High Speed 模式
3.0	最高速率<104MB/s	①支持 4 条 3.3V 数据线的 High Speed 模式。 ②支持 4 条 1.8V 数据线的 UHS-Ⅰ模式
6.0	最高速率<6.24Gbit/s per lane	①支持 4 条 3.3V 数据线的 High Speed 模式。 ②支持 4 条 1.8V 数据线的 UHS-Ⅰ模式。 ③支持 UHS-Ⅱ、UHS-Ⅲ不同的接口总线模式
8.0	最高速率<3938MB/s	①支持 4 条 3.3V 数据线的 High Speed 模式。 ②支持 4 条 1.8V 数据线的 UHS-Ⅰ模式。 ③支持 UHS-Ⅱ、UHS-Ⅲ不同的接口总线模式。 ④支持 PCIe Gen 4 2 lanes 不同的接口总线模式

（3）SDIO 接口通信。

SDIO 总线由两端组成，一端是主机端，另一端是设备端。在 SDIO 通信中，通常由主机端发出命令开始，设备端解析主机端的命令就可以进行通信。一台主机可以连接多台具有 SDIO 接口的设备。SDIO 总线的拓扑结构如图 11-2 所示。

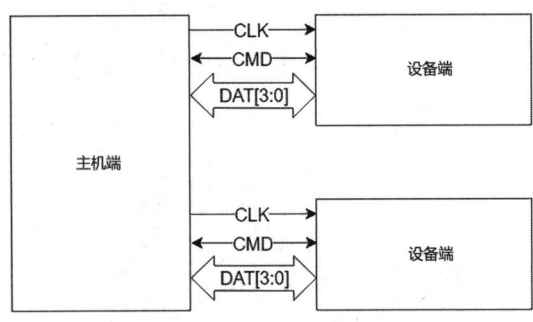

图 11-2　SDIO 总线的拓扑结构

SDIO 接口的信号有三种模式，分别是单线模式、4 线模式和 SPI 模式。该接口使用 9 针接口通信，包括 3 根电源线、1 根时钟线、1 根命令线和 4 根数据线。时钟线（CLK）由 SDIO 主机端产生，命令控制线（CMD）用于主机端发送命令，从而控制 SD 卡。如果命令要求 SD 卡提供应答，那么 SD 卡也通过该线传输应答信息。DAT[3:0]是用于读写数据的数据线，此外还有电源和地信号线（VDD、VSS1 和 VSS2）。SDIO 模式下的 SD 卡和 TF 卡连接示意图如图 11-3 所示。

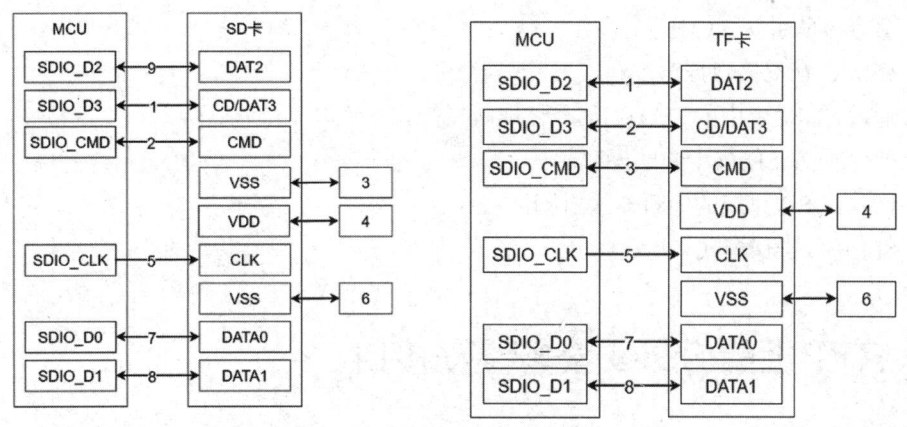

图 11-3　SDIO 模式下的 SD 卡和 TF 卡连接示意图

在使用 SD 卡过程中，首先需要识别卡。在卡识别模式下，主机会复位所有卡，检测操作电压范围，识别卡，并为总线上的每个卡设置相对地址。在卡识别模式下，所有数据通信只使用命令信号线。不同类型的卡的识别过程有所不同，具体细节可以参考 SD 卡规范。

11.1.2　PSoC6 上的 SDIO

PSoC6 具有安全数字主机控制器（SDHC），它允许与基于嵌入式多媒体卡（eMMC）的内存设备、SD 卡和安全数字输入/输出（SDIO）卡进行接口连接，PSoC6 支持所有的 SD、SDIO 和 eMMC接口。此外，还可以与提供 SDIO 接口的设备一起使用，如 Cypress 的 Wi-Fi 产品（CYW43012）。

PSoC6 上的 SDHC 支持的功能特性如下。

（1）符合 eMMC5.1、SD6.0 和 SDIO4.10 标准。

（2）支持由 eMMC 和 SD 共享的主机控制器接口（HCI）4.2。

（3）SD 接口支持 1 位和 4 位总线接口，以及以下速率模式。此处指定的数据速率适用于 4 位总线。

①3.3V 电压：默认速率（在 25MHz 时 12.5MB/s）和高速率（在 50MHz 时 25MB/s）。

②1.8V 电压 UHS-I 模式：SDR12（在 25MHz 时 12.5MB/s）、SDR25（在 50MHz 时 25MB/s）、SDR40（在 80MHz 时 40MB/s）和 DDR40（在 40MHz 时 40MB/s）。

（4）eMMC 接口支持 1 位和 4 位总线接口，以及以下速率模式。此处指定的数据速率适用于 4 位总线。

Legacy（在 26MHz 时 13MB/s）、高速 SDR（在 52MHz 时 26MB/s）和高速 DDR（在 52MHz 时 52MB/s）。

（5）支持三种 DMA 模式：SDMA、ADMA2 和 ADMA3，通过专用的 DMA 引擎实现。

（6）提供 1KB 静态随机存取存储器（SRAM），用于缓存多达两个 512B 的块。

（7）提供用于选择总线接口电压（3.3V/1.8V）及电源使能/禁用的 I/O 接口。

（8）提供卡检测、机械写保护、eMMC 重置和 LED 控制等功能的 I/O 接口。

PSoC6 上的 SDHC 不支持的特性如下。

（1）UHS-Ⅱ模式下的 SD/SDIO 操作。

（2）命令排队引擎（CQE）。

（3）eMMC 在双倍数据速率模式下的引导操作。

（4）通过 SDIO 卡中的 DAT[2]信号读取等待操作。

（5）暂停/恢复 SDIO 卡中的操作。

（6）嵌入式 SD 系统的中断输入引脚。

（7）SPI 协议操作模式。

11.2 RTT 上的 SDIO 设备驱动接口

11.2.1 SDIO 设备驱动接口

在 RTT 实时操作系统中，SDIO 设备驱动接口提供了一种高效且标准化的方法来访问和控制 SD 卡及 SDIO 通信设备。这些接口封装了底层硬件的细节，简化了在应用层上使用 SD 卡和 SDIO 设备的过程，使得开发者可以更加专注于应用逻辑的实现，而无须处理复杂的硬件操作。

在 RTT 中，SDIO 设备驱动的层级结构图如图 11-4 所示。

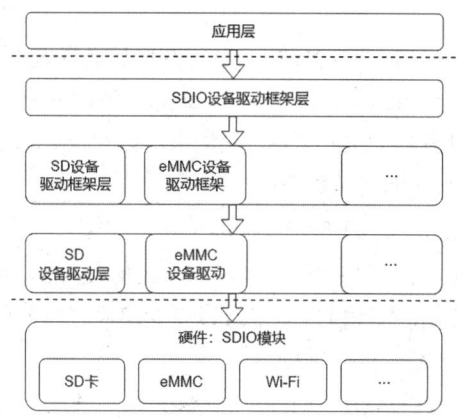

图 11-4　SDIO 设备驱动的层级结构图

（1）应用层通过调用设备驱动框架层的统一接口实现具体的业务逻辑代码，如 Wi-Fi 操作或读写 SD 卡等。

（2）SDIO 设备驱动框架层是指与硬件平台无关的抽象出来的通用软件层。相关源码文件位于 RTT 源码仓库的 components\drivers\sdio 文件夹，其中 mmcsd_core.c 包含 SDIO 的核心代码，负责 SDIO 主机控制器的相关操作。sdio.c 和 mmc.c 分别是对 SDIO 卡与 MMC 的抽象和操作方法实现。此外，在 block_dev.c 对块设备进行了抽象，可以将 SD 卡等设备转换成 RTT 系统支持的块设备，进而挂载到文件系统上。

（3）SDIO 设备驱动层是与硬件平台相关的，负责操作具体的 MCU 的 SDIO 外设。其源码文件被命名为 drv_sdio.c，位于具体的 BSP 目录中。该层实现了 struct rt_mmcsd_host_ops 操作方法，提供了访问和控制 SDIO 硬件的能力。

（4）最下面一层是使用 SDIO 接口的硬件模块，包括 SD 卡、具有 SDIO 接口的设备等。

11.2.2　配置 SDIO 设备

1. Kconfig 配置

SDIO 的 Kconfig 配置信息位于工程根目录中的 board 目录中，在 Kconfig 文件中有如下信息。

```
config BSP_USING_SDMMC
    bool "Enable SDMMC (sd card)"
    default n
    select RT_USING_SDIO
    select RT_USING_DFS
    select RT_USING_DFS_ELMFAT
    if BSP_USING_SDMMC
        config BSP_USING_SDIO1
            bool "Enable SDIO1 (sd card)"
            default n
    endif
```

其中，BSP_USING_SDMMC 宏用于控制是否将 SDIO 设备驱动的相关代码添加到工程中；RT_USING_SDIO 宏用于控制是否将 SDIO 设备驱动框架的相关代码添加到工程中；RT_USING_DFS 宏用于控制 SDIO 使用文件系统；BSP_USING_SDIO1 宏用于控制 SDIO 使用 SDIO1 及使能 SD 卡。

2. Scons 配置

在 Libraries\HAL_Drivers\SConscript 文件中，添加了对 SDIO 设备驱动的判断选项，如果定义了 BSP_USING_SDIO1 宏和 BSP_USING_SDCARD 宏，那么 drv_sdio.c 和 drv_sdcard.c 被添加到工程的驱动源文件中。

```
if GetDepend(['BSP_USING_SDIO1']):
    src += Glob('drv_sdio.c')

if GetDepend(['BSP_USING_SDCARD']):
    src += Glob('drv_sdcard.c')
```

3. 访问 SDIO 设备

在 RTT 驱动中，实现了 SDIO 设备的操作方法后，就可以创建并激活 SDIO 主机。通过调用 SDIO 设备驱动框架提供的 mmcsd_alloc_host() 函数构造一个 SDIO HOST 结构体，并配置相关参数，绑定 SDIO 设备的操作方法，然后通过调用 mmcsd_change() 函数激活 SDIO 主机控制器并触发 mmcsd_detect() 函数进行检测。

在 mmcsd_detect 任务中，实现了对 SD 卡、SDIO 卡、MMC 的初步识别，之后根据识别出的卡片类型调用不同类型卡片驱动文件内的初始化程序，如对于 SD 卡，则调用 sd.c 文件中的 init_sd() 函数。在该函数中，通过调用 mmcsd_sd_init_card() 函数完成 SD 卡的完整识别流程及初始化流程，同步修改 SDIO 外设配置。

在完成 SD 卡初始化后，调用 rt_mmcsd_blk_probe() 函数，将 SD 卡注册为块设备。

11.3 实验 11：PSoC6 上的 SDIO 应用

1．实验目的

（1）理解 SDIO 总线的工作原理和通信机制。

（2）理解 SD 卡的存储结构和命令。

（3）掌握如何使用 PSoC62 的 SDIO 接口读写 SD 卡。

2．实验准备

（1）硬件设备：PSoC62 评估板、Type-C USB 线、SD 卡。

（2）软件环境：RTT Studio IDE 开发环境、RTT 操作系统。

3．实验步骤

（1）创建项目。在 RTT Studio 中选择"文件"→"新建 RT-Thread 项目"命令，选择基于 PSoC62 评估板，输入项目名称，如 PSoC62_SDIO，然后单击"完成"按钮。

本实验将基于 PSoC62 评估板进行 SD 卡驱动配置，识别 SD 卡的分区，并将 SD 卡分区挂载到根目录中，然后读取 SD 卡中的文件目录和文件内容。

（2）硬件连接。将已经使用 FAT32 格式化的 SD 卡插入 PSoC62 评估板背面的 SD 卡插槽中。

（3）软件配置。创建好项目后，通过"RT-Thread Settings"界面配置项目，首先配置 SD 卡硬件设备驱动，如图 11-5 所示。

图 11-5　配置 SD 卡硬件设备驱动

选择"硬件"选项，在"芯片设备驱动"界面使能 SD 卡文件系统，如图 11-6 所示。

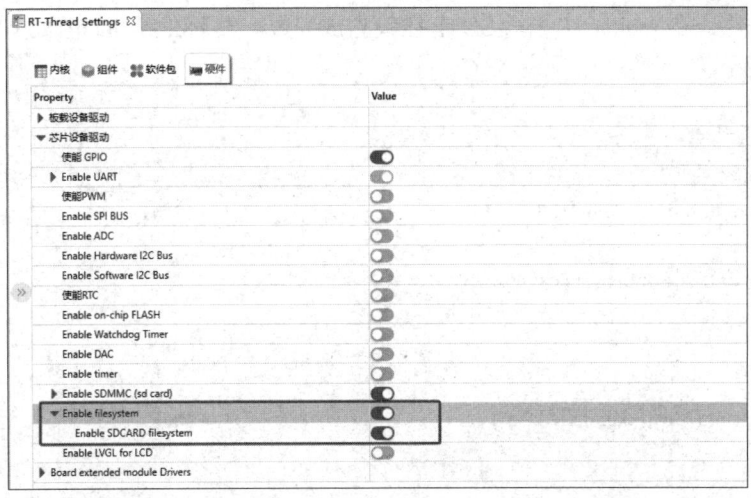

图 11-6　使能 SD 卡文件系统

选择"组件"→"使用 SD/MMC 设备驱动程序"命令，开启 SD/MMC 设备驱动程序，如图 11-7 所示。

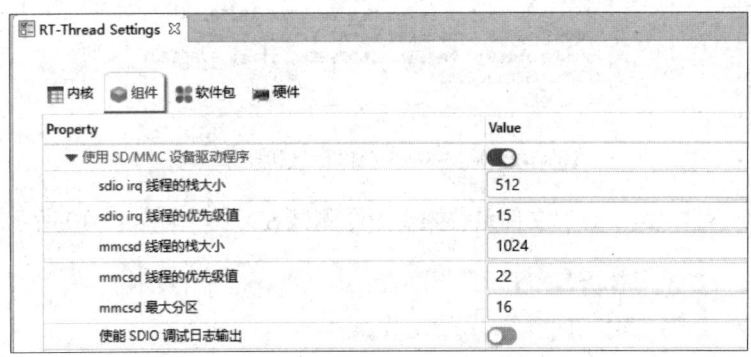

图 11-7　开启 SD/MMC 设备驱动程序

选择"组件"选项，开启 DFS 设备虚拟文件系统，如图 11-8 所示，然后保存配置文件。

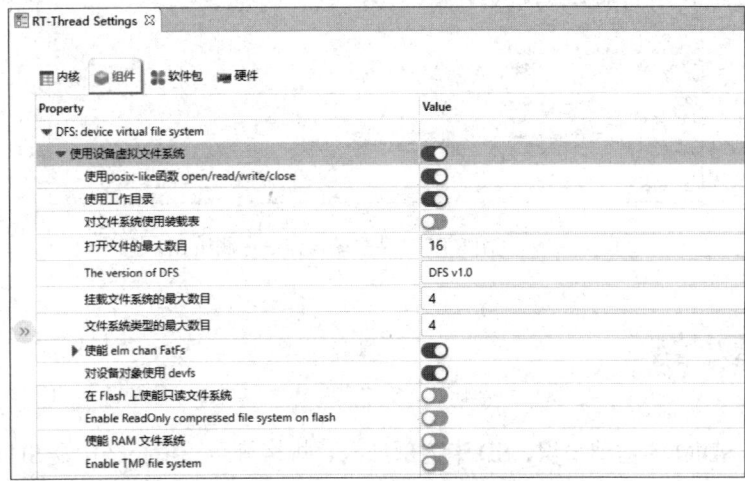

图 11-8　开启 DFS 设备虚拟文件系统

（4）编写程序。在 main.c 中编写 SD 卡挂载测试函数，然后在 main()函数中调用。

```c
void sd_mount(void)
{
    /*格式化 SD 卡*/
    //mkfs("elm","sd0");
    if(dfs_mount("sd0","/","elm",0,0)==0)
    {
        rt_kprintf("dfs mount success\r\n");
    }
    else
    {
        rt_kprintf("dfs mount failed\r\n");
    }
}
```

（5）调试与测试。在断电的情况下插入 SD 卡，编译下载程序后，按下 PSoC62 评估板的 RESET 键，终端输出识别到的分区信息，等待几秒后终端输出 SD 卡挂载成功信息，如图 11-9 所示。

图 11-9　输出 SD 卡分区信息和挂载状态

挂载成功后，可以使用 RTT 文件系统操作命令测试 SD 卡，如图 11-10 所示。

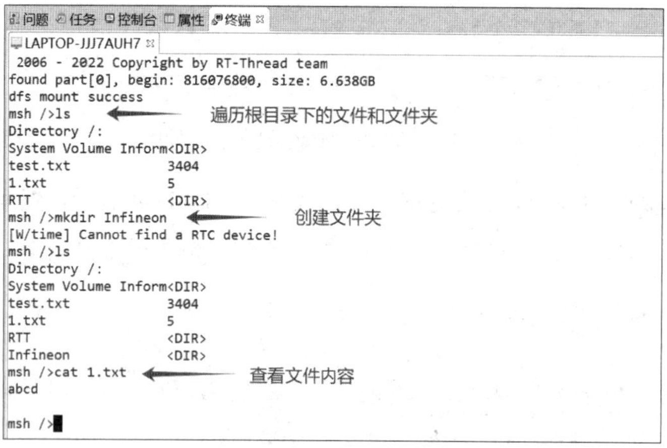

图 11-10　使用 RTT 文件系统操作命令测试 SD 卡

11.4　本章小结

本章介绍了 SDIO 的基础知识、SD 卡内部结构、规格等级、拓扑结构及 SDIO 模式下 SD 卡和 TF 卡与微控制器的接线方式。同时介绍了 PSoC6 微处理器上的 SDIO 接口控制器的功能特性。接下来介绍了 RTT 操作系统的 SDIO 设备驱动层级结构、SDIO 在 Kconfig 文件中的配置信息，以及 RTT 提供的访问 SD 卡的基本流程。通过实验，实现了基于 PSoC62 评估板和 RTT 操作系统的 SD 卡挂载和文件系统相关命令操作。本章的内容为需要大容量数据存储和文件系统支持的嵌入式系统应用开发奠定了基础。

习题 11

（1）解释 SDIO 的工作原理及其在嵌入式系统中的应用场景。

（2）描述 PSoC6 上 SDIO 接口的配置步骤，包括如何设置 SDIO 以支持高速数据传输。

（3）在 RTT 实时操作系统中，SDIO 设备的配置和使用涉及哪些关键步骤？请提供一个示例代码，展示如何读写 SDIO 设备。

（4）讨论 SDIO 与 SPI 接口在连接 SD 卡时的优缺点。为什么某些应用可能选择使用 SDIO 而不是 SPI？

第 12 章
PSoC6 上的 CapSense 应用

12.1　PSoC6 上的 CapSense 简介

12.1.1　CapSense 的基本原理

　　电容式触摸感应技术在移动电话、个人计算机、消费类电子产品和汽车等产品中已广泛应用。英飞凌自 2013 年开始就提供 CapSense 技术的电容触控技术解决方案。

　　CapSense 是一种用于触摸式按键、触摸式滑动条（Slider）和触摸式平板（Touchpad）的触摸感应技术。CapSense 技术的工作原理是，当手指靠近专门构建的触摸表面时，电容将发生变化。触摸传感器使用自电容和互电容两种不同的方法来检测变化，并通过放大、滤波等信号处理手段将其准确捕获。电路板上两块相邻的覆铜之间存在一个固有的寄生电容，当手指（或其他导体）靠近时，手指和两块覆铜之间又产生新的电容，这些电容并联后，将其中一块覆铜连接到 PSoC 处理器的模拟 I/O 接口，另一块接地。这样就可以通过测量电容的变化来判断触摸动作。这种变化可以通过以下几个步骤进行检测和处理。

　　（1）电容测量。CapSense 技术使用专用的电容测量单元来检测电容的微小变化。这些单元具有极高的灵敏度，能够精确测量与触摸相关的电容变化，即使在水或灰尘的环境下也能稳定工作。

　　（2）信号处理。测量到的电容变化信号经过滤波和放大处理后，由微控制器内的数字信号处理器分析。这个过程包括去噪声处理和阈值判断，以确保触摸信号的准确性和稳定性。

　　（3）触摸识别。系统通过预设的阈值来判断是否发生触摸事件。一旦检测到电容变化超过这个阈值，系统就会认为发生了触摸，并生成相应的触摸事件。

　　除了简单的触摸按钮，CapSense 还能实现滑动条、旋钮及更复杂的触摸屏功能。这些功能通过分析不同区域的电容变化模式来实现，从而支持更丰富的用户交互方式。

　　CapSense 技术的应用不仅仅局限于传统的平面或弧面控制面板，其灵活的设计还可以应用于曲面或不规则形状的触摸界面。这种技术的集成使得 PSoC6 非常适合需要复杂用户交互的嵌入式应用，如可穿戴设备、智能家电和互动式公共信息显示屏等。通过这种高级的触摸技术，开发者可以为用户带来更直观、响应更迅速的使用体验。

12.1.2　PSoC6 上的 CapSense

　　在 PSoC6 系列中，CapSense 技术具有行业领先的低功耗运行特征，平均电流为 22μA，同时具有很大的电压范围（1.71～5.5V）。CapSense 技术包括 CSD 感应算法，该算法使用开关电容技术进行电容感应，并通过 Delta-Sigma 调制器将感应电流转换为数字信号，具有高灵敏度和优异的抗噪性能。

PSoC6 中的 CapSense 技术具有以下特性。

（1）支持自电容和互电容触摸感应。

（2）提供强大的自电容 CSD 感应和互电容 CapSense Crosspoint（CSX）扫描支持，接近感应的范围大（可达 30 cm），提供一流的信噪比。

（3）在覆盖材料和厚度不同的条件下，仍能提供高性能的感应能力。

（4）集成 SmartSense 自动调谐技术。

（5）采用伪随机序列（PRS）时钟源，支持扩频技术和可编程电阻开关，有效降低电磁干扰。

（6）具备低功耗特性，工作电压低至 1.7V，在休眠模式时，电流消耗低至 150nA。

在 CSD 中，每个 GPIO 都有一个开关电容电路，可以将电容转换为等效电流。通过模拟多路复用器（AMUX），选择一个传感器电流并将其馈入电容/数字转换器，类似 Delta-Sigma 型 ADC。电容/数字转换器的输出计数（称为原始计数）与电极之间的自电容成正比。然后经过固件处理后，输出触摸状态值。CSD 方法的功能框图如图 12-1 所示。

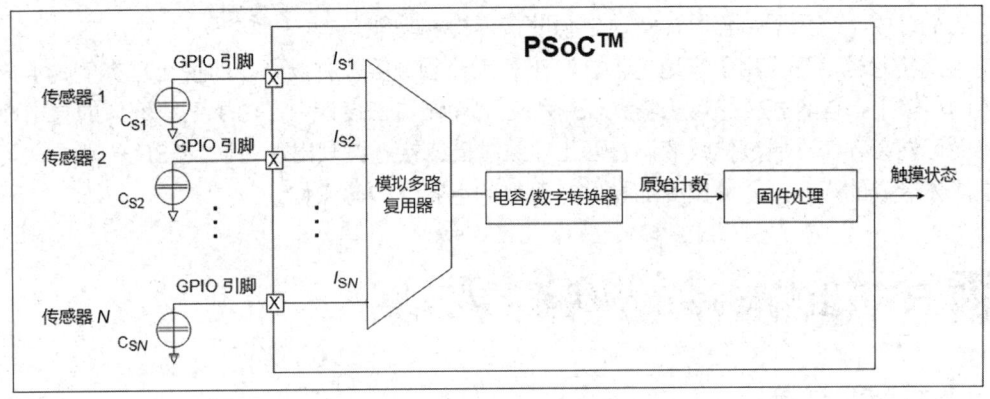

图 12-1　CSD 方法的功能框图

CapSense 控件由一个或多个传感器组成，这些传感器作为一个单元来代表某种用户界面，可以分为按键、滑动条、触摸板和接近传感器。

1．按键

按键是最简单的 CapSense 控件类型，由单个传感器组成。它具有活动（ON）或非活动（OFF）两种状态。对于自电容 CSD 感应方法，一个按键由一个圆形铜片组成，该铜片连接到带有 PCB 轨迹的 PSoC 的 GPIO 引脚上，按键周围有接地的铜罩，将其与其他按键和轨迹隔离。每个按键都需要一个 GPIO 引脚，这些按键可以由非导电基板上的任何导电材料构造。例如，玻璃基板上的氧化铟锡或非导电膜上的银墨，甚至金属弹簧，都可以作为按键材料。

矩阵按键设计采用两组电容传感器——行传感器和列传感器。矩阵按键可用于自电容和互电容方法。在 CSD 模式下，每个按键由一个行传感器和一个列传感器组成，当按键被触摸后，该按键的行传感器和列传感器都会被激活。

2．滑动条

滑动条用于需要渐进式增量或减量的应用场合，如灯光控制（调光器）、音量控制、均衡器和速度控制。滑动条由称为"段"的一维电容传感器阵列组成，这些段彼此相邻放置。触摸某一个段时，也会部分激活相邻的段。固件从触摸的段和邻近的段中处理原始数据，以计算手指触摸的几何中心的位置，该位置为重心位置。计算出的重心位置的实际分辨率远高于滑动条中的段数。例如，具有 5 个段的滑动条至少可以分辨 100 个物理手指位置，这种高分辨率使得手指在滑动条上滑动时，重心位置能够实现平滑过渡。

3．触摸板

触摸板（又称触控板）由两个以 X 方向和 Y 方向排列的线性滑动条组成，使其能够在 X 方向和 Y 方向上定位手指的位置。触摸板也可以使用 CSD 或 CSX 感测方法进行感应测量。由于 CSD 触摸板会受到重影触摸的影响，因此它只支持单点触摸应用。

4．接近传感器

接近传感器能够检测出传感器周围三维空间内是否有手的存在，该功能类似于按键的状态检测。接近感应可以检测距离为几厘米至几十厘米范围内的手，具体距离取决于传感器的结构。推荐在接近传感应用中使用自电容感应方法。此外，还可以通过将多个传感器组合在一起，利用固件将它们组合成一个大型传感器，实现更强的接近检测功能。

电容式传感器广泛应用于家用电器、汽车和工业领域等多种场景。即使在有雾气、水分或其他液体的环境中，电容式传感器仍需要保持稳定的操作。在设计中，由于某些液体的导电性，传感器表面可能会存在一层液体或液滴，因此导致触摸或接近检测出现错误。CSD 传感方法可以补偿这些液体造成的影响，并提供更加稳健、可靠的电容式传感操作。

12.2 RTT 上的 Slider 板级扩展驱动

12.2.1 扩展驱动接口

RTT 提供了一个简单的触摸滑动条应用示例，用户只需在 RTT Studio 中勾选相应配置，即可快速体验 CapSense 功能。

在该示例中，创建了一个名为 Slider 的应用线程。在线程函数 Slider_thread_entry()中，首先进行了 Slider 初始化工作，包括捕获 CSD 硬件单元并将其初始化到默认状态、初始化 CapSense 中断、初始化 CapSense 固件库和设置回调函数。初始化完成后，系统会进行第一次扫描，然后进入滑动条应用线程任务中，实现通过触摸滑动条来调节 LED 的亮度。

1．初始化函数

```
static uint32_t initialize_capsense(void)
{
    uint32_t status = CYRET_SUCCESS;
    /* CapSense interrupt configuration parameters */
    static const cy_stc_sysint_t capSense_intr_config = { .intrSrc = csd_interrupt_IRQn, .intrPriority =
    CAPSENSE_INTR_PRIORITY, };
    /* Capture the CSD HW block and initialize it to the default state. */
    status = Cy_CapSense_Init(&cy_capsense_context);
    if (CYRET_SUCCESS != status)
    {
```

```
        return status;
    }
    /* Initialize CapSense interrupt */
    cyhal_system_set_isr(csd_interrupt_IRQn,        csd_interrupt_IRQn,        CAPSENSE_INTR_PRIORITY,
&capsense_isr);
    NVIC_ClearPendingIRQ(capSense_intr_config.intrSrc);
    NVIC_EnableIRQ(capSense_intr_config.intrSrc);
    /* Initialize the CapSense firmware modules. */
    status = Cy_CapSense_Enable(&cy_capsense_context);
    if (CYRET_SUCCESS != status)
    {
        return status;
    }
    /* Assign a callback function to indicate end of CapSense scan. */
    status = Cy_CapSense_RegisterCallback(CY_CAPSENSE_END_OF_SCAN_E,
                                          capsense_callback, &cy_capsense_context);
    if (CYRET_SUCCESS != status)
    {
        return status;
    }
    return status;
}
```

2. 线程入口函数

```
static void Slider_thread_entry(void *parameter)
{
    Slider_Init();
    for (;;)
    {
        rt_sem_take(trans_done_semphr, RT_WAITING_FOREVER);
        /* Process all widgets */
        Cy_CapSense_ProcessAllWidgets(&cy_capsense_context);
        /* Process touch input */
        process_touch();
        /* Establishes synchronized operation between the CapSense
         * middleware and the CapSense Tuner tool.    */
        Cy_CapSense_RunTuner(&cy_capsense_context);
        /* Initiate next scan */
        Cy_CapSense_ScanAllWidgets(&cy_capsense_context);
        rt_thread_mdelay(10);
    }
}
```

12.2.2　配置 Slider

1. Kconfig 配置

Slider 的 Kconfig 配置信息位于工程根目录中的 board 目录中，在 Kconfig 文件中有如下信息。

```
menu "Board extended module Drivers"
    config BSP_USING_SLIDER
    bool "Enable Slider"
    default n
    if BSP_USING_SLIDER
        config BSP_USING_SLIDER_SAMPLE
        bool "Enable Slider Demo"
        select BSP_USING_PWM
        select BSP_USING_PWM0
        select BSP_USING_PWM0_CH0
        select BSP_USING_PWM0_PORT0
        default n
    endif
endmenu
```

其中，BSP_USING_SLIDER 宏用于控制是否将 Slider 驱动的相关代码添加到工程中；BSP_USING_SLIDER_SAMPLE 宏用于控制 Slider 应用示例是否被添加到工程中。

因为 RTT 中提供的 Slider 示例程序使用了 PWM 功能来控制 LED 的亮度变化，所以需要添加 PWM 选项。

2. Scons 配置

在 libraries\IFX_PSOC6_HAL\SConscript 文件中，添加了用于判断 Slider 驱动的判断选项。如果定义了 BSP_USING_SLIDER 宏，那么位于 libraries\IFX_PSOC6_HAL\capsense 目录中的与 Capsense 相关的驱动文件将被添加到工程的驱动源文件中。

```
if GetDepend(['BSP_USING_SLIDER']):
    src += ['capsense/cy_capsense_control.c']
    src += ['capsense/cy_capsense_sensing.c']
    src += ['capsense/cy_capsense_sensing_v2.c']
    src += ['capsense/cy_capsense_csx_v2.c']
    src += ['capsense/cy_capsense_csd_v2.c']
    src += ['capsense/cy_capsense_processing.c']
    src += ['capsense/cy_capsense_tuner.c']
    src += ['capsense/cy_capsense_structure.c']
    src += ['capsense/cy_capsense_centroid.c']
    src += ['capsense/cy_capsense_filter.c']
    src += ['mtb-pdl-cat1/drivers/source/cy_csd.c']
    if rtconfig.PLATFORM in ['armclang']:
        src += ['lib/cy_capsense.lib']
```

12.3　实验 12：PSoC6 上的 CapSense 实验

1. 实验目的

（1）了解电容式触摸感应的原理。

（2）掌握如何基于 PSoC6 和 RTT 配置及使用 CapSense 功能。

（3）编写程序，实现通过触摸滑动条控制 LED 的亮度。

2．实验准备

（1）硬件设备：PSoC62 评估板、Type-C USB 线。

（2）软件环境：RTT Studio IDE 开发环境、RTT 操作系统。

3．实验步骤

（1）创建项目。在 RTT Studio 中，选择"文件"→"新建 RT-Thread 项目"命令，选择基于 PSoC62 评估板，输入项目名称，如 PSoC62_Slider，然后单击"完成"按钮。

本实验通过配置 PSoC62 评估板的 Slider 和软件 I2C，使用滑动条控制 LED 的亮度，并将 LED 的亮度显示到 OLED 屏上，该实验还使用了邮箱功能实现线程间通信。

（2）软件配置。选择"RT-Thread Settings"→"硬件"命令，在"Board extended module Drivers"界面使能 Slider 和 Slider Demo，如图 12-2 所示。

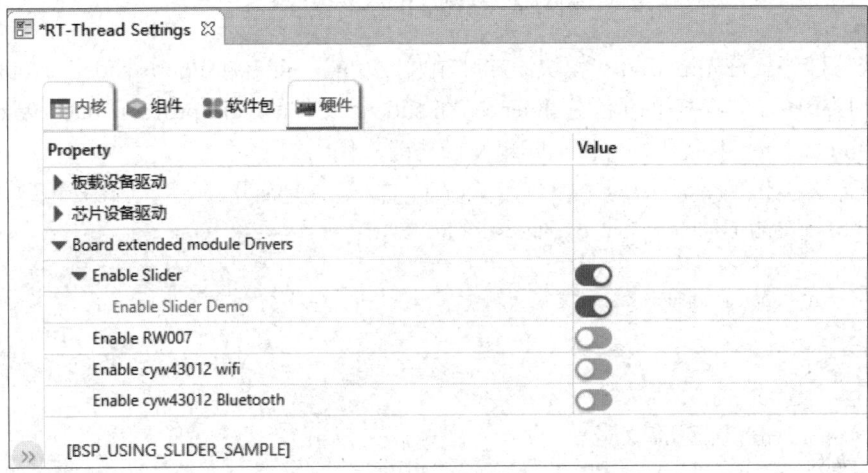

图 12-2　使能 Slider 和 Slider Demo

选择"RT-Thread Settings"→"硬件"→"芯片设备驱动"命令，配置 I2C1，如图 12-3 所示。

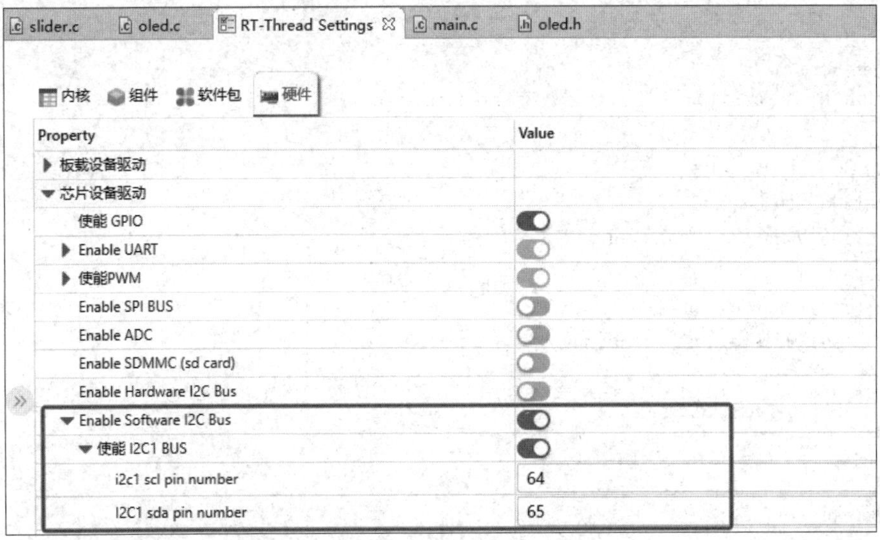

图 12-3　配置 I2C1

选择"RT-Thread Settings"→"软件包"命令，配置 ssd1306 软件包，如图 12-4 所示。

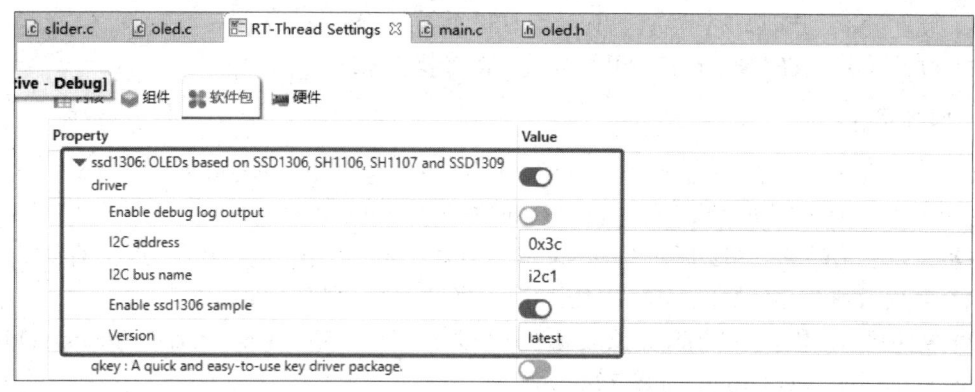

图 12-4 配置 ssd1306 软件包

（3）编写程序。首先给 Slider 模块添加邮箱发送功能，将 board/ports/slider_sample.c 移动到 applications 目录中，并将其重命名为 slider.c。在 slider.c 文件的 void process_touch(void)函数中，找到 if (led_update_req){}代码块并添加邮箱发送功能，代码如下。

```
Led_brightness = 100 - GET_DUTY_CYCLE(led_data.brightness) / 10000;
if (rt_mb_send(&mb_brightness, Led_brightness) == RT_EOK)
{
      rt_kprintf("mail send success....\n");
}
else
{
      rt_kprintf("mail send failed....\n");
}
```

在 applications 目录中新建 oled.c 和 oled.h，实现 OLED 显示功能，代码如下。

```
#include   <oled.h>
void   show_brightness(int brightness)
{
     char buff[64];
     snprintf(buff, sizeof(buff), "LED:%d %%%%", brightness);

     ssd1306_Fill(Black);
     ssd1306_SetCursor(15, 35);
     ssd1306_WriteString(buff, Font_11x18, White);

     for (int i = 0; i < 16; ++i) {
          ssd1306_Line(14, i, 14+brightness, i, White);
     }
     ssd1306_UpdateScreen();
}

void oled_init(void)
{
     ssd1306_Init();
```

```
        show_brightness(0);
}
```

在 main.c 文件中创建邮箱、Slider 和 OLED 屏的线程，添加如下代码。

```
#define THREAD_PRIORITY         26
#define THREAD_STACK_SIZE      1024
#define THREAD_TIMESLICE        10
extern struct rt_mailbox mb_brightness;
static int mb_pool[128];
static rt_thread_t ssd_thread = RT_NULL;
rt_uint32_t brightness;

int static_mailbox_init()
{
    rt_err_t result;

    result = rt_mb_init(&mb_brightness, "mb_brightness", &mb_pool[0], sizeof(mb_pool) / 4,
                        RT_IPC_FLAG_PRIO);
    if (result != RT_EOK)
    {
        rt_kprintf("init mailbox failed.\n");
        return -1;
    }
    rt_kprintf("init mailbox success.\n");
    return 0;
}

static void oled_thread_entry(void *parameter)
{
    while (1)
    {
        if (rt_mb_recv(&mb_brightness, &brightness, RT_WAITING_FOREVER) == RT_EOK)
        {
            rt_kprintf("recv brightness success,brightness: %d\n", brightness);
            show_brightness(brightness);
        }
        rt_thread_mdelay(5);
    }
}

int oled_thread_init()
{
    ssd_thread = rt_thread_create("oled_t", oled_thread_entry, RT_NULL,
                        THREAD_STACK_SIZE, THREAD_PRIORITY,
    THREAD_TIMESLICE);
    if (ssd_thread != RT_NULL)
    {
        rt_thread_startup(ssd_thread);
    }
```

```
    else
    {
        return -RT_ENOMEM;
    }
}
```

在 main() 中添加如下代码。

```
static_mailbox_init();
oled_thread_init();
slider_thread_init();
oled_init();
```

（4）调试与测试。编译并下载程序后，按下 RESET 键，用手指在 CapSense 滑动条上滑动，LED0 的亮度随手指的滑动而变化，同时 OLED 屏上的亮度值也随之改变。滑动条功能测试结果如图 12-5 所示。

图 12-5　滑动条功能测试结果

12.4　本章小结

本章介绍了 CapSense 技术的原理和检测步骤，详细讲解了 PSoC6 上的 CapSense 功能，包括 CSD 和 CSX 方式，以及 4 种交互模式，包括按键、滑动条、触摸板和接近传感器。分析了 RTT 提供的 CapSense 的驱动接口、初始化流程，以及如何配置 Slider 的编译选项。通过滑动条实验，成功实现了通过触摸滑动条控制 LED 亮度，并在 OLED 屏上显示相应的亮度值。

习题 12

（1）描述 CapSense 技术的工作原理及其在嵌入式系统中的常见应用。
（2）解释 PSoC6 上 CapSense 功能的特点和优势。
（3）在 RTT 操作系统中开发 CapSense 相关应用时，需要注意哪些关键步骤和配置？
（4）探讨 CapSense 技术在提升用户交互体验方面的潜力及其可能面临的挑战。

第 13 章
基于 PSoC6 的 Wi-Fi 和蓝牙应用

13.1 基于 PSoC6 的 Wi-Fi 和蓝牙简介

在现代嵌入式系统设计中，无线通信技术的重要性不断提升，特别是在物联网和智能设备快速发展的背景下。Wi-Fi 和蓝牙（Bluetooth）技术作为目前最普遍的无线通信方式，已被广泛集成到各类设备中，支持从简单的数据传输到复杂的控制任务。PSoC6 通过集成 Wi-Fi 和蓝牙适配器，不仅为设备提供了稳定的无线连接能力，还简化了物联网应用的开发，使设备能够轻松接入互联网，并进行数据通信和智能互操作。

13.1.1　Wi-Fi

Wi-Fi 是一种基于 IEEE 802.11 标准的无线局域网通信技术，能够将可连接的设备以无线方式进行互联，它使设备可以连接到路由器，从而访问局域网或互联网。

Wi-Fi 利用无线电波进行通信，通常在 2.4GHz 和 5GHz 频段上运行。Wi-Fi 遵循 IEEE 802.11 标准，该标准定义了无线网络的通信协议和数据传输方法。一个 Wi-Fi 网络通常包括一个或多个无线接入点（Access Point，AP），这些接入点允许无线终端设备连接到 Wi-Fi 网络。Wi-Fi 相关的基本术语有以下几个。

（1）WLAN。WLAN（Wireless Local Area Network，无线局域网）是指不需要网线，可以通过无线方式发送和接收数据的局域网。

（2）AP。AP 是 WLAN 中的核心设备，主要用于和有线以太网进行连接，接入互联网，并发射无线信号。在一定范围内，其他设备可以通过无线网卡接收来自 AP 的信号。

（3）SSID。SSID（Service Set Identifier，服务集标识）可以将一个 WLAN 分为几个需要不同身份验证的子网络，每个子网络都需要独立的身份验证，只有通过身份验证的用户才可以进入相应的子网，防止未被授权的用户进入本网络。也可以理解为 SSID 是给自己的无线网络取的名字。

（4）RSSI。RSSI（Received Signal Strength Indication，接收信号强度指示）表示无线发送层的可选部分，用来判定信号连接质量，以及是否增强广播发送强度。

（5）WPS。WPS（Wi-Fi Protected Setup，Wi-Fi 保护设置）是由 Wi-Fi 联盟组织实施的可选认证项目，主要致力于简化无线网络设置及无线网络加密工作。通常，用户在新建一个无线网络时，为保证安全，会对无线网络名称和无线加密方式进行设置，如隐藏 SSID 或设置无线网络连接密码。而 WPS 可以实现客户端用户自动配置网络名称及无线加密密钥。

Wi-Fi 技术支持从 Mbit/s 到 Gbit/s 级别的数据速率，具体速率取决于采用的 Wi-Fi 标准（如

IEEE 802.11n、IEEE 802.11ac、IEEE 802.11ax 等）。随着 IEEE 802.11ax 标准的发布，新的 Wi-Fi 标准名称被定义为 Wi-Fi6，即 IEEE 802.11ax 为第六代 Wi-Fi 标准。而之前的 IEEE 802.11a/b/g/n/ac 依次追加为 Wi-Fi1/2/3/4/5。2.4GHz 频段支持 IEEE 802.11b/g/n/ax 标准，5GHz 频段支持 IEEE 802.11a/n/ac/ax 标准，IEEE 802.11n/ax 则可以同时工作在 2.4GHz 和 5GHz 频段，所以这两个标准兼容双频工作。第七代 Wi-Fi 支持的速率可达 30Gbit/s，工作在 6GHz 频段。不同 Wi-Fi 标准的工作频段和最高速率如表 13-1 所示。

表 13-1　不同 Wi-Fi 标准的工作频段和最高速率

Wi-Fi 版本	Wi-Fi 标准	发布时间	最高速率	工作频段
Wi-Fi7	IEEE 802.11be	2022 年	30Gbit/s	2.4GHz、5GHz、6GHz
Wi-Fi6	IEEE 802.11ax	2019 年	11Gbit/s	2.4GHz 或 5GHz
Wi-Fi5	IEEE 802.11ac	2014 年	1Gbit/s	5GHz
Wi-Fi4	IEEE 802.11n	2009 年	600Mbit/s	2.4GHz 或 5GHz
Wi-Fi3	IEEE 802.11g	2003 年	54Mbit/s	2.4GHz
Wi-Fi2	IEEE 802.11b	1999 年	11Mbit/s	2.4GHz
Wi-Fi1	IEEE 802.11a	1999 年	54Mbit/s	5GHz
Wi-Fi0	IEEE 802.11	1997 年	2Mbit/s	2.4GHz

13.1.2　蓝牙

蓝牙是一种短距离无线通信技术，工作在 2.4GHz 的工业、科学和医学频段，使用跳频扩频（FHSS）技术进行数据传输。通过蓝牙进行数据传输，其有效传输距离在 10cm～10m 范围内，增加发射功率后，传输距离可达到 100m 甚至更远。收发器的工作频率为 2.45GHz，覆盖范围是相隔 1MHz 的 79 个通道（从 2.402GHz 到 2.480GHz）。

蓝牙技术自推出以来，经历了多个版本的更新。目前，蓝牙技术的最新版本是 V6.0，其主要新特性包括信道探测和链路层功能集扩展。信道探测利用相位测距和往返时间测量技术，实现了厘米级的定位精度，广泛应用于物联网、智能家居和汽车数字钥匙等领域。它提高了测距的抗干扰能力和安全性。链路层功能集扩展增强了蓝牙低功耗（BLE）链路层的功能，允许设备间传递更多关于链路层能力的信息，从而优化连接设置、提升性能和互操作性。蓝牙技术的历史版本及主要特性参数如表 13-2 所示。

表 13-2　蓝牙技术的历史版本及主要特性参数

蓝牙版本	发布时间	最高传输速率	传输距离
V1.0	1998 年	723.1kbit/s	10m
V1.1	2000 年	810kbit/s	10m
V1.2	2003 年	1Mbit/s	10m
V2.0+EDR	2004 年	2.1Mbit/s	10m
V2.1+EDR	2007 年	3Mbit/s	10m
V3.0+HS	2009 年	24Mbit/s	10m
V4.0	2010 年	24Mbit/s	50m
V4.1	2013 年	24Mbit/s	50m
V4.2	2014 年	24Mbit/s	50m

续表

蓝牙版本	发布时间	最高传输速率	传输距离
V5.0	2016 年	48Mbit/s	300m
V5.1	2019 年	48Mbit/s	300m
V5.2	2020 年	48Mbit/s	300m
V5.3	2021 年	48Mbit/s	300m
V5.4	2023 年	48Mbit/s	300m

在 V4.0 版本之前，蓝牙属于经典蓝牙。从 V4.0 版本开始，出现了低功耗蓝牙，与经典蓝牙的显著区别就是功耗更低。第一代蓝牙使用的 BR（Basic Rate）技术，理论传输速率较低；第二代蓝牙新增了 EDR（Enhanced Data Rate）技术，使蓝牙传输速率达到 3Mbit；第三代蓝牙引入了 AMP（Generic Alternate MAC/PHY）技术，这是一种全新的交替射频技术，支持动态地选择正确射频，传输速率高达 24Mbit/s；第四代蓝牙的核心特性是低功耗，采用了 BLE 技术；第五代蓝牙则在低功耗模式下具备更远、更快的传输能力，其蓝牙协议包括 BR 和 LE（Low Energy）两种技术，这两种技术都包括搜索管理、连接管理等机制，但它们是不能互通的。

其中，V5.3 版本在传输效率、安全性、稳定性等方面有很大提升。V5.3 版本解决了低功耗、低传输速率的问题，使蓝牙能够应用在血糖仪等医疗设备上。它提高了加密密钥长度控制，更加安全，同时提高了广播稳定性，可以利用广播时间做更多的事情。V5.4 版本在传输速率、传输距离和功耗方面进一步优化和提升，而且新增了更高质量的音频传输，为用户提供了更高效、更稳定的蓝牙连接体验。

一般蓝牙芯片与主控芯片通过 UART、USB、SDIO、I2S 等接口进行连接通信。蓝牙系统的主要组成部分包括无线射频单元、基带或链路控制单元、链路管理单元和蓝牙软件协议实现。无线射频单元负责数据和语音的发送和接收；基带或链路控制单元负责进行射频信号与数字或语音信号的相互转化，实现基带协议和其他的底层连接协议；链路管理单元则负责管理蓝牙设备之间的通信，实现链路的建立、验证和配置等操作；蓝牙软件协议包括传输协议、中介协议和应用协议，其中应用协议是指蓝牙软件协议栈之上的应用软件和所涉及的协议。蓝牙软件协议栈中的数据传输过程如图 13-1 所示。

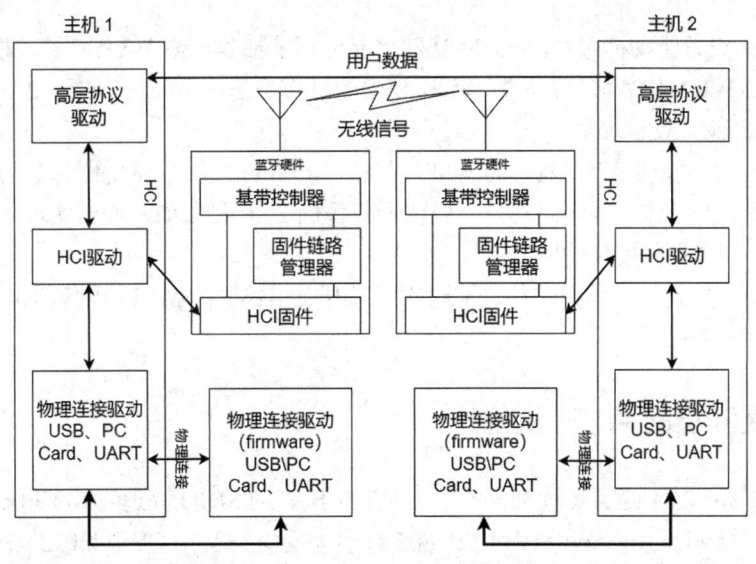

图 13-1　蓝牙软件协议栈中的数据传输过程

13.2 RTT 上的 Wi-Fi 和蓝牙设备驱动接口

13.2.1　Wi-Fi 设备驱动接口

RTT 对 WLAN 设备的基本功能进行了抽象，并开发了 WLAN 设备驱动框架，这套框架具备控制和管理 Wi-Fi 设备的功能。WLAN 框架主要由三部分组成：应用层、WLAN 框架层和 Wi-Fi 设备层。应用层主要是开发者根据不同的需求编写的业务代码；WLAN 框架层包括 WLAN 管理框架、WLAN 设备驱动框架和 WLAN 设备驱动，是 WLAN 框架的核心部分；最下面一层是具体的硬件设备，如不同的 Wi-Fi 模块或无线芯片等。WLAN 框架的层级结构图如图 13-2 所示。

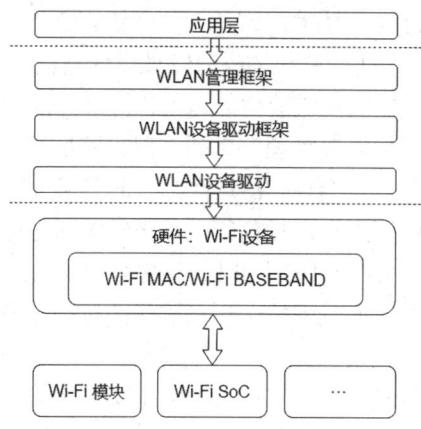

图 13-2　WLAN 框架的层级结构图

（1）应用层通过调用 WLAN 框架层的接口进一步管理 Wi-Fi 设备，如连接、断开和获取 Wi-Fi 设备的基本信息。

（2）WLAN 管理框架包括两部分，分别是 WLAN 管理框架部分和 WLAN 私有工作队列部分，该框架用于实现复杂的 WLAN 逻辑功能。WLAN 管理框架的源码位于 components\drivers\wlan 文件夹中。

（3）WLAN 设备驱动框架对 WLAN 基础功能进行了抽象，为 WLAN 管理框架提供 WLAN 的基础命令，为 WLAN 设备驱动提供 Wi-Fi 设备的操作方法（struct rt_wlan_dev_ops）及设备注册接口（rt_wlan_dev_register）。

（4）WLAN 设备驱动是针对具体的 Wi-Fi 设备（如 Wi-Fi 模块）开发的驱动，用以完成 WLAN 设备驱动框架规定的操作。其源码文件一般位于具体的 BSP 目录中，用于实现 WLAN 设备的操作方法，提供访问和控制硬件的能力。

（5）最下面一层就是具体的硬件，不同的厂商开发出不同的 Wi-Fi 设备，也会提供不同的驱动文件或库文件。

13.2.2　配置和访问 Wi-Fi 设备

CYW43012 for RTT 是英飞凌推出的基于 Wi-Fi SoC 的 SDIO 高速 Wi-Fi 和蓝牙二合一模块，支持双频（2.4GHz 和 5GHz）Wi-Fi4（IEEE 802.11n）和蓝牙 V5.4。CYW43012 采用低功耗架构，非常适合用于电池供电的应用场景。CYW43012 支持 256-QAM（适用于 5GHz 频段的 20MHz 通

道），支持 IEEE 802.11ac 接入点，数据速率最高可达 78Mbit/s。此外，CYW43012 2.4GHz 和 5GHz 频段均内置片上功率放大器和低噪声放大器。

1. Kconfig 配置

在基于 PSoC62 评估板建立 Wi-Fi 示例项目时，在工程的 board 目录中的 Kconfig 文件中包含了平台硬件驱动的配置项。

```
config BSP_USING_CYW43012_WIFI
bool "Enable cyw43012 wifi"
select PKG_USING_WLAN_CYW43012
default n
```

2. Scons 配置

在工程的 board 目录中的 SConscript 文件中，根据平台硬件驱动配置选项，判定是否将相应驱动文件添加到工程中。

```
if GetDepend(['BSP_USING_CYW43012_WIFI']):
    src += Glob('ports/drv_cyw43012.c')

if GetDepend(['BSP_USING_CYW43012_WIFI']):
    CPPDEFINES += [
        "COMPONENT_WIFI_INTERFACE_SDIO",
        "CYBSP_WIFI_CAPABLE",
        "CY_RTOS_AWARE",
        "CY_SUPPORTS_DEVICE_VALIDATION",
        ]
```

在工程 libraries\IFX_PSOC6_HAL 目录中的 SConscript 文件中，根据平台硬件驱动配置选项，判定是否将英飞凌底层 SDHC 驱动文件添加到工程中。

```
if GetDepend(['RT_USING_SDIO']) or GetDepend(['BSP_USING_CYW43012_WIFI']):
    src += ['mtb-hal-cat1/source/cyhal_sdhc.c']
src += ['mtb-pdl-cat1/drivers/source/cy_sd_host.c']
```

3. 访问 WLAN 设备

应用程序通过 WLAN 连接管理层的相关 API 来访问硬件设备，相关的接口函数如图 13-3 所示。

图 13-3　RTT 中 WLAN 框架提供的接口函数

13.2.3   配置和访问蓝牙设备

CYW43012 模块的蓝牙通过串口与 PSoC62 主控芯片进行通信。CYW43012 芯片的内部结构组成框图如图 13-4 所示。

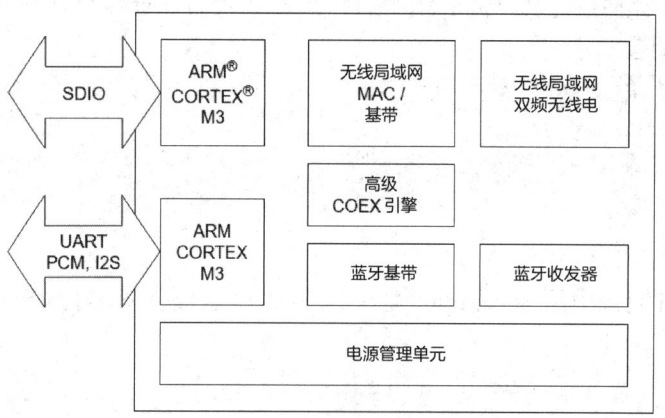

图 13-4   CYW43012 芯片的内部结构组成框图

CYW43012 的蓝牙应用编程接口由平台（Platform）和蓝牙软件协议栈组成，平台为蓝牙软件协议栈提供调用控制器（Controller）的接口，可以使用串口或芯片内部的核间通信（Inter-Processor Communication，IPC），蓝牙软件协议栈主要由 HCI_TX 和 HCI_RX 两个任务完成，HCI_TX 任务完成串口数据的发送，HCI_RX 任务完成串口数据的接收和协议栈的处理。在协议栈中，回调用户注册的 gap 和 gatt 事件回调函数，这些回调函数用于实现用户的逻辑。

在初始化过程中，使用 cy_retarget_io_init() 函数完成串口 I/O 的重映射，按照设定配置蓝牙设备的平台，通过 app_kvstore_bd_config() 函数初始化块设备，使用 wiced_bt_stack_init() 函数注册回调函数和堆栈。在示例中，注册了回调函数 app_bt_management_callback()。当蓝牙准备好时，在回调中处理 BTM_ENABLED_EVT 事件，启动蓝牙应用，在 app_bt_application_init() 函数中初始化 gatt 服务器。在初始化 gatt 服务器的过程中，通过 wiced_bt_gatt_register 注册 gatt 的回调，这是用户自定义的编程接口。通过 wiced_bt_gatt_db_init() 函数初始化属性表 gatt_database，gatt_database 是用户定义的 gatt_profile。RTT 示例中提供的蓝牙接口函数思维导图如图 13-5 所示。

图 13-5   RTT 示例中提供的蓝牙接口函数思维导图

13.3　实验 13：基于 PSoC6 的 Wi-Fi 和蓝牙应用

13.3.1　基于 PSoC6 的 Wi-Fi 应用

1．实验目的

（1）了解 CYW43012 模块的功能和工作原理。

（2）掌握如何基于示例工程配置和使用 Wi-Fi 模块。

（3）编写程序，使用 Wi-Fi 模块实现网络连接和 HTTP 请求。

2．实验准备

（1）硬件设备：PSoC62 评估板、Type-C USB 线、CYW43012 模块。

（2）软件环境：RTT Studio IDE 开发环境、RTT 操作系统。

3．实验步骤

（1）创建项目。在 RTT Studio 中，选择"文件"→"新建 RT-Thread 项目"命令，选择基于 PSoC62 评估板，选择基于 Wi-Fi 的示例工程，输入项目名称，如 PSoC62_WiFi，如图 13-6 所示，然后单击"完成"按钮。

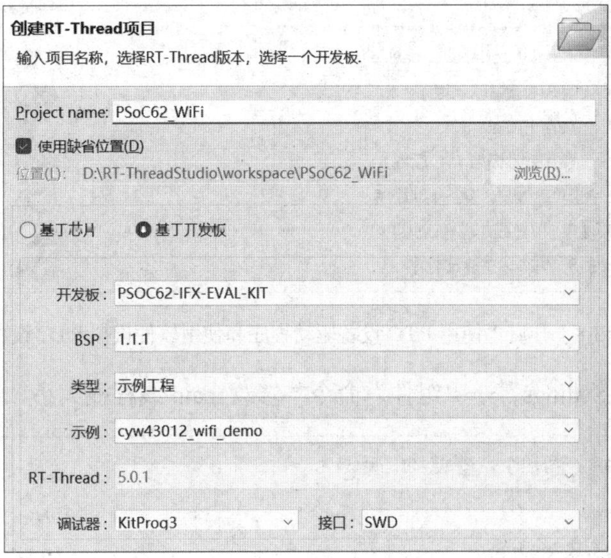

图 13-6　基于示例工程新建 Wi-Fi 项目

本实验使用 CYW43012 模块，PSoC62 评估板预留了该款模块的接口，因为模块的工作电压为 1.8V，PSoC62 评估板预留了 1.8V 和 3.3V 切换电源，所以需要先将 3.3V 电源换下来，再短接 1.8V 电源。

通过 Wi-Fi 模块，可以使用 NTP 客户端获取时间，配置 RTC，使用 HTTPS 协议连接高德开放平台的天气 API 获取今日天气 JSON 数据，然后解析获取到的天气 JSON 数据并在 LCD 上显示今日天气、风向、温度和湿度。

（2）软件配置。选择"RT-Thread Settings"→"硬件"→"芯片设备驱动"命令，使能 SPI 总线的 SPI0，如图 13-7 所示。

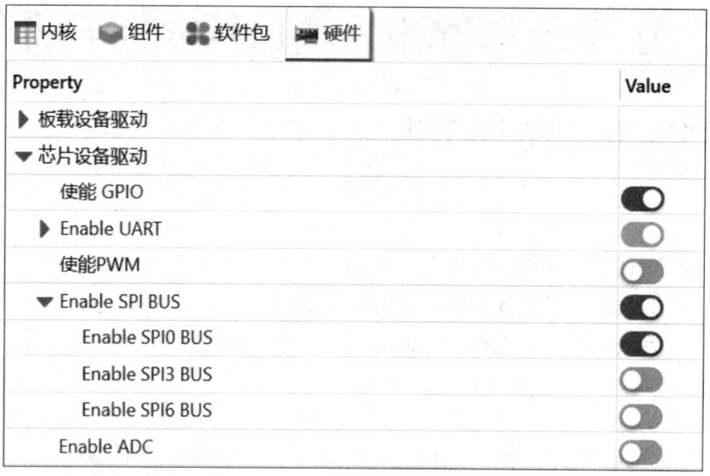

图 13-7　使能 SPI 总线的 SPI0

选择"RT-Thread Settings"→"组件"→"芯片设备驱动"命令,开启"使用 RTC 设备驱动程序和使用软件模拟 RTC 设备",如图 13-8 所示。

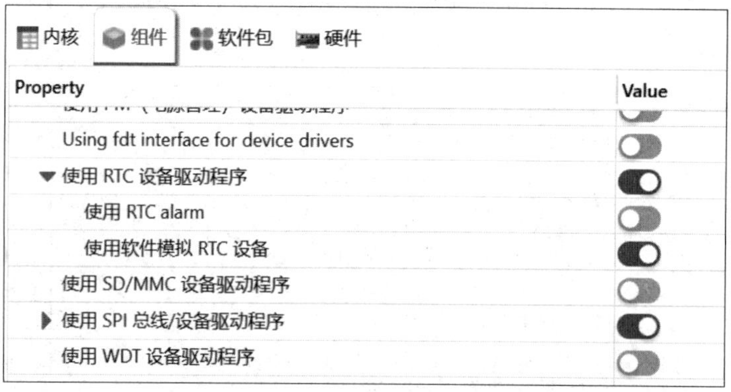

图 13-8　开启"使用 RTC 设备驱动程序和使用软件模拟 RTC 设备"

选择"RT-Thread Settings"→"组件"命令,修改 main 线程栈大小,如图 13-9 所示。

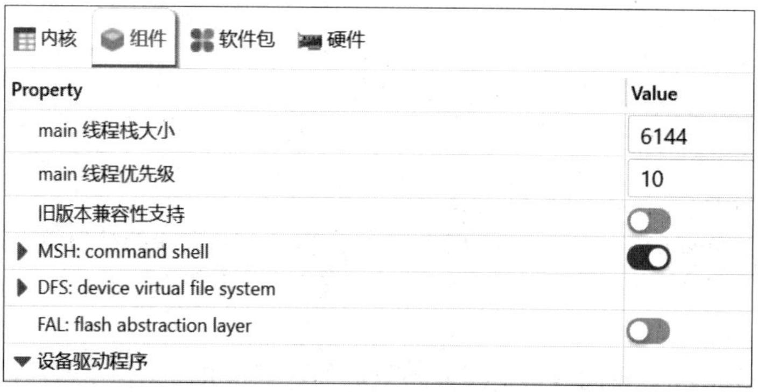

图 13-9　修改 main 线程栈大小

在"RT-Thread Settings"界面中添加 netutils 软件包,然后使能 NTP(网络时间协议)客户端,如图 13-10 所示。

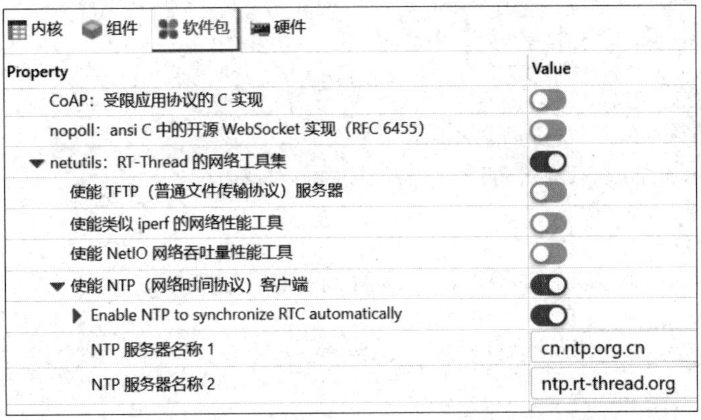

图 13-10　添加 netutils 软件包并使能 NTP 客户端

选择"RT-Thread Settings"→"软件包"命令，找到 IoT-物联网选项，然后添加 WebClient 软件包，选择 TLS 模式为 MbedTLS support，如图 13-11 所示。

图 13-11　添加 WebClient 软件包并选择 TLS 模式为 MbedTLS support

选择"RT-Thread Settings"→"软件包"→"安全包"命令，配置 mbedtls 软件包，在 Select Root Certificate 中开启 Using user CA，如图 13-12 所示。

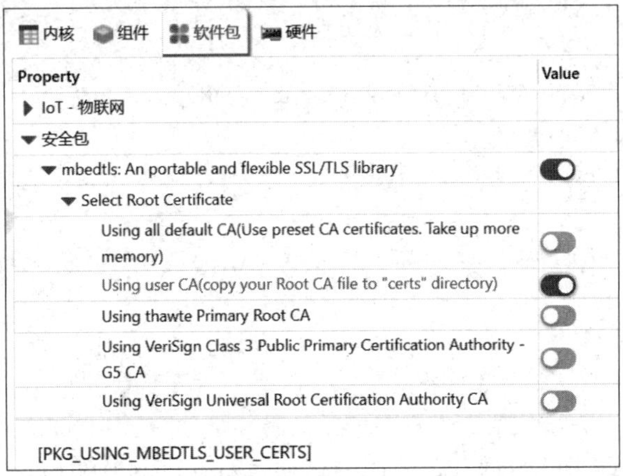

图 13-12　配置 mbedtls 软件包并开启 Using user CA

选择"RT-Thread Settings"→"软件包"→"语言包"命令，添加 cJSON 软件包，如图 13-13 所示。

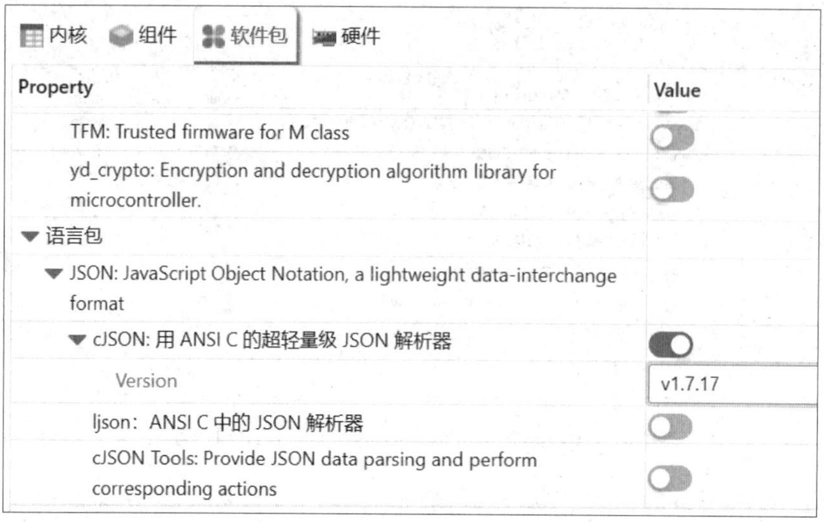

图 13-13　添加 cJSON 软件包

（3）编写程序。

①连接 Wi-Fi 程序。在 applications 目录中新建 wifi.c 文件，编写连接 Wi-Fi 的程序，程序代码如下。

```c
#include <rtthread.h>
#include <wlan_mgnt.h>
#define DBG_TAG "WLAN.cmd"
#define DBG_LVL DBG_INFO
#include <rtdbg.h>
#define WIFI_SSID        "test"              //根据实际 WIFI AP 名称修改
#define WIFI_PASSWORD    "147258369"         //根据实际 WIFI AP 密码修改
int wifi(void)
{
    rt_err_t ERR;
    while (1)
    {
        ERR = rt_wlan_connect(WIFI_SSID, WIFI_PASSWORD);
        rt_thread_mdelay(500);
        if (ERR == RT_EOK)
        {
            LOG_I("connect wifi success.\n");
            break;
        }
    }
}
```

②请求天气 API 获取天气数据。首先在/packages/mbedtls-v2.28.1/certs 目录中添加如图 13-14 所示的证书文件。关于如何获取证书，可查阅/packages/mbedtls-v2.28.1/docs/user-guide.md 文件中的内容。

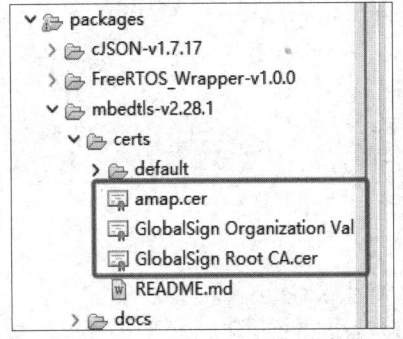

图 13-14　添加证书文件

接下来，在 applications 目录中新建 weather.h 文件，代码如下。

```c
#define DBG_TAG "weather"
#define DBG_LVL DBG_LOG
#include <rtdbg.h>
#define GET_HEADER_BUFSZ                1024
#define GET_RESP_BUFSZ                  2048
#define GET_RESP_CONTENT_BUFSZ  2048
#define URL_LEN_MAX                     1024
#define API_KEY                         "高德开放平台的 APIKEY"
#define CITY_CODE                       "210100"
#define GET_WEATHER_URL "https://restapi.amap.com/v3/weather/weatherInfo?key=%s&city=%s"

typedef struct weather_data{
    char* city;
    char* weather;
    char* temp;
    char* humi;
    char* wind;
    char* power;
} weather_t;

void weather_data_parse(unsigned char* data);
rt_err_t get_weather(void);
```

在 applications 目录中新建 weather.c 文件，代码如下。

```c
#include <rtthread.h>
#include <webclient.h>
#include "cJSON.h"
#include "string.h"
#include "weather.h"

extern rt_err_t app_lcd(void);

weather_t weather;

void weather_data_parse(unsigned char* data)
{
```

```c
    cJSON* json_root = RT_NULL;
    json_root = cJSON_Parse((const char*) data);
    if (json_root == RT_NULL)
    {
        LOG_E("city data parse fail!");
        goto __exit;
    }

    cJSON* json_status = cJSON_GetObjectItem(json_root, "status");
    if (strcmp(json_status->valuestring, "1") != 0)
    {
        LOG_E("get weather data fail! status: %s.", json_status->valuestring);
        goto __exit;
    }
    else
    {
        LOG_I("get weather data success.");
    }

    cJSON* json_lives = cJSON_GetArrayItem(cJSON_GetObjectItem(json_root, "lives"), 0);
    cJSON* json_city = cJSON_GetObjectItem(json_lives, "city");
    cJSON* json_weather = cJSON_GetObjectItem(json_lives, "weather");
    cJSON* json_temp = cJSON_GetObjectItem(json_lives, "temperature");
    cJSON* json_wind = cJSON_GetObjectItem(json_lives, "winddirection");
    cJSON* json_power = cJSON_GetObjectItem(json_lives, "windpower");
    cJSON* json_humi = cJSON_GetObjectItem(json_lives, "humidity");

    weather.city = json_city->valuestring;
    weather.temp = json_temp->valuestring;
    weather.humi = json_humi->valuestring;
    weather.weather = json_weather->valuestring;
    weather.wind = json_wind->valuestring;
    weather.power = json_power->valuestring;

    LOG_D("****************************");
    LOG_D("city: %s", weather.city);
    LOG_D("weather: %s", weather.weather);
    LOG_D("temperature: %s", weather.temp);
    LOG_D("humidity: %s", weather.humi);
    LOG_D("wind: %s", weather.wind);
    LOG_D("power: %s", weather.power);
    LOG_D("****************************");

    app_lcd();
    __exit: if (json_root != RT_NULL)
    {
        cJSON_Delete(json_root);
    }
}
```

```c
rt_err_t get_weather(void)
{
    struct webclient_session* session = RT_NULL;
    char* weather_url = RT_NULL;
    unsigned char *buffer = RT_NULL;
    int index, ret = 0;
    int bytes_read, resp_status;
    int content_length = -1;

    weather_url = rt_calloc(1, URL_LEN_MAX);
    rt_snprintf(weather_url, URL_LEN_MAX, GET_WEATHER_URL, API_KEY, CITY_CODE);

    buffer = (unsigned char *) web_malloc(GET_RESP_CONTENT_BUFSZ);
    if (buffer == RT_NULL)
    {
        LOG_E("no memory for receive buffer.\n");
        ret = -RT_ENOMEM;
        goto __exit;
    }

    /* create webclient session and set header response size */
    session = webclient_session_create(GET_HEADER_BUFSZ);
    if (session == RT_NULL)
    {
        ret = -RT_ENOMEM;
        goto __exit;
    }

    for (int var = 0; var < 5; ++var)
    {
        LOG_I("Send GET request to %s", weather_url);
        resp_status = webclient_get(session, weather_url);
        if (resp_status != 200)
        {
            LOG_E("webclient GET request failed, response(%d) error.\n", resp_status);
            ret = -RT_ERROR;
            continue;
// goto __exit;
        }
        else if (resp_status == 200)
        {
            ret = RT_EOK;
            break;
        }
    }
    if (ret != RT_EOK)
        goto __exit;
```

```c
content_length = webclient_content_length_get(session);
if (content_length < 0)
{
    rt_kprintf("webclient GET request type is chunked.\n");
    do
    {
        bytes_read = webclient_read(session, (void *) buffer, GET_RESP_BUFSZ);
        if (bytes_read <= 0)
        {
            break;
        }

        for (index = 0; index < bytes_read; index++)
        {
            rt_kprintf("%c", buffer[index]);
        }
    } while (1);

    rt_kprintf("\n");
}
else
{
    int content_pos = 0;

    do
    {
        bytes_read = webclient_read(session, (void *) buffer,
                content_length - content_pos > GET_RESP_BUFSZ ?
                GET_RESP_BUFSZ : content_length - content_pos);
        if (bytes_read <= 0)
        {
            break;
        }
        content_pos += bytes_read;
    } while (content_pos < content_length);
    rt_kprintf("\n");
    weather_data_parse(buffer);
}

__exit: rt_free(weather_url);
if (session)
{
    webclient_close(session);
}
if (buffer)
{
    web_free(buffer);
}
```

```
        return ret;
    }
```

③构建人机界面。在 applications 目录中添加 ST7789 驱动文件（lcd_st7789.c 和 lcd_st7789.h）
和字库文件（font.h），如图 13-15 所示。

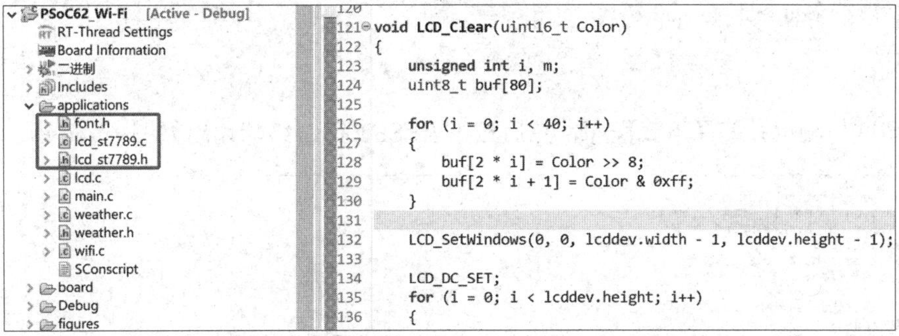

图 13-15　添加 ST7789 驱动文件和字库文件

在 applications 目录中新建 lcd.c 文件，编写如下程序，在 LCD 上显示天气信息。

```c
#include <rtthread.h>
#include "lcd_st7789.h"
#include "weather.h"

int spi_lcd_init(void)
{
    _spi_lcd_init();
    LCD_Clear(WHITE);
}
INIT_DEVICE_EXPORT(spi_lcd_init);

static void lcd_entry(void* parameter)
{
    extern weather_t weather;
    while (1)
    {
        LCD_ShowChinese(20, 0, (rt_uint8_t*) "今日天气");
        LCD_ShowChinese(150, 0, (rt_uint8_t*) weather.weather);
        LCD_ShowChinese(20, 45, (rt_uint8_t*) "风向");
        LCD_ShowChar(84, 45, ':', 32);
        LCD_ShowChinese(116, 45, (rt_uint8_t*) weather.wind);
        LCD_ShowChinese(20, 80, (rt_uint8_t*) "温度");
        LCD_ShowChar(84, 80, ':', 32);
        LCD_ShowString(116, 80, 240, 240, 32, (rt_uint8_t*) weather.temp);
        LCD_ShowChinese(20, 120, (rt_uint8_t*) "湿度");
        LCD_ShowChar(84, 120, ':', 32);
        LCD_ShowString(116, 120, 240, 240, 32, (rt_uint8_t*) weather.humi);
        LCD_ShowChinese(70, 200, (rt_uint8_t*) "沈阳市");
        rt_thread_mdelay(200);
    }
}
```

```
rt_err_t app_lcd(void)
{
    rt_err_t ret;
    rt_thread_t lcd_t = rt_thread_create("lcd_t", lcd_entry, RT_NULL, 1024, 15, 5);
    if (lcd_t != RT_NULL)
        ret = rt_thread_startup(lcd_t);
    return ret;
}
```

（4）调试与测试。编译下载程序，然后按下 RESET 键，终端输出如图 13-16 所示。

```
 \ | /
- RT -     Thread Operating System
 / | \     5.0.1 build Nov 11 2024 21:59:41
 2006 - 2022 Copyright by RT-Thread team
lwIP-2.0.3 initialized!
[I/st7789] spi01 attach to spi0 done
[I/drv.spi] [spi0] freq:[25000000]HZ

[I/sal.skt] Socket Abstraction Layer initialize success.
msh />WLAN MAC Address : CC:47:40:11:13:F5
WLAN Firmware    : wl0: Dec 12 2022 18:42:34 version 13.10.271.293 (9974213 CY) FWID 01-e2162f9b
WLAN CLM        : API: 18.2 Data: 9.10.0 Compiler: 1.36.1 ClmImport: 1.34.1 Creation: 2022-08-16 03:35:21
WHD VERSION     : 2.6.1.20115 : v2.6.1 : GCC 10.2 : 2023-06-28 02:01:23 +0000
[I/WLAN.dev] wlan init success
[I/WLAN.lwip] eth device init ok name:w0
[I/WLAN.dev] wlan init success
Function whd_wifi_get_mac_address failed at line 2776 checkres = 33556433
[I/WLAN.lwip] eth device init ok name:w1
Function whd_wifi_join failed at line 1770 checkres = 33555457
[I/WLAN.mgnt] wifi connect failed!
[I/WLAN.mgnt] wifi connect success ssid:test
[I/WLAN.cmd] connect wifi success.

[I/WLAN.lwip] Got IP address : 192.168.76.108
[I/ntp] Get local time from NTP server: Mon Nov 11 22:15:28 2024

[I/weather] Send GET request to https://restapi.amap.com/v3/weather/weatherInfo?key=                    &city=210100

[I/weather] get weather data success.
[D/weather] ******************************
[D/weather] city: 沈阳市
[D/weather] weather: 晴
[D/weather] temperature: 10
[D/weather] humidity: 58
[D/weather] wind: 西南
[D/weather] power: ≤3
[D/weather] ******************************
```

图 13-16　终端输出

LCD 显示效果如图 13-17 所示。

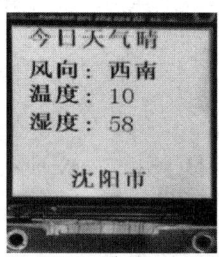

图 13-17　LCD 显示效果

13.3.2　基于 PSoC6 的蓝牙应用

1. 实验目的

（1）了解 CYW43012 模块的功能和工作原理。

（2）掌握如何基于示例工程配置和使用蓝牙模块。

（3）编写程序，使用蓝牙模块实现设备之间的数据传输。

2. 实验准备

（1）硬件设备：PSoC62 评估板、Type-C USB 线、CYW43012 模块、AHT10 温/湿度模块。

（2）软件环境：RTT Studio IDE 开发环境、RTT 操作系统。

3. 实验步骤

（1）创建项目。在 RTT Studio 中，选择"文件"→"新建 RT-Thread 项目"命令，选择基于 PSoC62 评估板，类型选择示例工程，示例选择 cyw43012_ble_demo，然后输入项目名称，如 PSoC62_Bluetooth，如图 13-18 所示，最后单击"完成"按钮。

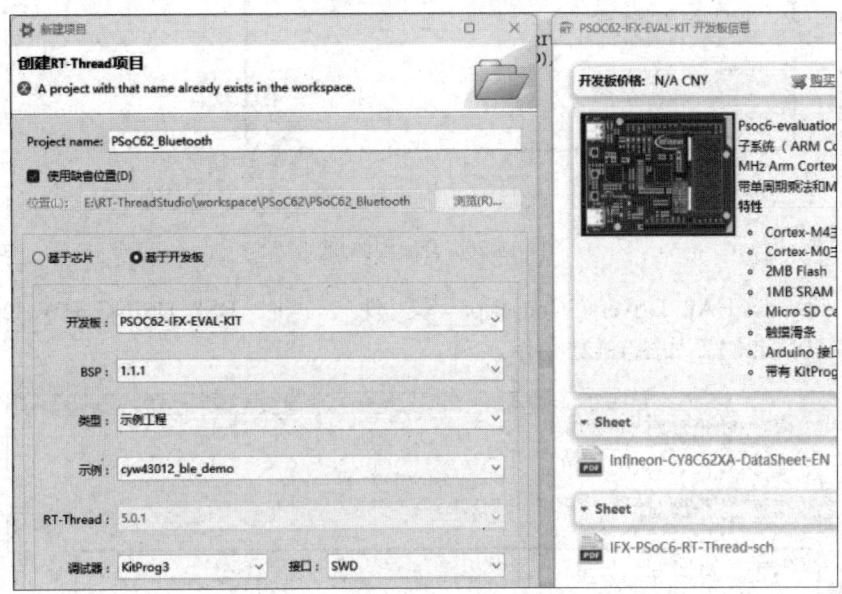

图 13-18　新建基于示例工程的蓝牙项目

本项目通过配置 PSoC62 评估板的 I2C1 接口，获取 AHT10 温/湿度模块的数据，并配置 CYW43012 模块实现与手机之间的蓝牙通信。

（2）软件配置。修改/board/Kconfig 文件，添加 I2C1 配置项，如图 13-19 所示。

```
159        config BSP_USING_HW_I2C4
160            bool "Enable I2C4 Bus (Arduino I2C)"
161            default n
162            if BSP_USING_HW_I2C4
163                comment "Notice: P8_0 --> 64; P8_1 --> 65"
164                config BSP_I2C4_SCL_PIN
165                    int "i2c4 SCL pin number"
166                    range 1 113
167                    default 64
168                config BSP_I2C4_SDA_PIN
169                    int "i2c4 SDA pin number"
170                    range 1 113
171                    default 65
172            endif
173        config BSP_USING_HW_I2C1
174            bool "Enable I2C1 Bus (User I2C)"
175            default n
176            if BSP_USING_HW_I2C1
177                comment "Notice: P10_0 --> 80; P10_1 --> 81"
178                config BSP_I2C1_SCL_PIN
179                    int "i2c1 SCL pin number"
180                    range 1 113
181                    default 80
182                config BSP_I2C1_SDA_PIN
183                    int "i2c1 SDA pin number"
184                    range 1 113
185                    default 81
186            endif
187    endif
188
```

图 13-19　修改/board/Kconfig 文件

同步 Scons 配置至项目后，选择"RT-Thread Settings"→"硬件"→"芯片设备驱动"命令，开启硬件 I2C1，如图 13-20 所示。

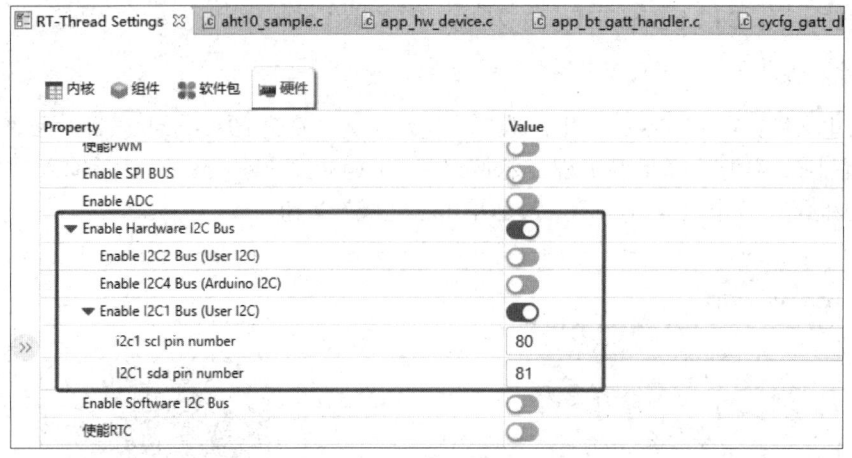

图 13-20　开启硬件 I2C1

修改 /libraries/HAL_Drivers/SConscript 文件，将 BSP_USING_HW_I2C6 改为 BSP_USING_HW_I2C1，如图 13-21 所示。

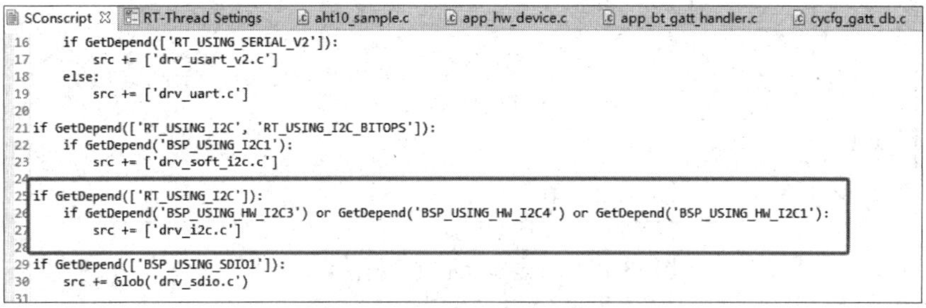

```
16   if GetDepend(['RT_USING_SERIAL_V2']):
17       src += ['drv_usart_v2.c']
18   else:
19       src += ['drv_uart.c']
20
21 if GetDepend(['RT_USING_I2C', 'RT_USING_I2C_BITOPS']):
22     if GetDepend('BSP_USING_I2C1'):
23         src += ['drv_soft_i2c.c']
24
25 if GetDepend(['RT_USING_I2C']):
26     if GetDepend('BSP_USING_HW_I2C3') or GetDepend('BSP_USING_HW_I2C4') or GetDepend('BSP_USING_HW_I2C1'):
27         src += ['drv_i2c.c']
28
29 if GetDepend(['BSP_USING_SDIO1']):
30     src += Glob('drv_sdio.c')
31
```

图 13-21　修改/libraries/HAL_Drivers/SConscript 文件

同步 Scons 配置至项目后，修改/libraries/HAL_Drivers/drv_i2c.c 文件，将"i2c6"改为"i2c1"。选择"RT-Thread Settings"→"软件包"命令，添加并配置 aht10 软件包，如图 13-22 所示。

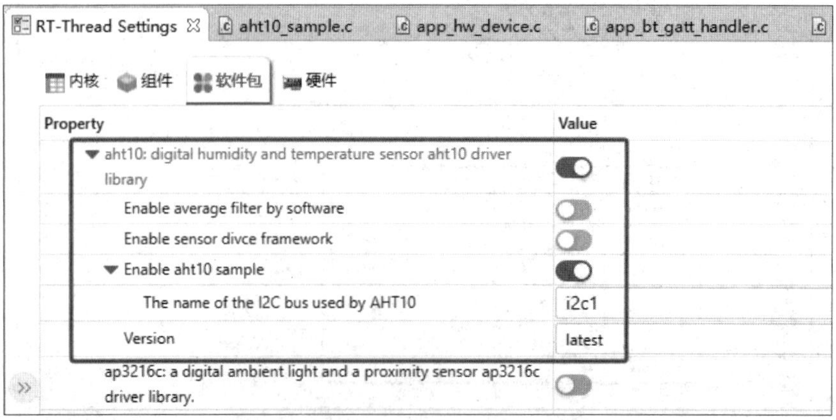

图 13-22　添加并配置 aht10 软件包

（3）编写程序。

①获取温/湿度程序。将/packages/aht10-latest/sample/aht10_sample.c 移动到 applications 目录中并修改，修改后的代码如下。

```c
#include <rtthread.h>
#include <rtdevice.h>
#include "aht10.h"
#define DBG_TAG "aht10"
#define DBG_LVL DBG_INFO
#include <rtdbg.h>

extern uint8_t app_hello_sensor_notify[];
static void aht10_entry(void *parameter)
{
    float humidity, temperature;
    aht10_device_t dev;
    const char *i2c_bus_name = PKG_AHT10_I2C_BUS_NAME;
    int count = 0;
    rt_thread_mdelay(2000);
    dev = aht10_init(i2c_bus_name);
    if (dev == RT_NULL)
    {
        LOG_E("The sensor initializes failure");
    }
    LOG_I("AHT10 has been initialized!");
    while (1)
    {
        humidity = aht10_read_humidity(dev);
        LOG_D("Humidity    : %d.%d %%", (int)humidity, (int)(humidity * 10) % 10);
        temperature = aht10_read_temperature(dev);
        LOG_D("Temperature: %d.%d *C", (int)temperature, (int)(temperature * 10) % 10);
        rt_sprintf(app_hello_sensor_notify, "Humi:%d, Temp:%d\n", (int)humidity, (int)temperature);
        rt_thread_mdelay(1000);
    }
}

int aht10_thread_port(void)
{
    rt_thread_t res = rt_thread_create("aht10", aht10_entry, RT_NULL, 1024, 20, 50);
    if(res == RT_NULL)
    {
        LOG_E("aht10 thread create failed!");
        return -RT_ERROR;
    }
    rt_thread_startup(res);
    return RT_EOK;
}
INIT_DEVICE_EXPORT(aht10_thread_port);
```

②实现蓝牙功能。修改/libs/TARGET_RTT-062S2/bluetooth/cycfg_gatt_db.c 中要发送的数据的

定义，如图 13-23 所示。

```
101 /*******************************************************************
102 * GATT Initial Value Arrays
103 *******************************************************************/
104
105 uint8_t app_gap_device_name[] = {'H', 'e', 'l', 'l', 'o', '\0',};
106 uint8_t app_gap_appearance[] = {0x00, 0x00,};
107 uint8_t app_gatt_service_changed[] = {0x00, 0x00, 0x00, 0x00,};
108 uint8_t app_gatt_service_changed_client_char_config[] = {0x00, 0x00,};
109 //uint8_t app_hello_sensor_notify[] = {'H', 'e', 'l', 'l', 'o', ' ', '0'};
110 uint8_t app_hello_sensor_notify[] = "Humi:30, Temp:26\n";
111 uint8_t app_hello_sensor_notify_client_char_config[] = {0x00, 0x00,};
112 uint8_t app_hello_sensor_blink[] = {0x00,};
113
114 /*******************************************************************
115 * GATT Lookup Table
116 *******************************************************************/
```

图 13-23　修改要发送的数据

修改/libs/TARGET_RTT-062S2/bluetooth/cycfg_gatt_db.c 中发送数据的最大长度和当前长度，如图 13-24 所示。

```
138    {
139        HDLD_GATT_SERVICE_CHANGED_CLIENT_CHAR_CONFIG,   /* attribute handle */
140        2,                                             /* maxlen */
141        2,                                             /* curlen */
142        app_gatt_service_changed_client_char_config,   /* attribute data */
143    },
144    {
145        HDLC_HELLO_SENSOR_NOTIFY_VALUE,                /* attribute handle */
146        50,                                            /* maxlen */
147        sizeof(app_hello_sensor_notify),               /* curlen */
148        app_hello_sensor_notify,                       /* attribute data */
149    },
150    {
151        HDLD_HELLO_SENSOR_NOTIFY_CLIENT_CHAR_CONFIG,   /* attribute handle */
```

图 13-24　修改发送数据的最大长度和当前长度

（4）调试与测试。编译并下载程序后，按下 RESET 键复位程序，终端显示信息如图 13-25 所示。

```
msh >
 \ | /
- RT -     Thread Operating System
 / | \     5.0.1 build Jun 28 2024 14:20:55
 2006 - 2022 Copyright by RT-Thread team
******************* BTSTACK RT-Thread Example *********************
****************** Hello Sensor Application Start *****************
Bluetooth Stack Initialization Successful
msh >
```

图 13-25　终端显示信息

在手机端先使用 BLE 调试助手打开手机蓝牙功能，再连接 PSoC62 评估板。需要注意的是，若连接 PSoC62 评估板超时，则在手机端的蓝牙控制界面将 Hello 设备取消配对，如图 13-26 所示。

图 13-26　通过 BLE 调试助手连接 PSoC62 评估板

PSoC62 评估板终端输出连接信息如图 13-27 所示。

```
Connected to peer device: 2C:48:81:D3:D4:F0
Connection ID '32768'
Event:BTM_BLE_ADVERT_STATE_CHANGED_EVT
Advertisement State Change: BTM_BLE_ADVERT_OFF
Stop Advertisement
Event:BTM_BLE_DATA_LENGTH_UPDATE_EVENT
Unhandled Bluetooth Management Event: 0x24 BTM_BLE_DATA_LENGTH_UPDATE_EVENT
Event:BTM_BLE_CONNECTION_PARAM_UPDATE
Connection parameter update status:0, Connection Interval: 6, Connection Latency: 0, Connection Time
out: 500
Event:BTM_BLE_CONNECTION_PARAM_UPDATE
Connection parameter update status:0, Connection Interval: 12, Connection Latency: 0, Connection Tim
eout: 500
```

图 13-27　PSoC62 评估板终端输出连接信息

在手机端发送数据到 PSoC62 评估板，在手机端单击如图 13-28 所示的"发送"按钮，打开发送窗口。

在文本框中输入 09（代表十六进制数 0x09），单击"发送"按钮，如图 13-29 所示。

图 13-28　在手机端单击"发送"按钮

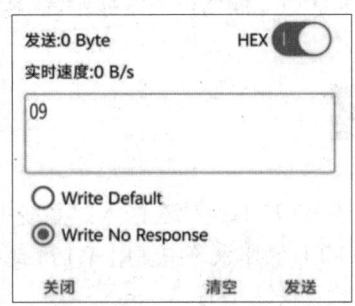

图 13-29　在手机端发送十六进制数

PSoC62 评估板接收到数据 9，LED0 闪烁 9 次，如图 13-30 所示。

```
write_handler: conn_id:32768 Handle:0xf offset:0 len:1
hello_sensor_write_handler:num blinks:9
```

图 13-30　PSoC62 评估板接收手机端发送的数据

手机端通过蓝牙接收 PSoC62 评估板的数据，在手机端单击如图 13-31 所示的"接收"按钮，打开接收窗口。

先关闭"HEX"按钮，再单击"读取"按钮，当手机端弹出配对消息框时单击"配对"按钮，即可获取 PSoC62 评估板的温/湿度数据，如图 13-32 所示。

图 13-31　在手机端单击"接收"按钮

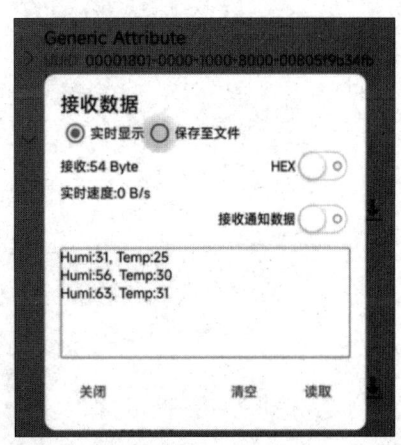

图 13-32　获取 PSoC62 评估板的温/湿度数据

13.4 本章小结

本章首先介绍了 Wi-Fi 的概念和术语，以及不同版本的 Wi-Fi 数据的传输速率和工作频段；然后介绍了蓝牙的历史版本，包括传输速率和传输距离，简要描述了蓝牙 V5.3 和蓝牙 V5.4 的区别，以及蓝牙软件协议栈中的数据传输过程；最后介绍了 RTT 中 WLAN 管理框架，如何配置和访问 Wi-Fi 设备，给出了详细的接口驱动函数思维导图，以及蓝牙初始化流程和接口函数。

基于 PSoC62 和 CYW43012 模块，实现了 Wi-Fi 和蓝牙的应用。在 Wi-Fi 实验中，使用 NTP 客户端获取时间配置 RTC，使用 HTTPS 协议连接高德开放平台的天气 API 获取今日天气 JSON 数据，然后解析获取到的天气 JSON 数据并在 LCD 上显示今日天气、风向、温度和湿度。在蓝牙实验中，通过配置 PSoC62 评估板采集 AHT10 温/湿度模块的数据，并配置 CYW43012 模块，实现与手机之间的蓝牙通信，最终显示温/湿度值。

习题 13

（1）描述 Wi-Fi 和蓝牙在嵌入式系统中的应用场景，并比较它们的主要优缺点。

（2）在 RTT 操作系统中使用 Wi-Fi 组件进行网络连接需要哪些步骤？请提供一个简单的代码示例。

（3）如何在 RTT 中通过 BT 组件实现与蓝牙设备的数据交换？描述所需的关键步骤和函数调用。

（4）探讨在设计包含 Wi-Fi 和 BT 功能的嵌入式系统时，如何应对功耗和安全性的挑战。

第 14 章
PSoC6 上的 Flash 应用

14.1　PSoC6 上的 Flash 简介

14.1.1　存储器简介

存储器是构成嵌入式系统硬件的重要组成部分，主要用于存储程序和数据。评估存储器性能的指标主要包括易失性、只读性、容量、速度、功耗及价格等。用于嵌入式系统的存储器根据掉电后信息是否保存分为随机存取存储器（RAM）和只读存储器（ROM）。

（1）静态随机存储器（SRAM）。SRAM 分为单口 SRAM 和双口 SRAM 两种类型。其特点是读取速度快、读写延迟低，需要持续供电才能保持数据不丢失，常用于高速缓存、寄存器等要求较高的场景。单口 SRAM 只有一个数据 I/O 接口，读写操作共享同一接口，需要进行同步控制，以确保正确读写数据。双口 SRAM 具有两个独立的数据 I/O 接口，每个接口可以独立地进行读/写操作，无须进行同步控制。

（2）动态随机存储器（DRAM）。DRAM 分为同步动态随机存取存储器（SDRAM 和异步动态随机存取存储器。DRAM 通过电容电荷的变化来存储数据，需要周期性地刷新以防数据丢失。SDRAM 需要与系统时钟保持同步，以确保正确读写数据；异步 DRAM 不需要与系统时钟保持同步，可以实现更快的读写速度和更低的延迟。DRAM 主要用于主存、缓存等对成本和容量有较高要求的应用场景。

（3）铁电存储器（FRAM）。FRAM 是一种非易失性随机存取存储器，利用铁电效应存储数据，不需要定期刷新，也不需要使用时钟信号进行同步读写操作。其低功耗性能使其非常适合用于低功耗设备和电池供电的设备。

（4）ROM。按照编程特点，ROM 分为 PROM、EPROM 和 EEPROM。PROM 只能写入一次，之后可以反复读取，不支持后续写入；EPROM 是 PROM 的升级版，支持多次编程更改，芯片上通常有一个透明的石英窗口，允许紫外线照射后进行擦除操作，并重新编程；EEPROM 是 EPROM 的升级版，是一种电可擦除可编程的只读存储芯片，其特点是支持在不移除芯片的情况进行多次擦除和重复编程。

（5）Flash 存储器。Flash 存储器（Flash EEPROM Memory）又称闪存，是一种非易失性存储器，它允许数据在断电后仍然保存，支持多次擦写。Flash 存储器分为 NOR Flash 存储器和 NAND Flash 存储器两种类型。

NOR Flash 存储器是一种非易失性存储器，按照接口不同分为串行和并行两种，串行 NOR Flash 存储器通过串行外设接口（SPI）与 CPU 进行通信，主要用于存储固件、设备配置数据或需要在设备断电后保持不变的信息。并行 NOR Flash 存储器通过并行接口与 CPU 连接，其地址直接映射到 CPU 的地址空间，使存储的代码可以被 CPU 直接访问，无须将代码加载到 RAM 中。

NAND Flash 存储器是一种非线性宏单元模式的存储器，具有价格优势，用于实现固态大容量存储器。NAND Flash 存储器的常见应用主要有嵌入式多媒体卡（eMMC）、固态硬盘（SSD）、SD 卡和 U 盘等。

14.1.2　PSoC6 上的 Flash 存储器

在 PSoC6 中，Flash 存储器通常用于存储程序代码、系统配置及用户数据。PSoC6 系列的 Flash 存储器的容量根据型号不同而有所差异，通常从几十千字节到几兆字节不等。PSoC6 提供了多层安全特性，包括但不限于加密和访问控制，以保护 Flash 存储器中的敏感数据，某些型号还提供独立的 Flash 存储器区域，用于存储特定的功能代码或数据，支持区块擦除，允许高效更新小部分数据，同时保留其他部分的数据。

PSoC62 评估板上的 MCU 型号为 CY8C624ALQI-S2D42，其具有 2MB 的 Flash 存储器、1MB 的 SRAM 和 64KB 的 ROM，其地址映射如下。

（1）2MB 的 Flash 存储器，其地址范围为 0x10000000～0x101FFFFF。

（2）1MB 的 SRAM，其地址范围为 0x08000000～0x080FFFFF。

（3）64KB 的 EEPROM，其地址范围为 0x14000000～0x14007FFF。

14.2　RTT 上的 FAL 组件

14.2.1　FAL 组件介绍

FAL（Flash Abstraction Layer）组件是 RTT 实时操作系统中的一个重要组件，是对 Flash 存储器及基于 Flash 存储器的分区进行管理和操作的抽象层，对上层统一了 Flash 存储器分区及分区操作的 API。FAL 抽象层的位置如图 14-1 所示。

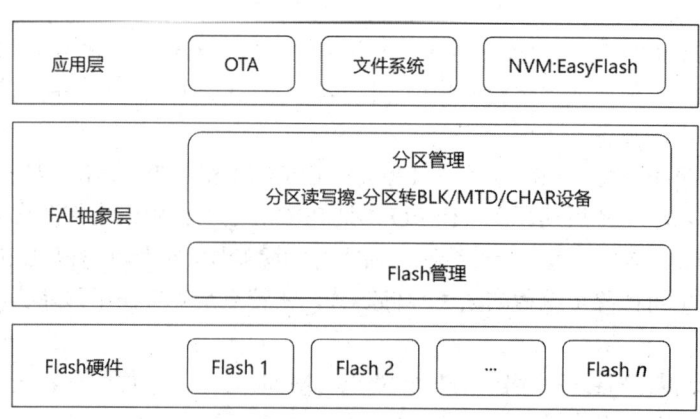

图 14-1　FAL 抽象层的位置

FAL 组件具有以下特性。

（1）支持静态可配置的分区表。FAL 组件的设计考虑到了多种类型的 Flash 设备，支持静态可配置的分区表，并可关联多个 Flash 设备，不仅支持单片机内部的 Flash 设备，还包括外部的 SPI

Flash 设备、NAND Flash 设备等。这一特性使 FAL 组件能够管理和操作多个不同的 Flash 设备，为设备扩展提供了极大的灵活性。

（2）支持自动装载分区表。FAL 支持在 Flash 存储器上定义多个分区，使开发者可以轻松地配置和管理不同的存储区域。每个分区可以被独立地操作，这为不同的应用场景提供了物理隔离和数据管理的便利。例如，将系统的 Bootloader、操作系统映像、应用程序和用户数据存储在不同的分区。

（3）统一的 Flash 操作。FAL 组件为 Flash 存储器的基本操作提供了一组统一的 API，包括初始化、读取、写入和擦除操作。这些操作保证了文件系统、OTA、NVM 等对 Flash 存储器的依赖性。这些 API 抽象了底层硬件的具体实现细节，使应用层开发者能够通过简单的接口调用来执行复杂的 Flash 操作。

（4）适应不同的硬件平台。FAL 组件的设计使它可以轻松地适应不同的硬件平台。无论是更换 Flash 存储器型号，还是迁移到全新的硬件平台，应用层的代码通常无须或只需少量修改即可继续运行，极大地简化了维护和升级过程。

（5）易于集成和扩展。FAL 组件支持 RTT 的软件包管理器，可以轻松地作为模块集成到现有项目中。此外，FAL 组件的架构设计支持扩展，开发者可以根据需要添加对新 Flash 设备的支持，自带基于 MSH 的测试命令，可以通过 Shell 按字节寻址的方式操作 Flash 设备或分区，便于调试和测试。

14.2.2　使用 FAL 组件

FAL 组件与 Flash 硬件之间的关联关系如图 14-2 所示。在 RT-Thread Settings 中启用 FAL 组件后，需要在 drv_flash.c 文件中定义 Flash 设备，可以是片内 Flash，也可以是基于 SFUD 的 SPI Flash 设备。

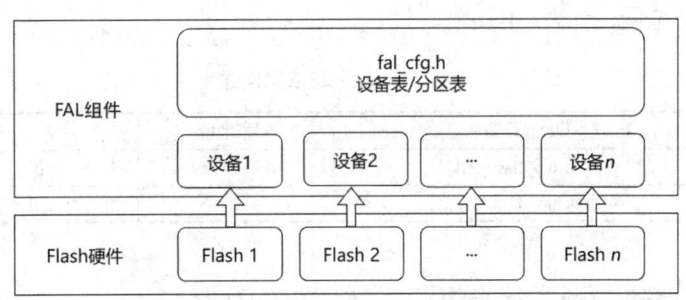

图 14-2　FAL 组件与 Flash 硬件之间的关联关系

如下代码是两个已经定义好的 Flash 设备。

```
const struct fal_flash_dev ifx_onchip_flash_32k = { "onchip_flash_32k",
IFX_EFLASH_START_ADRESS,
IFX_EFLASH_SIZE,
IFX_EFLASH_PAGE_SIZE, {
NULL, fal_flash_read_32k, fal_flash_write_32k, fal_flash_erase_32k } };

const struct fal_flash_dev ifx_onchip_flash_256k = { "onchip_flash_256k",
IFX_FLASH_START_ADRESS,
IFX_FLASH_SIZE,
```

IFX_FLASH_PAGE_SIZE, { _flash_init, fal_flash_read_256k, fal_flash_write_256k,
fal_flash_erase_256k } };

其中，onchip_flash_32k 表示 Flash 设备的名称；IFX_EFLASH_START_ADRESS 表示对 Flash 操作的起始地址；IFX_EFLASH_SIZE 表示 Flash 的容量；IFX_EFLASH_PAGE_SIZE 表示 Flash 页或扇区大小。Flash 设备表定义在 fal_cfg.h 文件中，位于工程目录的 ports 目录中，如图 14-3 所示，定义了两个 Flash 设备对象。

```
17 extern const struct fal_flash_dev ifx_onchip_flash_32k;
18 extern const struct fal_flash_dev ifx_onchip_flash_256k;
19
20 /* flash device table */
21 #define FAL_FLASH_DEV_TABLE                \
22     {                                      \
23         &ifx_onchip_flash_32k,             \
24         &ifx_onchip_flash_256k,            \
25     }
```

图 14-3　定义 Flash 设备对象

接下来定义 Flash 分区表，如图 14-4 所示。

```
29 /* partition table */
30 #define FAL_PART_TABLE                                                      \
31     {                                                                       \
32         {FAL_PART_MAGIC_WROD, "param", "onchip_flash_32k", 0, IFX_EFLASH_SIZE, 0},  \
33         {FAL_PART_MAGIC_WROD, "app", "onchip_flash_256k", 0, IFX_FLASH_SIZE, 0},    \
34     }
35
36 #endif /* FAL_PART_HAS_TABLE_CFG */
37 #endif /* _FAL_CFG_H_ */
```

图 14-4　定义 Flash 分区表

可以根据需要修改分区表中相关参数，包括添加分区或删除分区，以及调整分区的大小等。关联的 Flash 设备需要在 Flash 设备表中已经定义好，且名称一致，分区的起始地址和大小不能超过 Flash 设备的地址范围，如表 14-1 所示。

表 14-1　分区表信息描述

分区名	Flash 设备名	偏移地址	大　小
"param"	"onchip_flash_32k"	0	IFX_EFLASH_SIZE
"app"	"onchip_flash_256k"	0	IFX_FLASH_SIZE

14.3　实验 14：PSoC6 上的 Flash 操作

1．实验目的

（1）理解 Flash 存储器的工作原理。

（2）熟悉如何在 RTT 操作系统中配置和使用 Flash 设备。

（3）编写程序，对 PSoC6 中的 Flash 设备进行数据写入和读取。

2．实验准备

（1）硬件设备：PSoC62 评估板、Type-C USB 线。

（2）软件环境：RTT Studio IDE 开发环境、RTT 操作系统。

3．实验步骤

（1）软件配置。首先在 RTT Studio 中基于 PSoC62 评估板创建工程项目，然后在 RT-Thread Settings 中启用 FAL 组件，如图 14-5 所示。

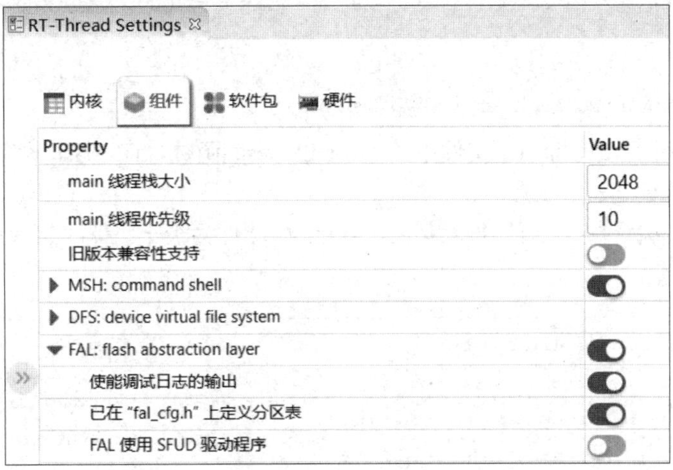

图 14-5　启用 FAL 组件

选择"硬件"选项，启用 Enable on-chip FLASH，如图 14-6 所示。

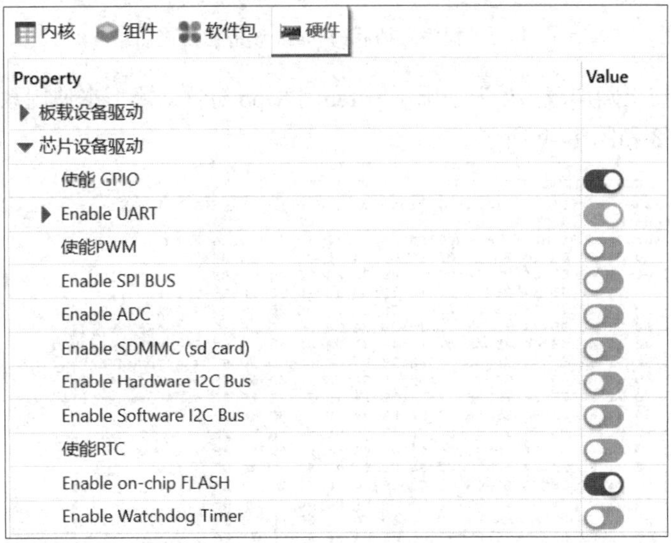

图 14-6　启用 Enable on-chip FLASH

（2）编写程序。在工程目录 applications 中新建 flash.c 文件，用于存放用户代码，输入以下程序。

```
#include <rtthread.h>
#include "drv_flash.h"
#include "stdio.h"
#include <stdlib.h>
int write_test1(int argc, char *argv[])
{
    if (argc != 2)
    {
```

```
        rt_kprintf("Usage: write <data>\n");
        return -1;
    }
    uint32_t data = strtoul(argv[1], NULL, 0);
    flash32k_test(data);
    return 0;
}
MSH_CMD_EXPORT(write_test1, "drv flash32k test.");
```

该程序直接调用了 drv_flash.c 文件中的 flash32k_test()函数，向 Flash 设备的 param 分区写入 128 个数据，并进行读写验证。

（3）测试程序。编译整个项目并将其下载到 PSoC62 评估板上。程序启动后的 Flash 设备初始化信息如图 14-7 所示。

```
  \ | /
- RT -     Thread Operating System
 / | \     5.0.1 build Jun 24 2024 13:26:39
 2006 - 2022 Copyright by RT-Thread team
[D/FAL] (fal_flash_init:49) Flash device |          onchip_flash_32k | addr: 0x14000000 | len: 0x0
0008000 | blk_size: 0x00008000 |initialized finish.
[D/FAL] (fal_flash_init:49) Flash device |          onchip_flash_256k | addr: 0x10000000 | len: 0x0
0200000 | blk_size: 0x00040000 |initialized finish.
[I/FAL] =================== FAL partition table ===================
[I/FAL] | name   | flash_dev       |   offset   |   length   |
[I/FAL] -------------------------------------------------------
[I/FAL] | param  | onchip_flash_32k | 0x00000000 | 0x00008000 |
[I/FAL] | app    | onchip_flash_256k | 0x00000000 | 0x00200000 |
[I/FAL] =================================================
[I/FAL] RT-Thread Flash Abstraction Layer initialize success.
```

图 14-7　程序启动后的 Flash 设备初始化信息

FAL 组件已经被正确加载，并识别出了 param 和 app 分区。接下来使用系统自带的 FAL 工具进行验证，如图 14-8 和图 14-9 所示。

```
msh >fal probe param
Probed a flash partition | param | flash_dev: onchip_flash_32k | offset: 0 | len: 32768 |.
msh >fal read 0 512
Read data success. Start from 0x00000000, size is 512. The data is:
Offset (h) 00 01 02 03 04 05 06 07 08 09 0A 0B 0C 0D 0E 0F
[00000000] 00 01 02 03 04 05 06 07 08 09 0A 0B 0C 0D 0E 0F  ................
[00000010] 10 11 12 13 14 15 16 17 18 19 1A 1B 1C 1D 1E 1F  ................
[00000020] 20 21 22 23 24 25 26 27 28 29 2A 2B 2C 2D 2E 2F   !"#$%&'()*+,-./
[00000030] 30 31 32 33 34 35 36 37 38 39 3A 3B 3C 3D 3E 3F  0123456789:;<=>?
[00000040] 40 41 42 43 44 45 46 47 48 49 4A 4B 4C 4D 4E 4F  @ABCDEFGHIJKLMNO
[00000050] 50 51 52 53 54 55 56 57 58 59 5A 5B 5C 5D 5E 5F  PQRSTUVWXYZ[\]^_
[00000060] 60 61 62 63 64 65 66 67 68 69 6A 6B 6C 6D 6E 6F  `abcdefghijklmno
[00000070] 70 71 72 73 74 75 76 77 78 79 7A 7B 7C 7D 7E 7F  pqrstuvwxyz{|}~.
[00000080] 80 81 82 83 84 85 86 87 88 89 8A 8B 8C 8D 8E 8F  ................
[00000090] 90 91 92 93 94 95 96 97 98 99 9A 9B 9C 9D 9E 9F  ................
[000000A0] A0 A1 A2 A3 A4 A5 A6 A7 A8 A9 AA AB AC AD AE AF  ................
[000000B0] B0 B1 B2 B3 B4 B5 B6 B7 B8 B9 BA BB BC BD BE BF  ................
[000000C0] C0 C1 C2 C3 C4 C5 C6 C7 C8 C9 CA CB CC CD CE CF  ................
[000000D0] D0 D1 D2 D3 D4 D5 D6 D7 D8 D9 DA DB DC DD DE DF  ................
[000000E0] E0 E1 E2 E3 E4 E5 E6 E7 E8 E9 EA EB EC ED EE EF  ................
[000000F0] F0 F1 F2 F3 F4 F5 F6 F7 F8 F9 FA FB FC FD FE FF  ................
[00000100] 00 01 02 03 04 05 06 07 08 09 0A 0B 0C 0D 0E 0F  ................
[00000110] 10 11 12 13 14 15 16 17 18 19 1A 1B 1C 1D 1E 1F  ................
[00000120] 20 21 22 23 24 25 26 27 28 29 2A 2B 2C 2D 2E 2F   !"#$%&'()*+,-./
[00000130] 30 31 32 33 34 35 36 37 38 39 3A 3B 3C 3D 3E 3F  0123456789:;<=>?
[00000140] 40 41 42 43 44 45 46 47 48 49 4A 4B 4C 4D 4E 4F  @ABCDEFGHIJKLMNO
[00000150] 50 51 52 53 54 55 56 57 58 59 5A 5B 5C 5D 5E 5F  PQRSTUVWXYZ[\]^_
[00000160] 60 61 62 63 64 65 66 67 68 69 6A 6B 6C 6D 6E 6F  `abcdefghijklmno
[00000170] 70 71 72 73 74 75 76 77 78 79 7A 7B 7C 7D 7E 7F  pqrstuvwxyz{|}~.
[00000180] 80 81 82 83 84 85 86 87 88 89 8A 8B 8C 8D 8E 8F  ................
[00000190] 90 91 92 93 94 95 96 97 98 99 9A 9B 9C 9D 9E 9F  ................
[000001A0] A0 A1 A2 A3 A4 A5 A6 A7 A8 A9 AA AB AC AD AE AF  ................
[000001B0] B0 B1 B2 B3 B4 B5 B6 B7 B8 B9 BA BB BC BD BE BF  ................
[000001C0] C0 C1 C2 C3 C4 C5 C6 C7 C8 C9 CA CB CC CD CE CF  ................
[000001D0] D0 D1 D2 D3 D4 D5 D6 D7 D8 D9 DA DB DC DD DE DF  ................
[000001E0] E0 E1 E2 E3 E4 E5 E6 E7 E8 E9 EA EB EC ED EE EF  ................
[000001F0] F0 F1 F2 F3 F4 F5 F6 F7 F8 F9 FA FB FC FD FE FF  ................
```

图 14-8　验证 param 分区

```
Probed a flash partition | app | flash_dev: onchip_flash_256k | offset: 0 | len: 2097152 |.
msh >fal read 0x1c0000 512
Read data success. Start from 0x001C0000, size is 512. The data is:
Offset (h) 00 01 02 03 04 05 06 07 08 09 0A 0B 0C 0D 0E 0F
[001C0000] 00 01 02 03 04 05 06 07 08 09 0A 0B 0C 0D 0E 0F  ................
[001C0010] 10 11 12 13 14 15 16 17 18 19 1A 1B 1C 1D 1E 1F  ................
[001C0020] 20 21 22 23 24 25 26 27 28 29 2A 2B 2C 2D 2E 2F   !"#$%&'()*+,-./
[001C0030] 30 31 32 33 34 35 36 37 38 39 3A 3B 3C 3D 3E 3F  0123456789:;<=>?
[001C0040] 40 41 42 43 44 45 46 47 48 49 4A 4B 4C 4D 4E 4F  @ABCDEFGHIJKLMNO
[001C0050] 50 51 52 53 54 55 56 57 58 59 5A 5B 5C 5D 5E 5F  PQRSTUVWXYZ[\]^_
[001C0060] 60 61 62 63 64 65 66 67 68 69 6A 6B 6C 6D 6E 6F  `abcdefghijklmno
[001C0070] 70 71 72 73 74 75 76 77 78 79 7A 7B 7C 7D 7E 7F  pqrstuvwxyz{|}~.
[001C0080] 80 81 82 83 84 85 86 87 88 89 8A 8B 8C 8D 8E 8F  ................
[001C0090] 90 91 92 93 94 95 96 97 98 99 9A 9B 9C 9D 9E 9F  ................
[001C00A0] A0 A1 A2 A3 A4 A5 A6 A7 A8 A9 AA AB AC AD AE AF  ................
[001C00B0] B0 B1 B2 B3 B4 B5 B6 B7 B8 B9 BA BB BC BD BE BF  ................
[001C00C0] C0 C1 C2 C3 C4 C5 C6 C7 C8 C9 CA CB CC CD CE CF  ................
[001C00D0] D0 D1 D2 D3 D4 D5 D6 D7 D8 D9 DA DB DC DD DE DF  ................
[001C00E0] E0 E1 E2 E3 E4 E5 E6 E7 E8 E9 EA EB EC ED EE EF  ................
[001C00F0] F0 F1 F2 F3 F4 F5 F6 F7 F8 F9 FA FB FC FD FE FF  ................
[001C0100] 00 01 02 03 04 05 06 07 08 09 0A 0B 0C 0D 0E 0F  ................
[001C0110] 10 11 12 13 14 15 16 17 18 19 1A 1B 1C 1D 1E 1F  ................
[001C0120] 20 21 22 23 24 25 26 27 28 29 2A 2B 2C 2D 2E 2F   !"#$%&'()*+,-./
[001C0130] 30 31 32 33 34 35 36 37 38 39 3A 3B 3C 3D 3E 3F  0123456789:;<=>?
[001C0140] 40 41 42 43 44 45 46 47 48 49 4A 4B 4C 4D 4E 4F  @ABCDEFGHIJKLMNO
[001C0150] 50 51 52 53 54 55 56 57 58 59 5A 5B 5C 5D 5E 5F  PQRSTUVWXYZ[\]^_
[001C0160] 60 61 62 63 64 65 66 67 68 69 6A 6B 6C 6D 6E 6F  `abcdefghijklmno
[001C0170] 70 71 72 73 74 75 76 77 78 79 7A 7B 7C 7D 7E 7F  pqrstuvwxyz{|}~.
[001C0180] 80 81 82 83 84 85 86 87 88 89 8A 8B 8C 8D 8E 8F  ................
[001C0190] 90 91 92 93 94 95 96 97 98 99 9A 9B 9C 9D 9E 9F  ................
[001C01A0] A0 A1 A2 A3 A4 A5 A6 A7 A8 A9 AA AB AC AD AE AF  ................
[001C01B0] B0 B1 B2 B3 B4 B5 B6 B7 B8 B9 BA BB BC BD BE BF  ................
[001C01C0] C0 C1 C2 C3 C4 C5 C6 C7 C8 C9 CA CB CC CD CE CF  ................
[001C01D0] D0 D1 D2 D3 D4 D5 D6 D7 D8 D9 DA DB DC DD DE DF  ................
[001C01E0] E0 E1 E2 E3 E4 E5 E6 E7 E8 E9 EA EB EC ED EE EF  ................
[001C01F0] F0 F1 F2 F3 F4 F5 F6 F7 F8 F9 FA FB FC FD FE FF  ................
```

图 14-9　验证 app 分区

首先执行代码中的 write_test1 命令，然后向 param 分区写入 128 个数据，命令后的参数是起始数据，如图 14-10 所示。

```
msh >write_test1 1
[I/drv.flash] Erase Start...
[I/drv.flash] Erase succeeded!
[I/drv.flash] Write Start...
[I/drv.flash] Write succeeded!
[I/drv.flash] Read Start...
[I/drv.flash] Read succeeded!
[I/drv.flash] Data verification succeeded!
1    2    3    4    5    6    7    8    9    10   11   12   13   14   15   16
17   18   19   20   21   22   23   24   25   26   27   28   29   30   31   32
33   34   35   36   37   38   39   40   41   42   43   44   45   46   47   48
49   50   51   52   53   54   55   56   57   58   59   60   61   62   63   64
65   66   67   68   69   70   71   72   73   74   75   76   77   78   79   80
81   82   83   84   85   86   87   88   89   90   91   92   93   94   95   96
97   98   99   100  101  102  103  104  105  106  107  108  109  110  111  112
113  114  115  116  117  118  119  120  121  122  123  124  125  126  127  128
msh >
```

图 14-10　验证写入数据

首先使用 fal 命令指定待操作的 Flash 分区，如图 14-11 所示，然后可以使用 fal 命令进行读写操作。

```
msh >fal probe param
Probed a flash partition | param | flash_dev: onchip_flash_32k | offset: 0 | len: 32768 |.
msh >
```

图 14-11　使用 fal 命令指定待操作的 Flash 分区

读取数据，输入 fal read 命令（该命令后跟着数据的起始地址及长度），即可进行读取操作，如图 14-12 所示，可以看到读取的数据中包含上面写入的 128 个数据。

```
msh >fal read 0 512
Read data success. Start from 0x00000000, size is 512. The data is:
Offset (h) 00 01 02 03 04 05 06 07 08 09 0A 0B 0C 0D 0E 0F
[00000000] 01 02 03 04 05 06 07 08 09 0A 0B 0C 0D 0E 0F 10 ...............
[00000010] 11 12 13 14 15 16 17 18 19 1A 1B 1C 1D 1E 1F 20 ...............
[00000020] 21 22 23 24 25 26 27 28 29 2A 2B 2C 2D 2E 2F 30 !"#$%&'()*+,-./0
[00000030] 31 32 33 34 35 36 37 38 39 3A 3B 3C 3D 3E 3F 40 123456789:;<=>?@
[00000040] 41 42 43 44 45 46 47 48 49 4A 4B 4C 4D 4E 4F 50 ABCDEFGHIJKLMNOP
[00000050] 51 52 53 54 55 56 57 58 59 5A 5B 5C 5D 5E 5F 60 QRSTUVWXYZ[\]^_`
[00000060] 61 62 63 64 65 66 67 68 69 6A 6B 6C 6D 6E 6F 70 abcdefghijklmnop
[00000070] 71 72 73 74 75 76 77 78 79 7A 7B 7C 7D 7E 7F 80 qrstuvwxyz{|}~..
[00000080] 00 00 00 00 00 00 00 00 00 00 00 00 00 00 00 00 ...............
[00000090] 00 00 00 00 00 00 00 00 00 00 00 00 00 00 00 00 ...............
[000000A0] 00 00 00 00 00 00 00 00 00 00 00 00 00 00 00 00 ...............
```

图 14-12 使用 fal read 命令读取 Flash 数据

擦除数据，输入 fal erase 命令，该命令后面跟着待擦除数据的起始地址及长度，如图 14-13 所示。根据 Flash 存储器特性，擦除动作将按扇区对齐进行处理。如果擦除操作地址或长度未按扇区对齐，那么将会擦除与其关联的整个扇区数据。

```
msh >fal erase 0 512
Erase data success. Start from 0x00000000, size is 512.
msh >
```

图 14-13 使用 fal erase 命令擦除 Flash 数据

使用 fal 命令写入数据，输入 fal write 命令，该命令后跟着写入数据的起始地址和待写入数据。

14.4 本章小结

本章介绍了嵌入式系统中常见存储器的类型和 PSoC6 上的 Flash 存储器。讲解了 RTT 操作系统中提供的 FAL 组件及如何使用 FAL 组件。通过实验，深刻理解 FAL 组件对 Flash 存储器的读写操作。

习题 14

（1）解释 Flash 存储器的工作原理及其在嵌入式系统中的应用价值。

（2）描述 PSoC6 上 Flash 存储器的结构，包括不同区域的用途和特点。

（3）阐述 RTT 的 FAL 组件的主要功能及其对嵌入式系统开发的意义。

（4）通过 FAL 组件操作 Flash 存储器涉及哪些关键步骤？请提供一个示例代码，展示如何读取和写入 Flash 存储器的特定分区。

（5）讨论在设计使用 Flash 存储器的嵌入式系统时，如何处理擦写次数限制和数据安全等挑战。

第 15 章
PSoC6 上的 USB 应用

15.1 USB 简介

15.1.1 USB 协议

USB（通用串行总线）是现代计算和通信设备中广泛使用的一种接口技术，它不仅支持数据传输，还可以提供电源。USB 属于设备间的一种轮询式总线，主机控制端口初始化所有的数据传输。

自 USB1.0 发布以来，历经多个版本演进，到目前的 USB4.0，数据传输速率由 1.5Mbit/s 提升到 40Gbit/s。USB 各版本的接口类型和传输速率如图 15-1 所示。

USB1.0/USB1.1	USB2.0	USB3.0 USB3.1 Gen1 USB3.2 Gen1	USB3.1 USB3.1 Gen2 USB3.2 Gen2 ×1	USB3.2	USB4.0
1.5Mbit/s/12Mbit/s	480Mbit/s	5Gbit/s	10Gbit/s	20Gbit/s	40Gbit/s
Type-A Type-B	Type-A Type-B	Type-A Type-B	Type-A Type-B	—	—
Mini-A Mini-B	Mini-A Mini-B	Mini-B			
Micro-A Micro-B	Micro-A Micro-B	Micro-B			
—	Type-C	Type-C	Type-C	Type-C	Type-C

图 15-1　USB 各版本的接口类型和传输速率

USB 接口主要分为 Type-A、Type-B 和 Type-C 三种类型，每种类型又分为标准型、迷你型和微型等多种形式。其中，Type-C 接口支持正反插，传输速率高，功能丰富，成为当前主流。

15.1.2　USB 的数据传输类型

USB 协议定义了几种不同的数据传输类型，以满足不同应用的需求。USB 的主要数据传输类型包括以下几种。

（1）控制传输（Control Transfers）：用于设备配置、命令传输和状态获取。其特点是在 USB 设备枚举过程中使用，可以对设备进行初始化和配置。

（2）批量传输（Bulk Transfers）：用于大量数据传输，如文件传输和打印任务。其特点是提供可靠的数据传输，但不保证及时性或带宽。

（3）中断传输（Interrupt Transfers）：适用于需要定期和及时响应的设备，如鼠标和键盘。其特点是确保及时性，适合小量数据的频繁传输。

（4）同步传输（Synchronous Transfers）：主要用于音频和视频数据的实时传输。其特点是提供连续、定时的数据流，但不保证数据的完整性。

15.1.3　PSoC6 上的 USB 接口

PSoC6 系列提供了一个 USB2.0 全速设备接口。PSoC6 的 USB 接口支持上述所有数据传输类型，为不同类型的 USB 设备提供了硬件基础。其接口具备以下特征。

（1）USB2.0 全速。

（2）8 个数据端点和 1 个控制端点。

（3）512B 的共享 FIFO。

（4）控制端点专用的 8B 存储。

（5）支持控制、中断、批量和同步传输。

（6）支持总线和自供电。

（7）支持 USB 挂起以降低功耗。

（8）支持无 DMA、手动 DMA 模式传输最大 512B 的数据包；自动 DMA 模式同步传输最大 1023B 的数据包。

（9）带 22Ω 的终端电阻和 1.5kΩ 的上拉电阻。

（10）支持 USB2.0 LPM。

英飞凌提供的开发环境 PSoC Creator 和 ModusToolbox 具备丰富的图形化配置工具，可以用于设置 USB 接口和功能。PSoC6 配备了全面的 USB 驱动支持，包括标准的设备类驱动和用户自定义的驱动选项。

PSoC6 内置了 USB 物理层（PHY），这大大简化了硬件设计过程。内置 PHY 不需要添加外部 USB PHY 芯片，从而降低了电路板的复杂性和制造成本，这有助于提高信号完整性和系统的可靠性。

PSoC6 支持广泛的 USB 设备类开发，包括但不限于 HID（如键盘、鼠标、游戏控制器）、CDC（如虚拟串口）、MSC（大容量存储设备）、自定义设备。这种广泛的支持使得 PSoC6 成为多种工业、消费电子和医疗设备的理想选择。将 PSoC6 作为 USB 设备时的设备连接示意图如图 15-2 所示，此时需要考虑使用铁氧体磁珠来处理 VBUS、GND 和接收器屏蔽线，并使用 ESD 保护装置。

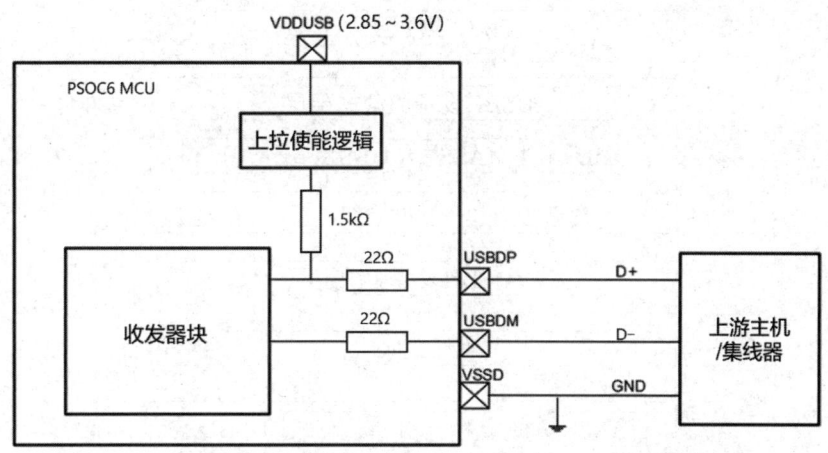

图 15-2　将 PSoC6 作为 USB 设备时的设备连接示意图

PSoC6 USB 的引脚功能如表 15-1 所示。

表 15-1　PSoC6 USB 的引脚功能

信　号	PSoC6 引脚	功　能
USBDP (D+)	P14[0]	数据线正
USBDM (D-)	P14[1]	数据线负
VBUS	VDDUSB	电源正极
GND		接地

　　PSoC6 的 USB 功能支持使其在多个行业中广泛应用。在工业控制系统中，USB 接口可以用于设备配置和固件更新；在消费电子产品中，如游戏设备或便携设备中，USB 提供了一种便捷的数据传输和设备充电解决方案；在医疗设备领域，USB 接口用于数据记录和设备监控，确保数据的准确性和实时性。

15.2　RTT 上的 USB 驱动接口

　　在 USB 系统中，数据传输发生在主机和 USB 设备之间，可理解为数据传输是在主机应用软件的 Buffer 和 USB 设备的端点之间进行的，每个设备端点都有 Buffer，二者之间交换的通道称为管道。

　　RTT 提供了一套通用的 USB 协议，包括主机框架（USBH）和从机框架（USBD）。它们分别提供了一套完整的 API 并遵循 USB 规范，以便开发者不必深入了解 USB 协议的复杂性即可实现其功能。RTT 的 USB 驱动接口支持多种 USB 设备模式，包括主机模式、从机模式和双模式（OTG），以及支持各种 USB 的数据传输类型。

15.2.1　USBH 驱动框架

　　USBH 驱动框架的层级结构如图 15-3 所示。

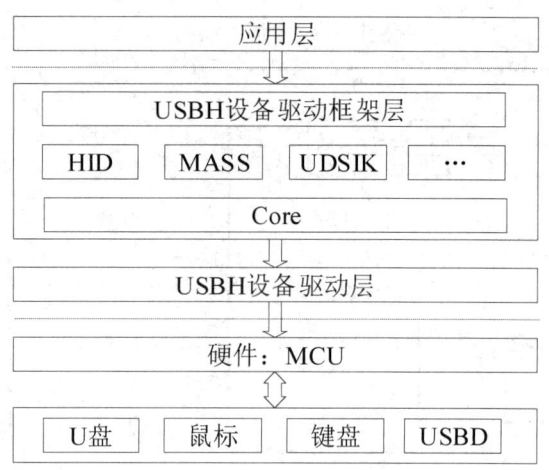

图 15-3　USBH 驱动框架的层级结构

　　应用层代码主要包含用户开发的各种业务逻辑，如操作 USBH 设备访问鼠标、键盘等。USBH 设备驱动框架层包括 USB 主机核心代码及一些内置函数，抽象出的 USBH 设备驱动框架层与平台无关，该层向应用层提供统一接口。USBH 设备驱动层的实现与平台相关，驱动源码一般为 drv_usbh.c，位于具体的 bsp 目录中。最下面一层为具体的硬件设备，即各个 USBD 设备，USBH 负责控制这些设备或进行数据传输。

15.2.2　USBD 驱动框架

　　USBD 驱动框架的层级结构如图 15-4 所示。

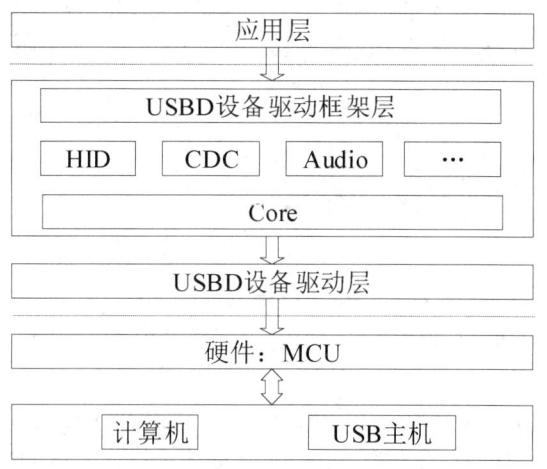

图 15-4　USBD 驱动框架的层级结构

　　应用层代码主要是用户编写的逻辑。USBD 设备驱动框架层包括 USB 从机核心代码（Core）及一些内置函数。USBD 设备驱动框架层与设备无关，是一层通用层，向应用层提供统一的接口。USBD 设备驱动层的实现与平台相关，其驱动源码一般为 drv_usbd.c，位于具体的 bsp 目录中。在注册 USBD 设备后调用 rt_device_init 接口完成 USBD 设备驱动框架层的初始化。最下面一层为具体的 USB 硬件，主要是计算机或者具有 USB 主机功能的嵌入式设备。

15.3　实验 15：RTT 实现 USB 鼠标

1．实验目的

（1）掌握 USB 鼠标的工作机制，包括设备描述符、标准请求和报告格式。

（2）熟悉如何在 RTT 操作系统中配置和使用 USBD 设备。

（3）编写程序，使 PSoC6 能够通过 USB 接口模拟鼠标。

2．实验准备

（1）硬件设备：PSoC62 评估板、Type-C USB 线。

（2）软件环境：RTT Studio IDE 开发环境、RTT 操作系统。

3．实验步骤

（1）软件配置。基于 PSoC62 评估板新建 RTT 项目，项目名称为 PSoC62_USB。在 libraries/HAL_Drivers 目录中新建 drv_usbd.c 文件和 drv_usbd.h 文件（详细内容请看配套实验代码）。打开 board/Kconfig 文件，添加如图 15-5 所示的内容。

```
236
237    config BSP_USING_USBD
238        bool "Enable Usb Device"
239        select RT_USING_USB_DEVICE
240        default n
241
242    menuconfig BSP_USING_DAC
```

图 15-5　修改 Kconfig 文件

打开 libraries/HAL_Drivers/SConscript 文件，添加如图 15-6 所示的内容。

```
40
41 if GetDepend(['BSP_USING_USBD']):
42     src += ['drv_usbd.c']
43
44 if GetDepend('BSP_USING_RTC'):
45     src += ['drv_rtc.c']
46
```

图 15-6　修改 libraries/HAL_Drivers/SConscript 文件

打开 libraries/IFX_PSOC6_HAL/SConscript 文件，添加如图 15-7 所示的内容。

```
145 if GetDepend(['BSP_USING_USBD']):
146     src += ['mtb_shared/usbdev/cy_usb_dev.c']
147     src += ['mtb_shared/usbdev/cy_usb_dev_audio.c']
148     src += ['mtb_shared/usbdev/cy_usb_dev_cdc.c']
149     src += ['mtb_shared/usbdev/cy_usb_dev_hid.c']
150     src += ['mtb-pdl-cat1/drivers/source/cy_usbfs_dev_drv.c']
151     src += ['mtb-pdl-cat1/drivers/source/cy_usbfs_dev_drv_io.c']
152     src += ['mtb-pdl-cat1/drivers/source/cy_usbfs_dev_drv_io_dma.c']
153     src += ['mtb-pdl-cat1/drivers/source/cy_dma.c']
154
```

图 15-7　修改 libraries/IFX_PSOC6_HAL/SConscript 文件

将 COMPONENT_BSP_DESIGN_MODUS 目录添加到如图 15-8 所示的位置。

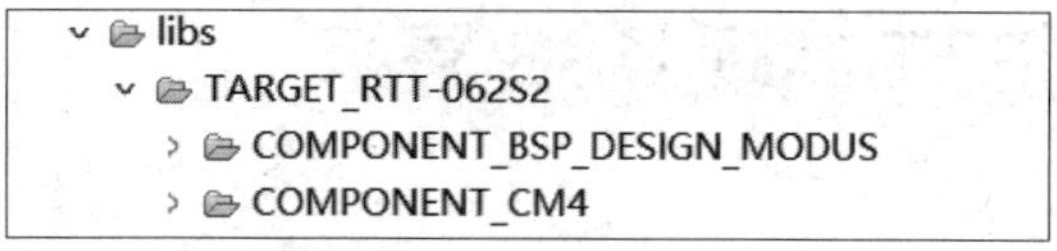

图 15-8　添加 COMPONENT_BSP_DESIGN_MODUS 目录

（2）编写程序。打开 main.c 文件，添加以下代码，主要是配置 RTT USB 堆栈和应用代码，编写程序后，即可编译工程。

```
#define USB_STACK_SIZE      2048
#define USB_PRIORITY        5
#define USB_TICKS           5

uint32_t counter = 0u;
uint8_t mouse_data[3];
rt_device_t usbd0 = RT_NULL;
usbd0 = rt_device_find("hidd");
if (usbd0)
    rt_device_open(usbd0, RT_DEVICE_FLAG_RDWR);
else
    return;
for(;;)
{
    rt_thread_mdelay(10);
    counter++;
    if ((counter % 128) == 0)
    mouse_data[1] = 5;
    if ((counter % (2*128)) == 0)
    mouse_data[1] = -5;
    rt_device_write(usbd0, 0, mouse_data, sizeof(mouse_data));
}
```

（3）硬件连接。使用 Type-C 数据线连接计算机与 PSoC62 评估板的 MCU 接口。
（4）调试与测试。将程序编译并下载到 PSoC62 评估板，观察到鼠标光标循环上下移动。

15.4 本章小结

本章介绍了 USB 协议的基本概念、数据传输类型和 PSoC6 上的 USB 接口。探讨了不同的 USB 数据传输类型，如控制传输、批量传输、中断传输和同步传输，每种传输类型针对不同的使用场景。探讨了 RTT 上的 USB 驱动接口，包括 USBH 和 USBD 驱动框架。在 RTT 中，USB 驱动接口包括设备驱动层、类驱动层和应用接口层，支持多种 USB 设备模式和传输类型。通过实验，掌握如何配置和添加 USB 驱动文件及应用，包括硬件参数配置、类驱动选择，以及测试和应用验证。

习题 15

（1）解释 USB 协议的基本组成部分，以及它在设备通信中的作用。

（2）请列举并简述 USB 的 4 种传输类型，以及它们各自的应用场景。

（3）描述 PSoC6 上 USB 接口的主要特性，包括它如何支持不同的 USB 设备类型。

（4）在 RTT 操作系统中，如何配置和使用 USB 驱动接口来实现一个 USB 通信设备？请提供一个简单的步骤说明或代码示例。

（5）请讨论在设计 USB 设备时，应如何处理 USB 通信的安全性问题。

第16章
基于 PSoC6 和 RTT 的项目案例

本章使用 PSoC62 评估板设计两个综合案例，分别是基于 RTT 的智能家居系统和基于 RTT 的智能小车。

16.1 基于 RTT 的智能家居系统

16.1.1 概述

智能家居系统以住宅为平台，利用综合布线技术、网络通信技术、安全防范技术、自动控制技术、音视频技术，将与家居生活相关的设备集成起来，构建可集中管理、智能控制的住宅设施管理系统，从而提升家居的安全性、便利性、舒适性、艺术性，并实现环保节能的居住环境。该系统通过整合各类智能设备（如智能照明、环境监测、家电控制等），利用无线通信技术（如 Wi-Fi、蓝牙等）实现设备间的互联互通，再结合云端服务，使用户能够远程或本地便捷地控制家居设备，实现智能化管理与个性化设置。

为实现整个系统功能，首先进行需求分析，给出整个系统可行的实现方案，再细化具体实现，采用模块化的思想解决复杂的工程问题。本系统将 PSoC62 评估板作为硬件平台，基于 RTT 操作系统，借助阿里云物联网平台及微信小程序实现智能家居，主要实现环境温度和环境亮度监测功能，具体需求如下。

（1）环境监测：包括温度和亮度监测。

（2）设备控制：远程控制智能家居系统中的各种设备，如 RGB 灯、LED。

（3）阿里云物联网平台：利用阿里云物联网平台实现数据联网。

（4）微信小程序：温度、亮度信息实时上传到阿里云物联网平台并显示在微信小程序中，实现对温度和亮度的远程监测，以及对 RGB 灯和 LED 的远程控制。

16.1.2 总体方案

根据需求分析，智能家居系统总体方案如图 16-1 所示。

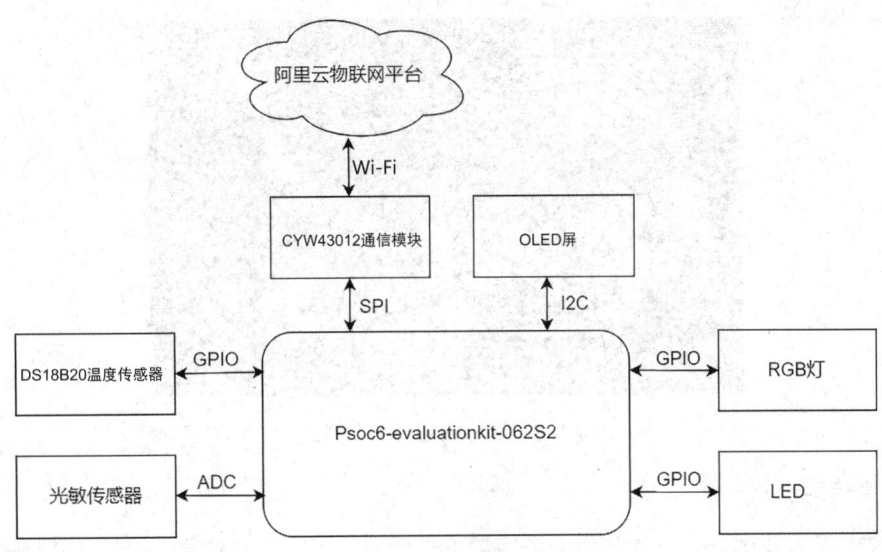

图 16-1　智能家居系统总体方案

1．PSoC62 评估板

PSoC62 评估板建议选用 Psoc6-evaluationkit-062S2。该评估板是 RTT 联合英飞凌推出的一款集成 32 位双核 CPU 系统（ARM Cortex-M4 和 ARM Cortex-M0）的评估板，其具有单周期乘法的 150MHz ARM Cortex-M4F CPU（浮点和存储器保护单元）和 100MHz Cortex-M0+ CPU，支持单周期乘法和 MPU，可以充分发挥 PSoC62 双核芯片的性能，PSoC62 评估板如图 16-2（a）所示。

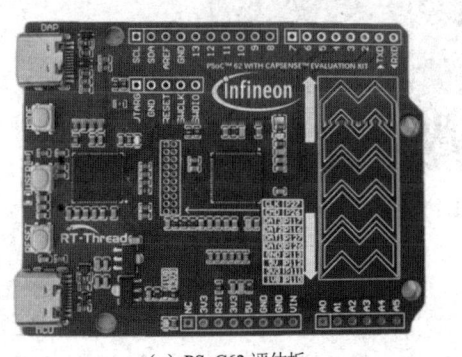
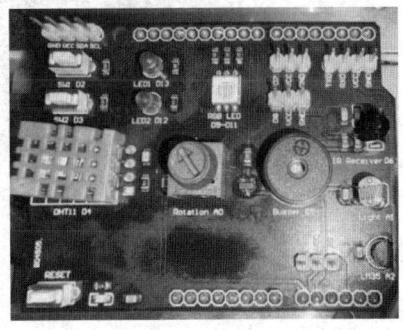

（a）PSoC62 评估板　　　　　　　　　　　　　（b）传感器板

图 16-2　PSoC62 评估板和传感器板

2．传感器板

传感器板上有 LED、RGB 灯、DHT11、LM35、电位器、蜂鸣器、按钮、红外接收器和光敏传感器等器件，并引出了其余引脚，传感器板如图 16-2（b）所示。

3．通信模块

通信模块采用 Cypress 最新的 CYW43012 Wi-Fi＋蓝牙组合模块。它采用 28nm 超低功耗技术，并增强了低功耗模式。该模块是业界首款 IEEE 802.11ac-friendly 产品。IEEE 802.11ac-friendly 模式可与 IEEE 802.11ac 接入点完全互操作，并支持在物联网中应用时保持较低功耗，同时利用关键的 IEEE 802.11ac 特性，如高效的 256-QAM，该特性支持更短的活动时间、更长的距离及带隐式波束成形的覆盖范围，CYW43012 通信模块如图 16-3 所示。

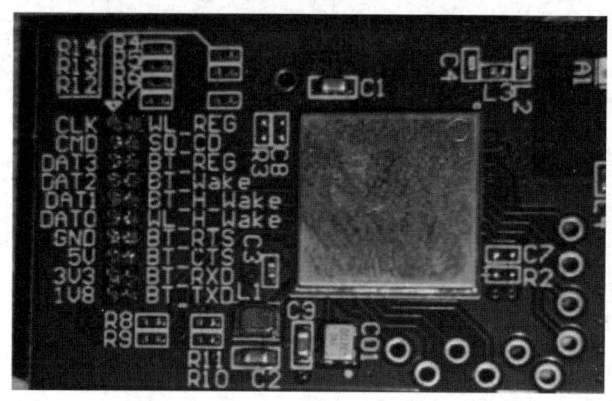

图 16-3　CYW43012 通信模块

4. 温度传感器

DS18B20 温度传感器是一款常用的数字温度传感器，其输出的是数字信号，具有体积小、硬件开销低、抗干扰能力强和精度高的特点。封装后的 DS18B20 温度传感器可用于高炉水循环测温、锅炉测温、机房测温、农业大棚测温及洁净室测温等各种非极限温度场合。该传感器具有耐磨、耐碰、体积小、使用方便等优点，且封装形式多样，适用于各种狭小空间设备的数字测温和控制领域。DS18B20 温度传感器如图 16-4 所示。

图 16-4　DS18B20 温度传感器

5. OLED 屏

SSD1306 显示模块是一款集成控制器的 OLED 点阵图形显示驱动芯片，适用于 OLED/PLED 显示系统。它由 128 个 SEG（列输出）和 64 个 COM（行输出）组成。该芯片专为共阴极 OLED 面板设计。SSD1306 显示模块内置对比度控制器、显示 RAM（GDDRAM）和振荡器，有效减少了外部元器件的数量并降低了功耗。该芯片支持 256 级亮度控制。数据或命令由通用微控制器通过硬件选择的 6800/8000 通用并行接口、I2C 接口或串行外设接口发送。SSD1306 显示模块如图 16-5 所示。

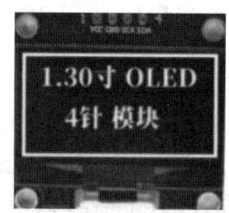

图 16-5　SSD1306 显示模块

16.1.3　硬件设计

PSoC62 评估板及相关模块的硬件电路设计可参考 PSoC62 评估板及相关模块的电路原理图，此处仅针对软件设计列出硬件连接方式，如表 16-1 所示。

表 16-1　硬件连接方式

模块引脚		MCU 引脚	说　明
DS18B20	DQ	P10.3（A3）	GPIO
LED		P0.4	GPIO
RGB 灯	R	P5.7	GPIO
	G	P0.2	GPIO
	B	P0.5	GPIO
光敏传感器		P10.1（A1）	ADC
OLED 屏	SCL	P11.0	I2C
	SDA	P11.1	

16.1.4　软件设计

根据需求分析，软件设计包括 4 个模块，即本地显示模块、环境监测模块、设备控制模块和主程序模块。因此，对应各模块创建温度获取线程、光照强度获取线程、OLED 线程和 MQTT 线程。智能家居系统软件架构如图 16-6 所示。

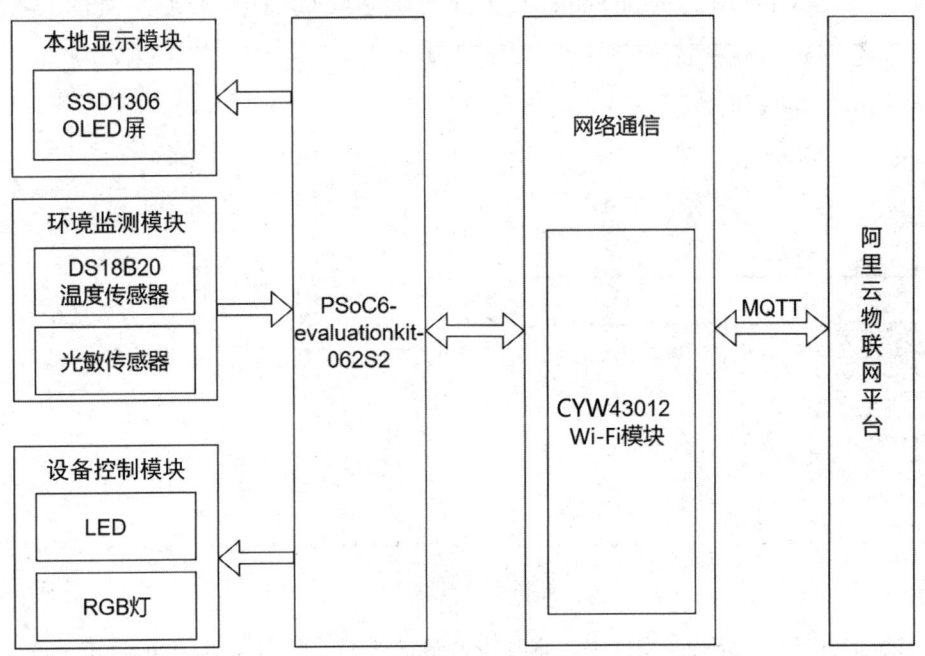

图 16-6　智能家居系统软件架构

1. 系统配置

基于示例工程 cyw43012_wifi_demo 创建 Smart_Home 项目，如图 16-7 所示。

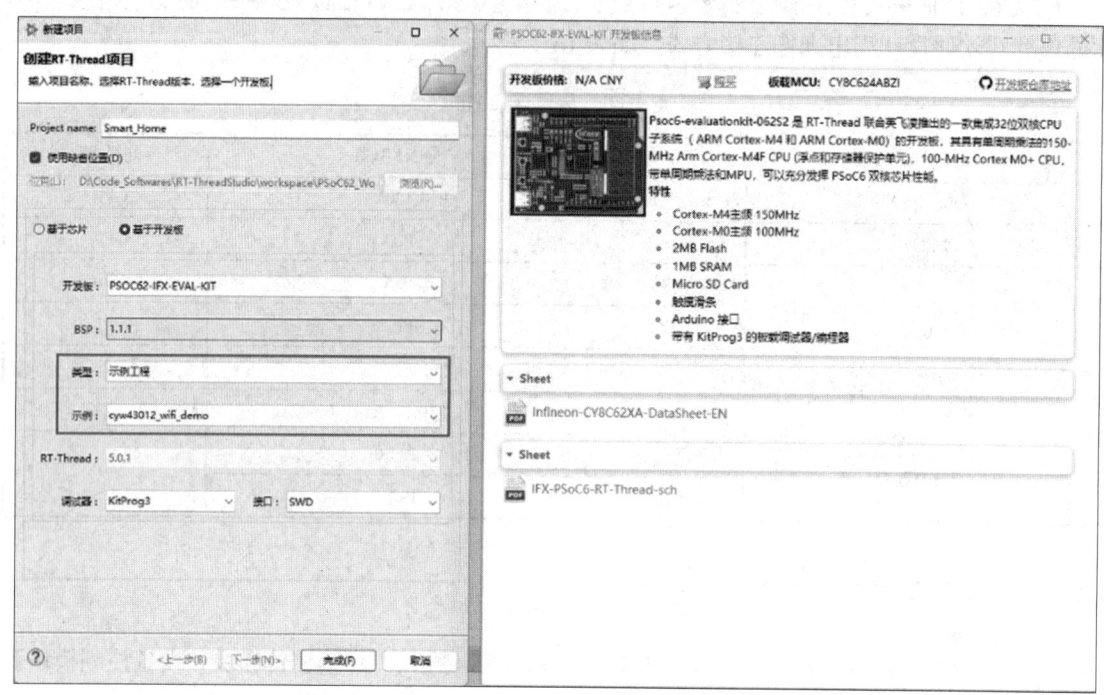

图 16-7　基于示例工程创建项目

创建项目后，双击"RT-Thread Settings"选项，使能 ADC，打开 ADC1，如图 16-8 所示。

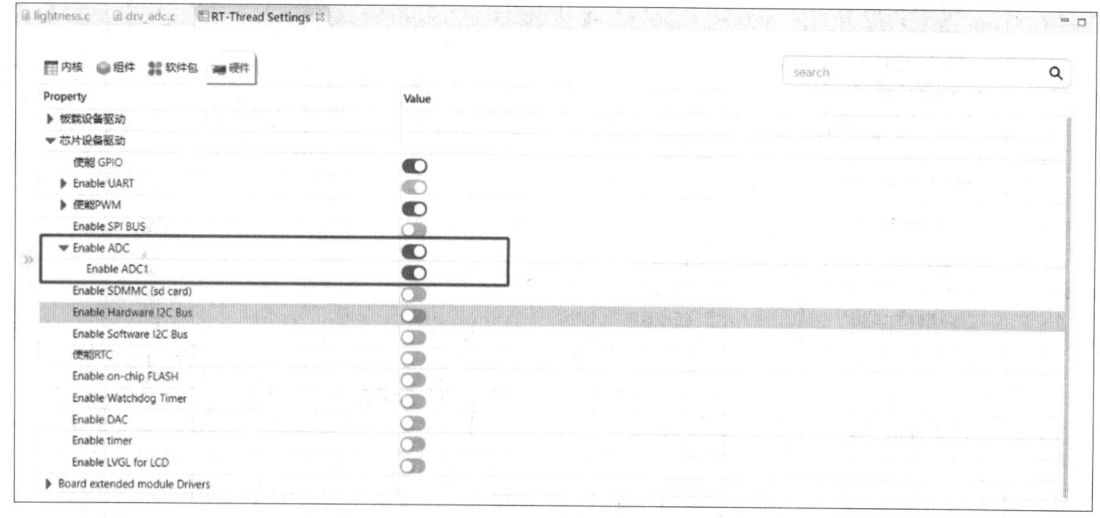

图 16-8　使能 ADC

打开 libraries/HAL_Drivers 文件夹，修改 drv_adc.c 文件，修改 static rt_err_t ifx_adc_enabled() 函数，将函数内的 VPLUS_CHANNEL_0 改成 channel，如图 16-9 所示。

```
38  static rt_err_t ifx_adc_enabled(struct rt_adc_device *device, rt_uint32_t channel, rt_bool_t enabled)
39  {
40      cyhal_adc_channel_t *adc_ch;
41      cy_rslt_t result;
42
43      RT_ASSERT(device != RT_NULL);
44      adc_ch = device->parent.user_data;
45
46      const cyhal_adc_channel_config_t channel_config =
47      {
48          .enable_averaging = false,       // Disable averaging for channel
49          .min_acquisition_ns = 1000,      // Minimum acquisition time set to 1us
50          .enabled = enabled               // Sample this channel when ADC performs a scan
51      };
52
53      if (enabled)
54      {
55          /* Initialize ADC. The ADC block which can connect to pin 10[0] is selected */
56          result = cyhal_adc_init(&adc_obj, VPLUS_CHANNEL_0, NULL);
57
58          if (result != RT_EOK)
59          {
60              LOG_E("ADC initialization failed. Error: %u\n", result);
61              return -RT_ENOSYS;
62          }
63
64          /* Initialize a channel 0 and configure it to scan P10_0 in single ended mode. */
65          result = cyhal_adc_channel_init_diff(adc_ch, &adc_obj, VPLUS_CHANNEL_0,
66                                               CYHAL_ADC_VNEG, &channel_config);
```

图 16-9　修改 drv_adc.c 文件

接下来，修改读取 ADC 值的函数，如图 16-10 所示。

```
    lightness.c    drv_adc.c
81  1
82          cyhal_adc_free(&adc_obj);
83          cyhal_adc_channel_free(adc_ch);
84      }
85
86      return RT_EOK;
87  }
88
89  #define MICRO_TO_MILLI_CONV_RATIO        (1000u)
90  static rt_err_t ifx_get_adc_value(struct rt_adc_device *device, rt_uint32_t channel, rt_uint32_t *value)
91  {
92      cyhal_adc_channel_t *adc_ch;
93
94      RT_ASSERT(device != RT_NULL);
95      adc_ch = device->parent.user_data;
96
97      channel = adc_ch->channel_idx;
98
99  #if 1
100     *value = cyhal_adc_read_uv(adc_ch) / MICRO_TO_MILLI_CONV_RATIO;
101 #else
102     *value = cyhal_adc_read(adc_ch);
103 #endif
104     return RT_EOK;
105 }
106
107 static const struct rt_adc_ops at_adc_ops = { .enabled = ifx_adc_enabled, .convert = ifx_get_adc_value, };
```

图 16-10　修改读取 ADC 值的函数

修改 I2C 配置，修改 board 文件夹中的 Kconfig 文件，添加 I2C5 配置，如图 16-11 所示。添加后保存修改并同步 Scons 配置至项目。

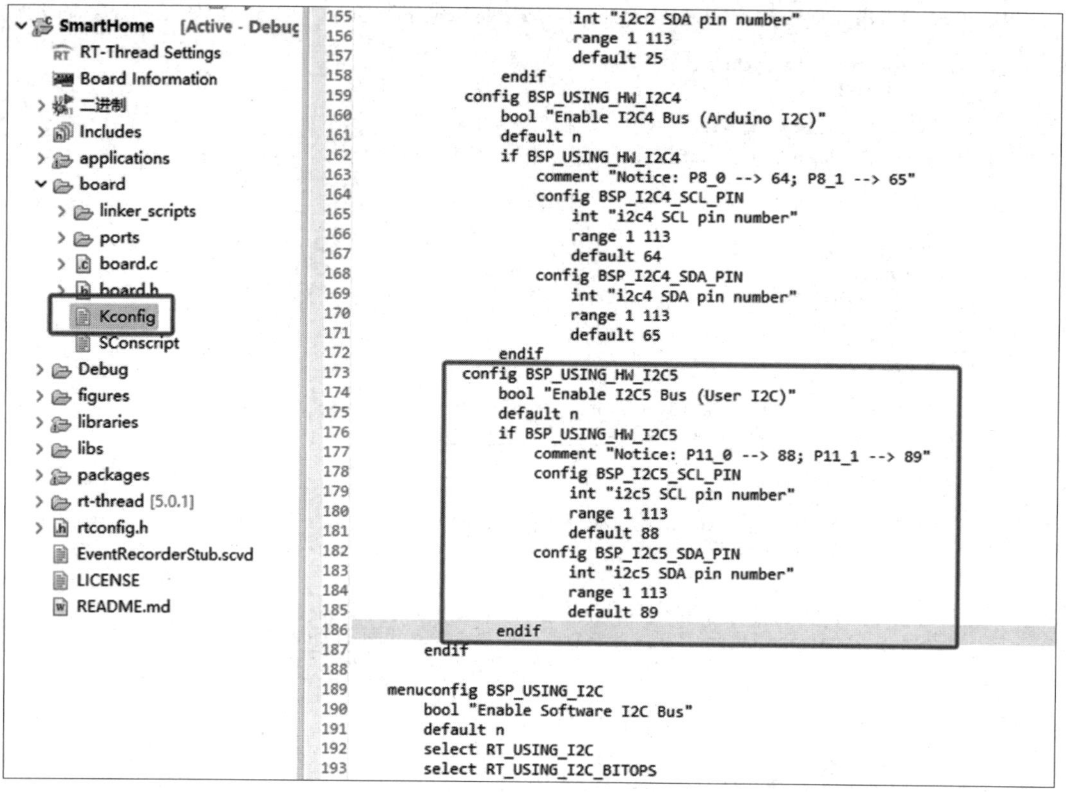

图 16-11　修改 Kconfig 文件

接下来，修改 libraries/HAL_Drivers 文件夹中的 SConscript 文件，如图 16-12 所示。修改后保存并同步 Scons 配置至项目。

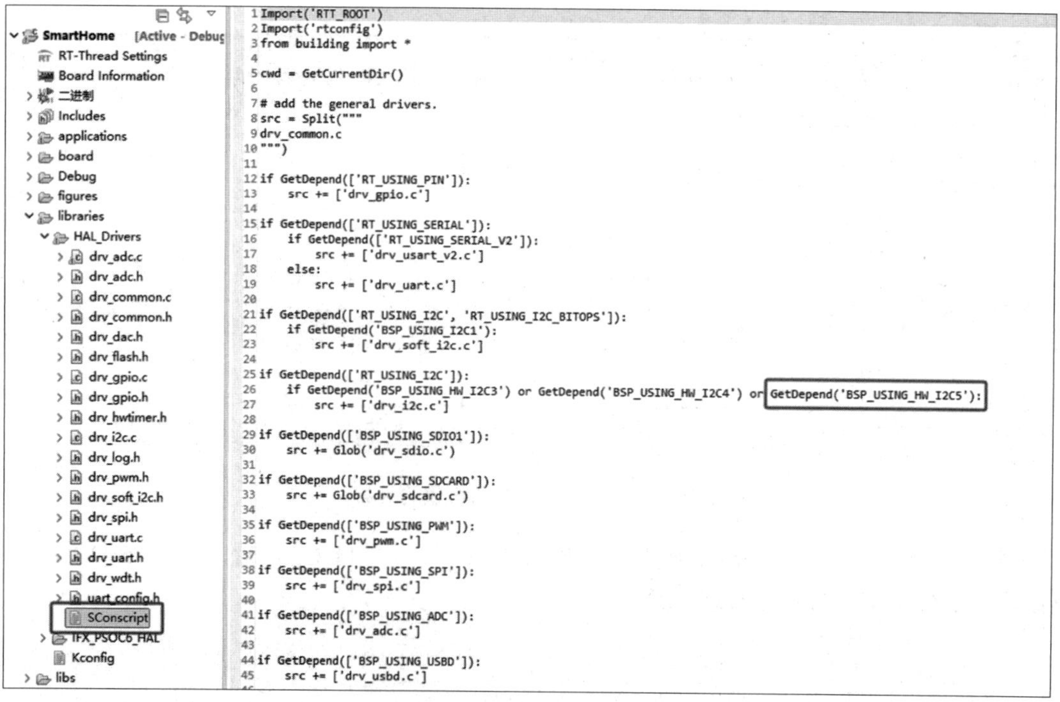

图 16-12　修改 SConscript 文件

在"RT-Thread Settings"界面使能 I2C5 总线，修改引脚编号为 88 和 89，如图 16-13 所示。

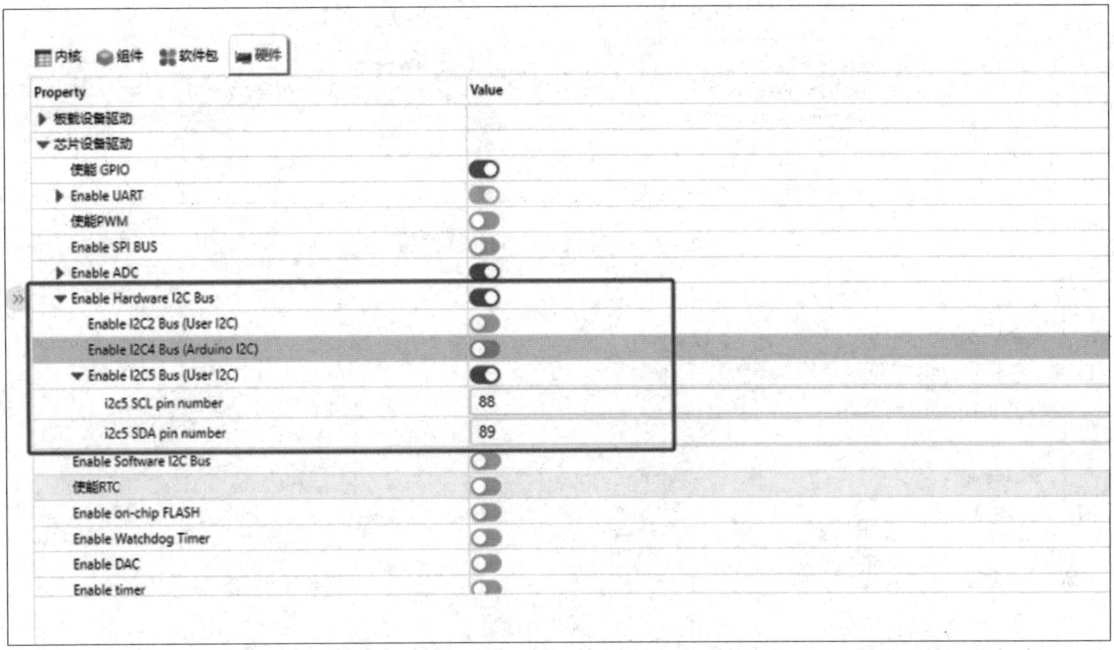

图 16-13　使能 I2C5 总线

在 RTT Studio 中，提供了 ssd1306 软件包，添加 ssd1306 软件包后对其进行配置，从设备地址"I2C address"为"0x3c"，I2C 总线"I2C bus name"为"i2c5"。完成配置后，就可以使用硬件 I2C 和 ssd1306 软件包来操作 OLED 屏，如图 16-14 所示。

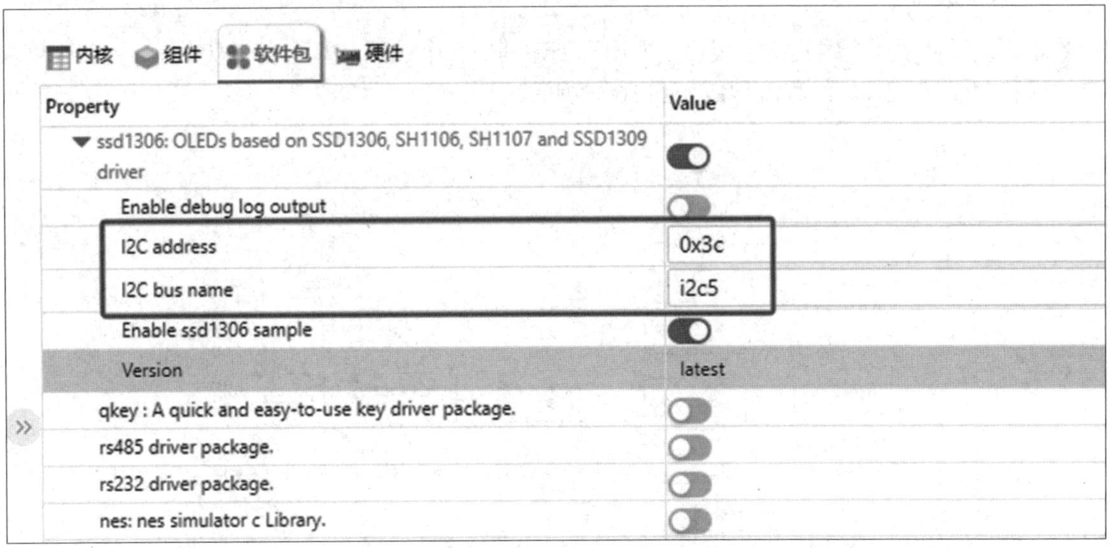

图 16-14　配置 ssd1306 软件包

Ali-iotkit 是连接阿里云物联网平台的软件包，连接阿里云物联网平台还需要添加 CJson 软件包，添加完成后对 Ali-iotkit 软件包进行配置，并根据阿里云物联网平台创建的产品及设备修改 Product Key、Device Name 和 Device Secret，如图 16-15 所示。

此外，系统还用到了一些软件包、组件和驱动，如图 16-16 所示。

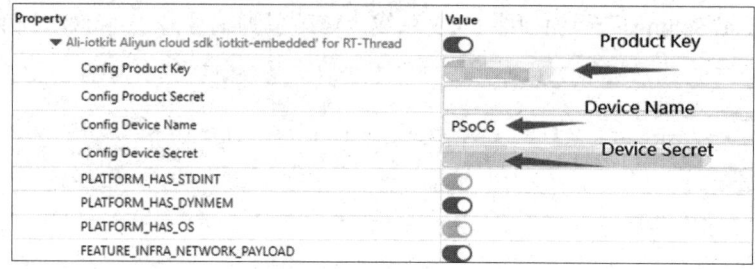

图 16-15　配置 Ali-iotkit 软件包

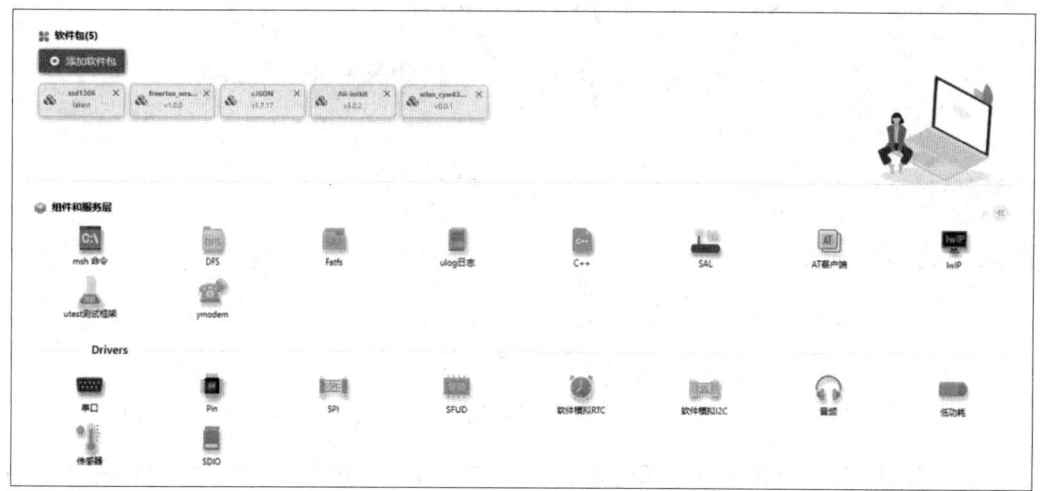

图 16-16　系统用到的软件包、组件和驱动

2．程序设计

本系统设计了 4 个线程，主线程主要用于创建其他 3 个线程，即温度获取线程、光照强度获取线程和 MQTT 线程。线程流程图如图 16-17 所示。

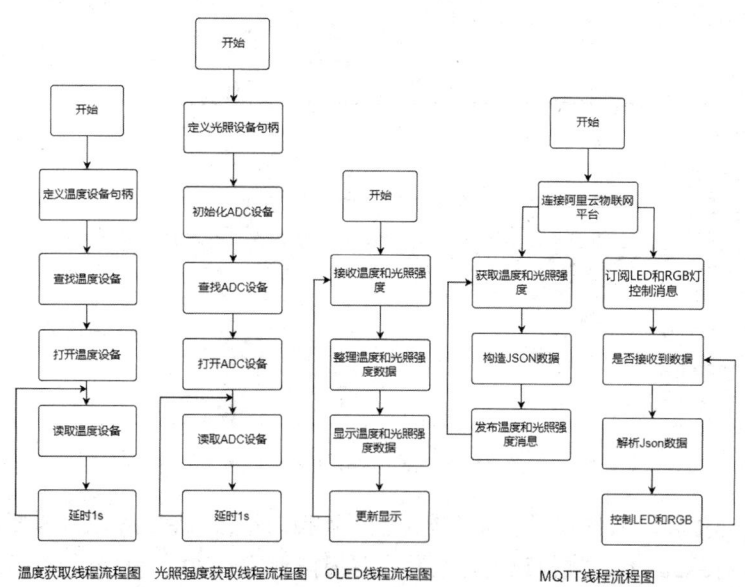

图 16-17　线程流程图

温度获取线程主要用于获取温度数据。温度获取步骤包括定义温度设备句柄、查找温度设备、打开温度设备及读取温度设备数据。

光照强度获取线程主要用于获取光照强度数据。通过 ADC 读取光敏电阻的值，将读取的值进行转换后得到光照强度。

OLED 线程主要用于接收温度和光照强度数据，将数据格式转换后在 OLED 屏上显示。

MQTT 线程主要用于将温度获取线程和光照强度获取线程获取到的数据上传到阿里云物联网平台。

3．程序实现源码

根据系统设计方案和程序设计，以下是系统中部分关键代码的实现。

```c
//main.c
#include <rtthread.h>
#include <rtdevice.h>
#include "drv_gpio.h"
#define LED_PIN        GET_PIN(0, 1)
extern void get_lightness();
extern void get_temperature();
extern int wifi();
extern void ssd1306_Init(void);
extern void oled_show(void);
static void lightness_get_entry(void *parameter)
{
    get_lightness();
}
static void temperature_get_entry(void *parameter)
{
    get_temperature();
}
static void oled_entry(void* parameter)
{
oled_show();
}
static void mqtt_entry(void *parameter)
{
    wifi();
}
int main(void)
{
    rt_pin_mode(LED_PIN, PIN_MODE_OUTPUT);
    rt_thread_t t_lightness = rt_thread_create("t_lightness", lightness_get_entry, RT_NULL, 1024, 15, 5);
    rt_thread_t t_temperature = rt_thread_create("t_temperature", temperature_get_entry,
                                    RT_NULL, 1024, 15, 5);
    rt_thread_t t_oled = rt_thread_create("t_oled", oled_entry, RT_NULL, 2048, 16, 5);
    rt_thread_t t_mqtt = rt_thread_create("t_mqtt", mqtt_entry, RT_NULL, 6024, 15, 5);
    if (t_lightness != RT_NULL)
        rt_thread_startup(t_lightness);
    if (t_temperature != RT_NULL)
```

```
            rt_thread_startup(t_temperature);
        if (t_mqtt != RT_NULL)
            rt_thread_startup(t_mqtt);
}
//wifi.c
#define WIFI_SSID      "****"          //请将*改成自己 AP 的 SSID 和 PASSWORD
#define WIFI_PASSWORD  "********"
int app_mqtt(void);
```

其他部分代码的思维导图如图 16-18 所示。

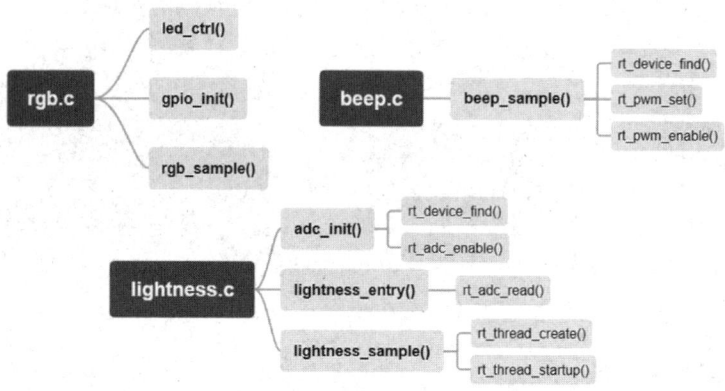

图 16-18　其他部分代码的思维导图

工程目录结构如图 16-19 所示。

```
∨ ⚙ SmartHome    [Active - Debug]
    ⚙ RT-Thread Settings
    ▦ Board Information
  > ⚙ 二进制
  > ⚙ Includes
  ∨ ⚙ applications
    > ▤ ds18b20.c
    > ▤ ds18b20.h
    > ▤ led.c
    > ▤ lightness.c
    > ▤ lm35.c
    > ▤ main.c
    > ▤ mqtt.c
    > ▤ mqtt.h
    > ▤ rgb.c
    > ▤ temperature.c
    > ▤ wifi.c
      ▤ SConscript
  > ⚙ board
  > ⚙ Debug
  > ⚙ figures
  > ⚙ libraries
  > ⚙ libs
  > ⚙ packages
  > ⚙ rt-thread [5.0.1]
  > ⚙ rtconfig.h
    ▤ EventRecorderStub.scvd
    ▤ LICENSE
    ▤ README.md
```

图 16-19　工程目录结构

工程具体实现的思维导图如图 16-20 所示。

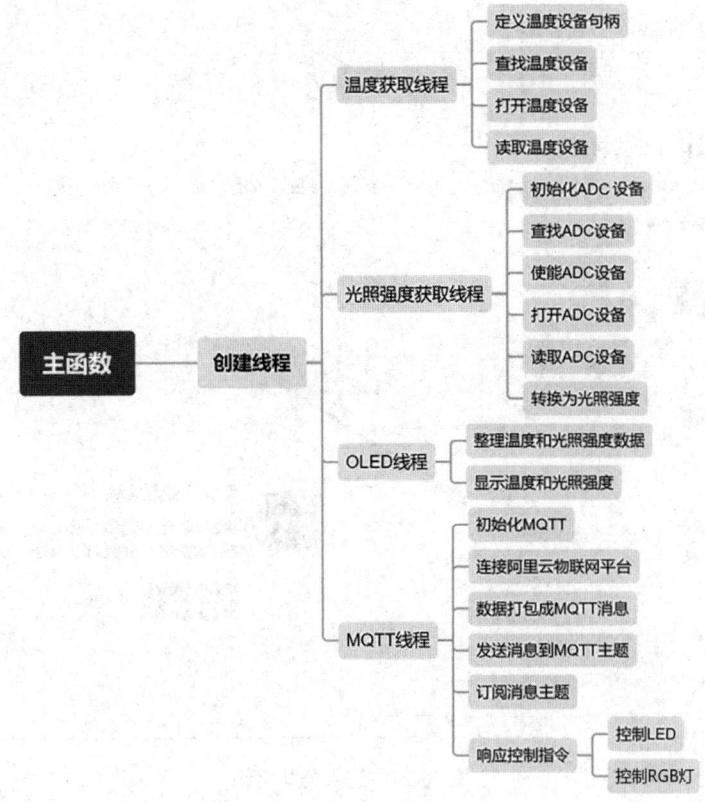

图 16-20　工程具体实现的思维导图

16.1.5　阿里云物联网平台应用设计

1. 进入管理控制台

打开阿里云物联网平台并进入管理控制台，如图 16-21 所示。

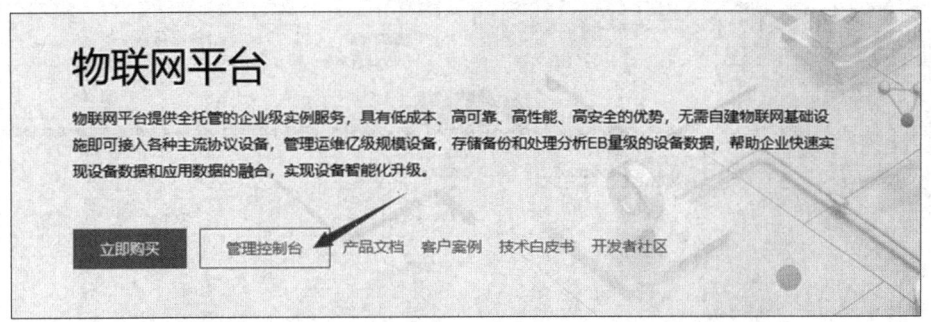

图 16-21　打开阿里云物联网平台并进入管理控制台

2. 进入公共实例

进入公共实例，若未开通公共实例，则需要先开通该实例，如图 16-22 所示。

图 16-22　进入公共实例

3. 创建产品

在阿里云物联网平台进入公共实例后，可以打开产品页面，然后创建产品，如图 16-23 所示。

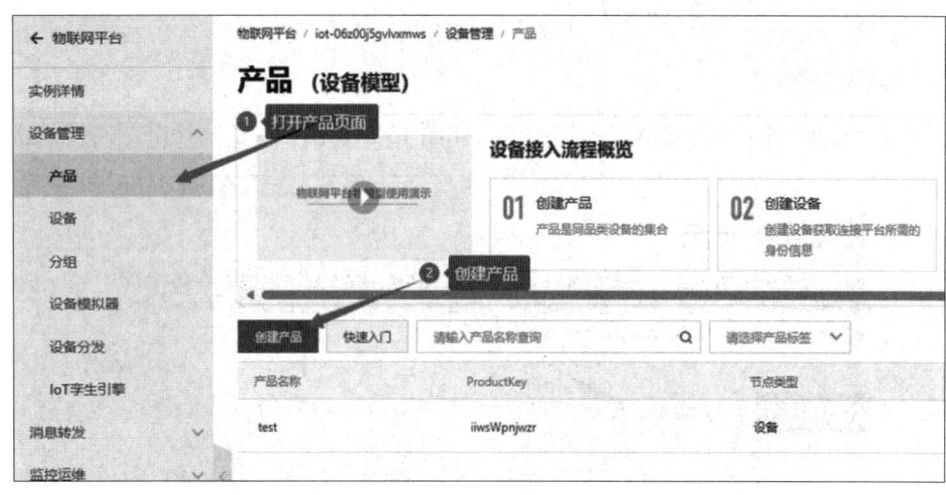

图 16-23　创建产品

4. 根据需求填写产品信息

选择"创建产品"选项后，出现如图 16-24 所示的界面。按照需求添加"产品名称""所属品类""节点类型""连网与数据"等信息。

图 16-24　阿里云物联网平台新建产品

5. 添加设备

添加两个设备，一个设备对应单片机，一个设备对应微信小程序，如图 16-25 所示。

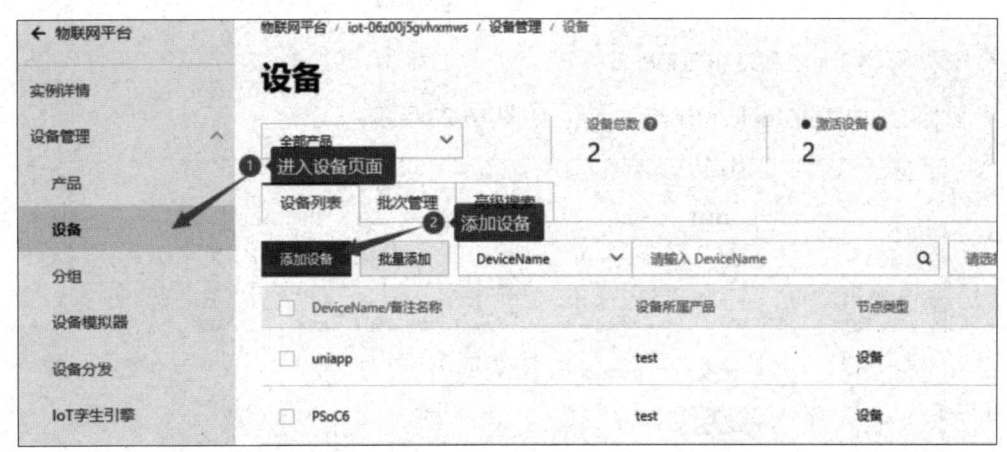

图 16-25　添加设备

6. 获取三要素

接下来，在设备信息页面获取三要素，如图 16-26 所示。将单片机设备的这三个数据写入 Ali-iotkit 软件包的对应配置项中。

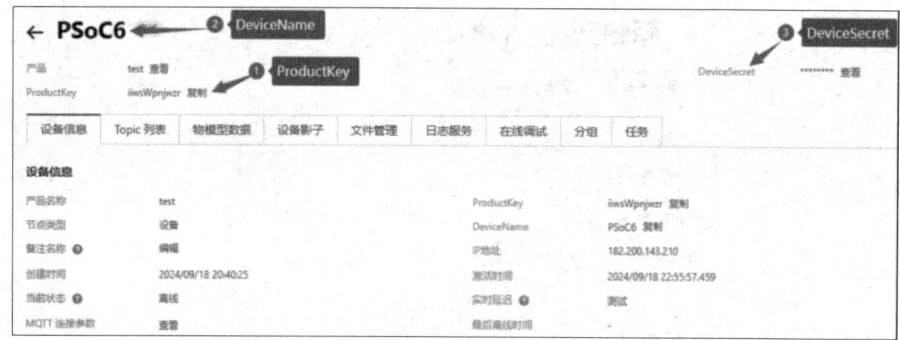

图 16-26　在设备信息页面获取三要素

获取微信小程序的 clientId、username 和 passwd，用于 MQTT 连接，如图 16-27 所示。

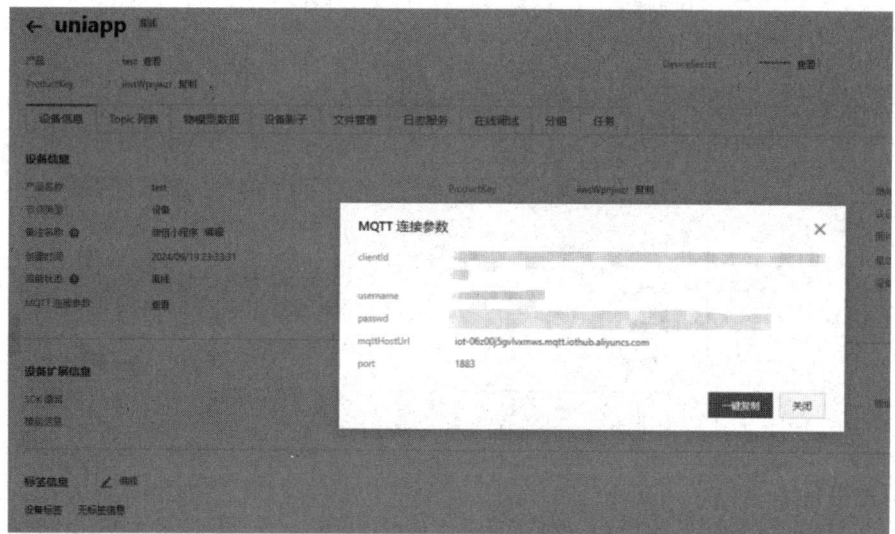

图 16-27　MQTT 连接参数

7. 添加订阅 Topic 和发布 Topic

接下来，添加订阅 Topic 和发布 Topic，如图 16-28 所示。

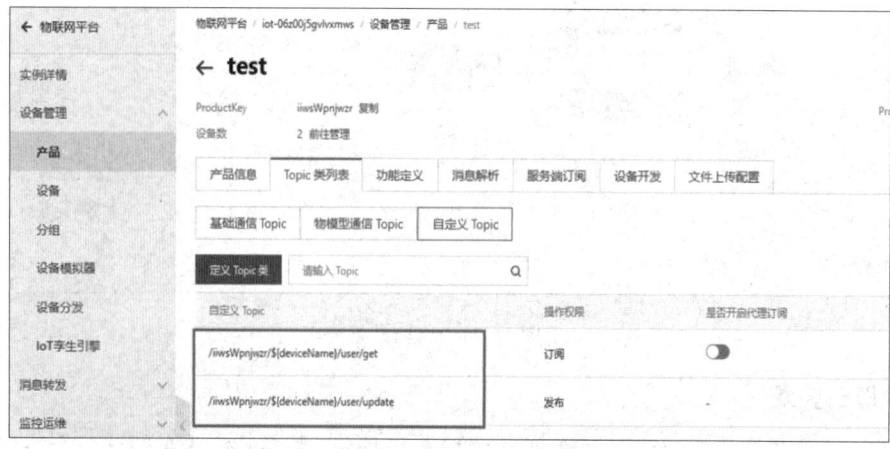

图 16-28　添加订阅 Topic 和发布 Topic

8. 查看设备的 MQTT 连接参数

在设备信息页面，可以单击"查看"按钮，显示"MQTT 连接参数"页面，如图 16-29 所示。

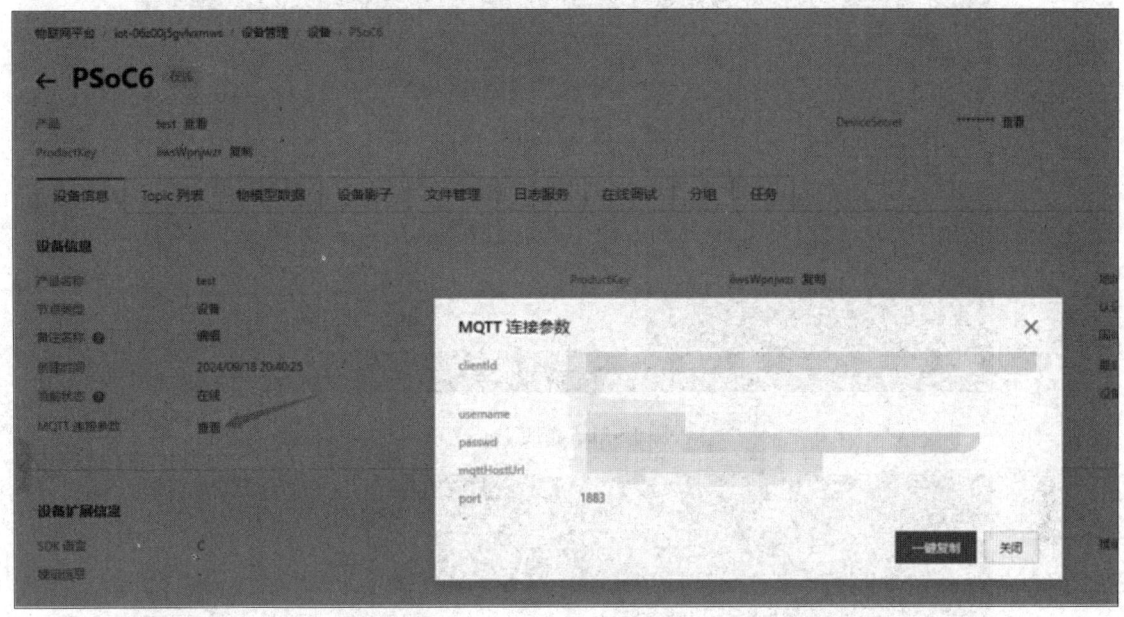

图 16-29 查看设备的 MQTT 连接参数

9. 云产品流转配置

云产品流转功能可以实现将消息从一个设备的 Topic 转发到另一个设备的 Topic，如/device1/update 收到消息后会自动将其发布到/device2/get 中，如图 16-30～图 16-36 所示。

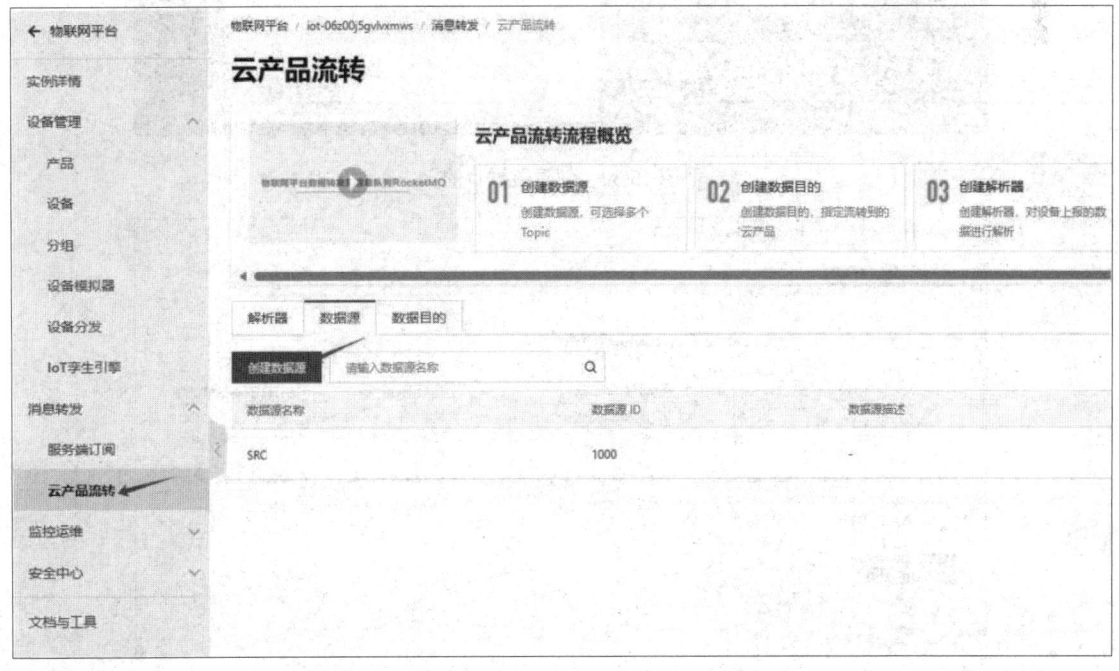

图 16-30 创建数据源

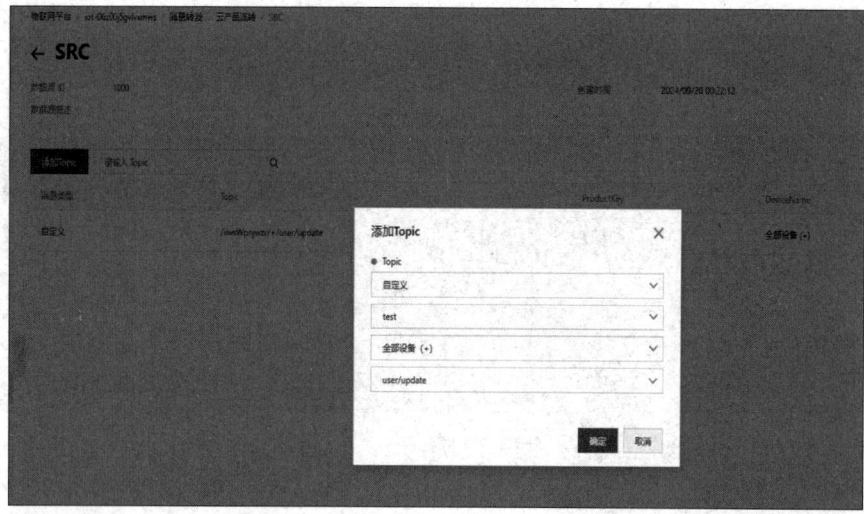

图 16-31　添加 Topic

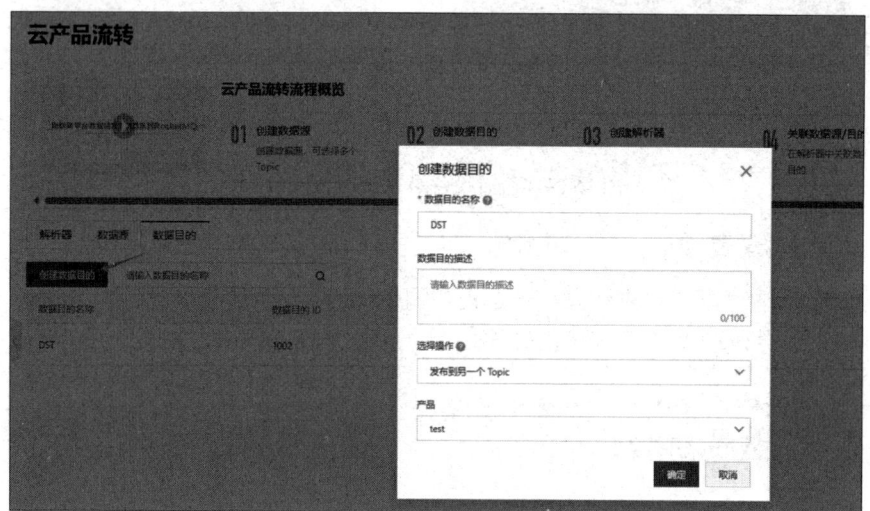

图 16-32　创建数据目的

图 16-33　创建解析器

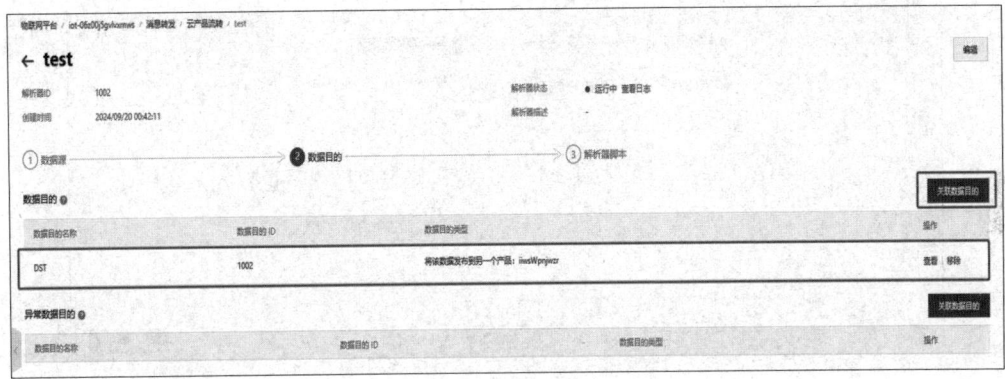

图 16-34　关联数据源

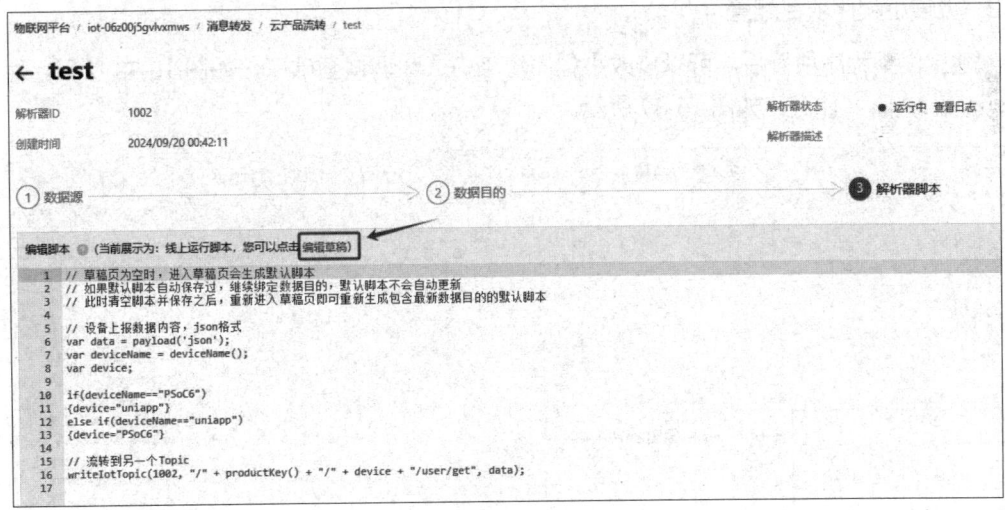

图 16-35　关联数据目的

物联网平台 / iot-06z00j5gvlvxmws / 消息转发 / 云产品流转 / test

← test

| 解析器ID | 1002 | 解析器状态 | ● 运行中　查看日志 |
| 创建时间 | 2024/09/20 00:42:11 | 解析器描述 | |

① 数据源 ──────────── ② 数据目的 ──────────── ③ 解析器脚本

编辑脚本 ● (当前展示为: 线上运行脚本, 您可以点击 编辑草稿)

```
1   // 草稿页为空时，进入草稿页会生成默认脚本
2   // 如果默认脚本自动保存过，继续绑定数据目的，默认脚本不会自动更新
3   // 此时清空脚本并保存之后，重新进入草稿页可重新生成包含最新数据目的的默认脚本
4
5   // 设备上报数据内容，json格式
6   var data = payload('json');
7   var deviceName = deviceName();
8   var device;
9
10  if(deviceName=="PSoC6")
11  {device="uniapp"}
12  else if(deviceName=="uniapp")
13  {device="PSoC6"}
14
15  // 流转到另一个Topic
16  writeIotTopic(1002, "/" + productKey() + "/" + device + "/user/get", data);
17
```

图 16-36　添加解析器脚本

16.1.6　微信小程序设计

1. 需求分析

微信小程序首页有一个显示区域用于显示温度和光照强度，一个控制区域用于控制 LED 和 RGB 灯，一个配置区域用于控制 MQTT 服务器的连接与断开、设置发布 Topic 和设置订阅 Topic。

配置页用于配置 MQTT 服务器的各项参数，如 MQTT 服务器地址、端口、路径、客户端 ID、用户名和密码等，如图 16-37 所示。

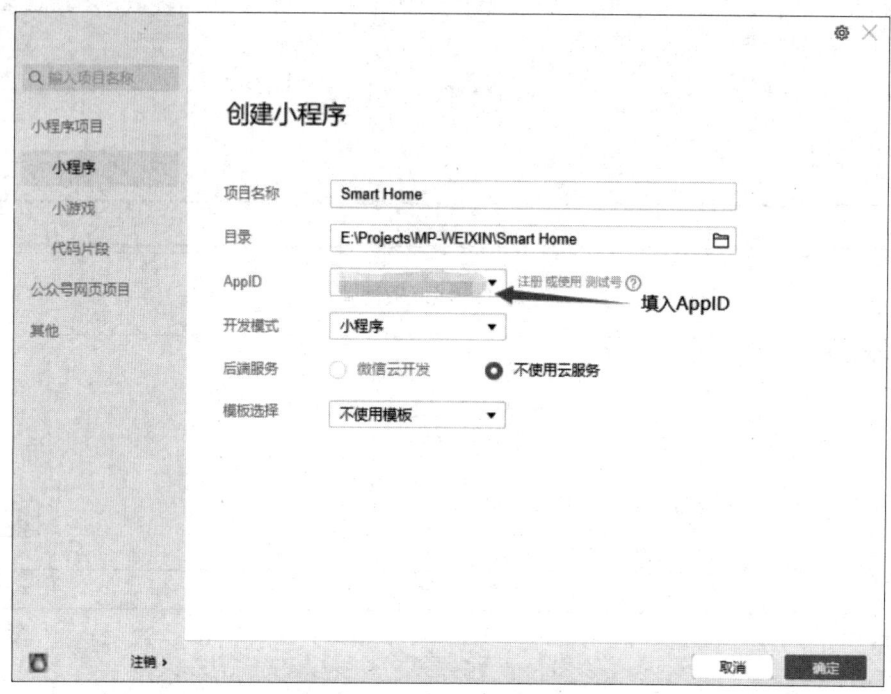

图 16-37　创建微信小程序界面

2. 微信小程序项目配置

创建微信小程序项目后，可以修改小程序渲染模式和调试基础库，如图 16-38 所示。然后删除 navigation-bar 文件夹，如图 16-39 所示。

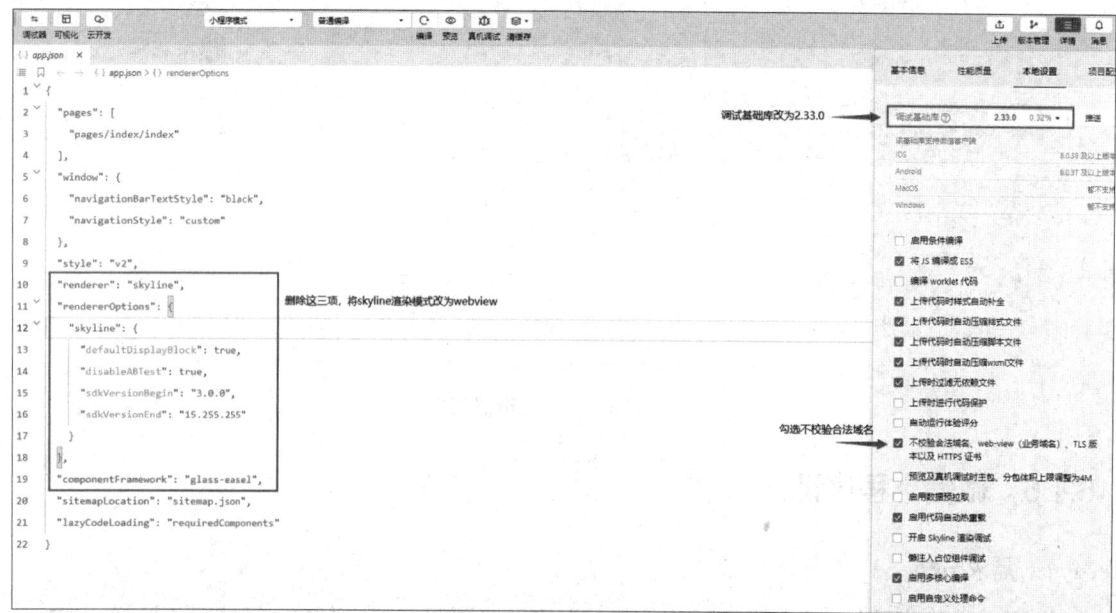

图 16-38　修改小程序渲染模式和调试基础库

图 16-39　删除 navigation-bar 文件夹

在项目根目录中创建 utils 目录，并将 mqtt4.1.0.js 移入 utils 目录中，如图 16-40 所示。添加配置页面并配置 tabBar，如图 16-41 所示。

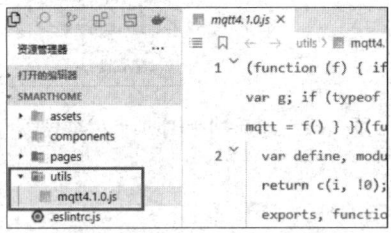

图 16-40　导入 mqtt4.1.0.js

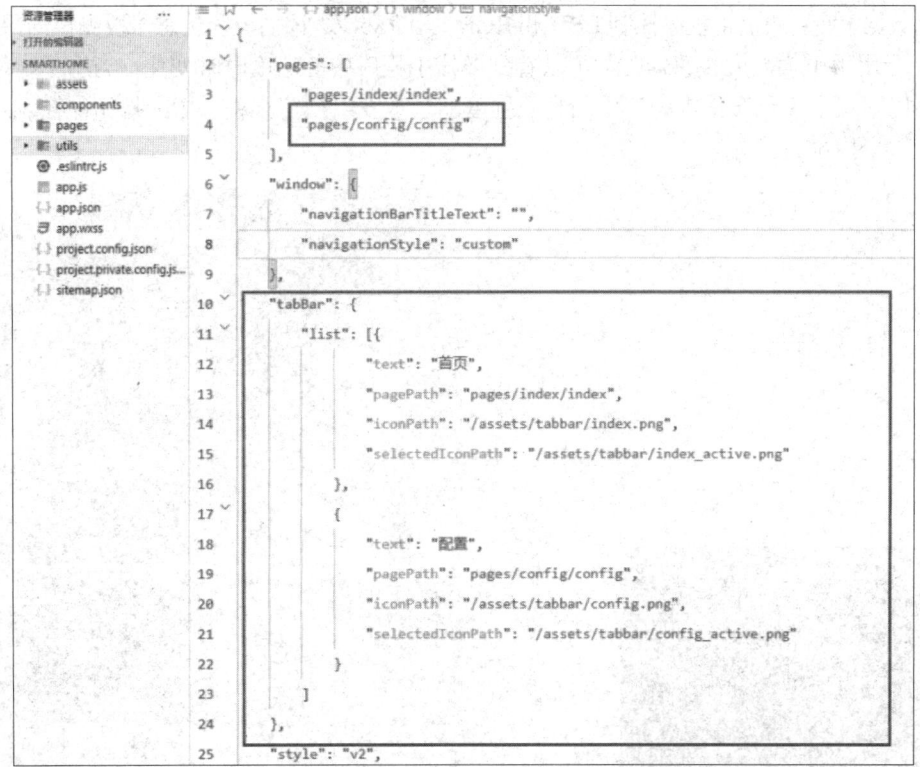

图 16-41　添加配置页面并配置 tabBar

3. 微信小程序项目思维导图

在本项目中，移动端采用的是微信小程序方案，其思维导图如图 16-42 所示。

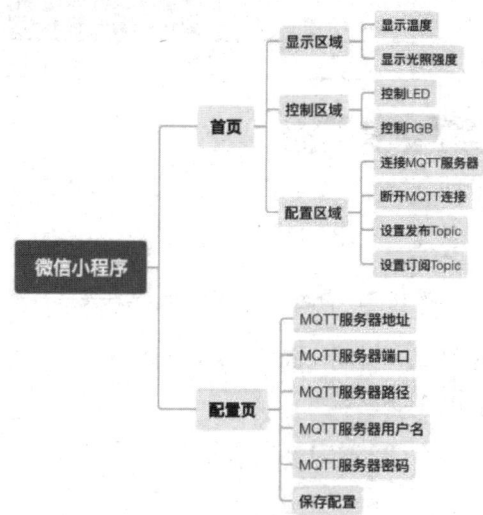

图 16-42　微信小程序项目思维导图

16.1.7　系统集成测试

在完成所有功能后，对系统进行集成测试，包括温度与光照强度的获取与上传、在微信小程序上显示数据、使用微信小程序控制 LED 和 RGB 灯。PSoC62 评估板和传感器板测试结果如图 16-43 所示。当用手触摸温度传感器时，可以看到微信小程序中的温度时时变化；当用手电筒照射光敏传感器时，可以看到微信小程序中的光照强度随之改变；微信小程序中的按钮能控制 LED 和 RGB 灯，如图 16-44 所示。

图 16-43　PSoC62 评估板和传感器板测试结果

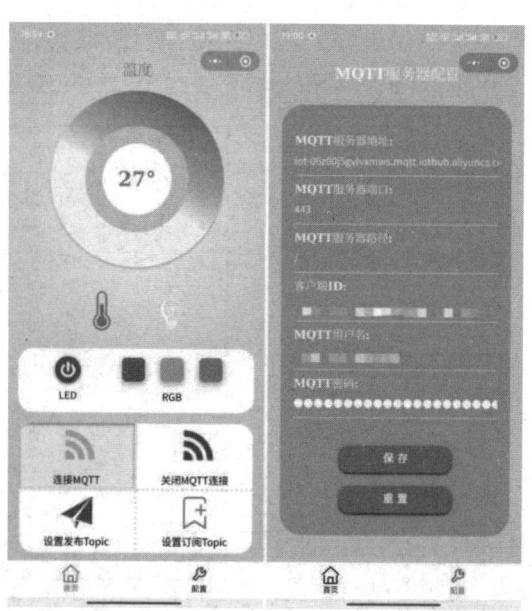

图 16-44　微信小程序主界面和配置界面

16.2　基于 RTT 的智能小车

16.2.1　概述

该案例基于 PSoC62 评估板形成一个和 RTT 实时操作系统设计开发的智能小车,集成了传感器技术、嵌入式控制与无线通信技术形成一个创新的实践平台。该项目以 RTT 实时操作系统为核心,旨在打造一个高度灵活、可扩展的智能移动平台,适用于教育学习、科研探索及业余爱好者的创意实现。智能小车具备循迹、避障、跟随等功能。

16.2.2　需求分析

(1)循迹功能。循迹功能是智能小车的一项基本且重要的功能,它使智能小车能够在预设的路径上自主行驶。该功能不仅有助于提高小车的自主导航能力,还能够增强其在不同应用场景中的适用性。

(2)避障功能。避障功能是智能小车的重要功能之一,它使智能小车能够在行进过程中检测到前方的障碍物,并采取相应的措施避免碰撞。为了实现这一功能,选用超声波传感器来检测前方障碍物的距离。超声波传感器具有非接触式测量的优点,适用于室内和室外环境。

(3)跟随功能。跟随功能是指智能小车能够跟随前方的目标物体,并根据目标物体的运动情况调整自身的速度和方向,以保持合适的跟随距离和角度。这项功能在多种应用场景中有广泛的用途,如智能家居中的服务机器人和公共场所中的引导机器人等。

(4)蓝牙功能。蓝牙功能是智能小车实现远程控制和数据传输的关键组件。通过蓝牙技术,用户可以方便地与小车进行交互,控制其各项功能。

16.2.3　总体方案

以 PSoC62 评估板为核心,搭载多种传感器(如红外循迹、超声波测距等)进行环境感知;电机驱动模块控制小车移动;无线通信模块(如 Wi-Fi、蓝牙)实现远程控制和数据传输。基于 RTT 实时操作系统,构建分层的软件架构。底层包括设备驱动和中间件组件;上层为应用层,负责实现具体功能,如路径规划和避障逻辑等。智能小车的功能结构框图如图 16-45 所示。

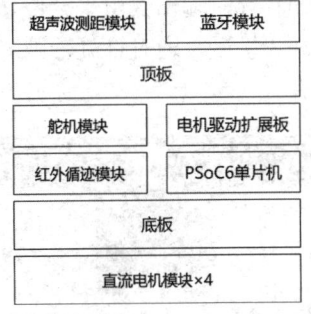

图 16-45　智能小车的功能结构框图

1. 直流电机模块

驱动电机的方法有很多,使用 L29P 芯片驱动电机是一种常见的方案。L298P 是 ST 推出的大功率电机专用芯片，可直接驱动直流电机、两相步进电机和四相步进电机，驱动电流最高可达 2A，输出端采用 8 个高速肖特基二极管进行保护，该电机驱动板采用 Arduino 引脚设计，可直接与 PSoC62 评估板配合使用。电机驱动板实物图如图 16-46 所示，电机连接示意图如图 16-47 所示。

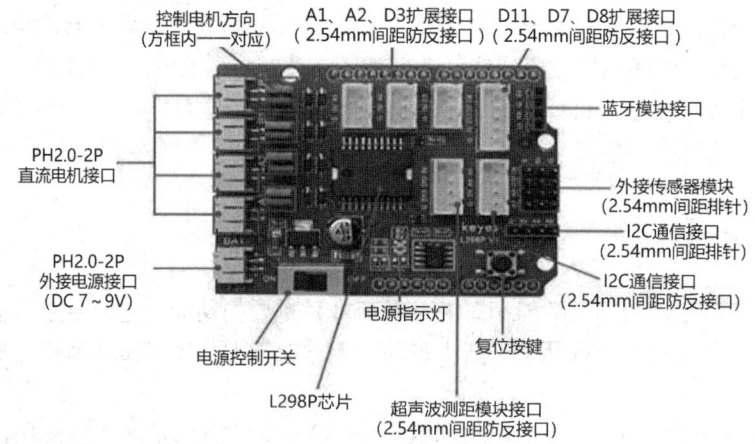

图 16-46　电机驱动板实物图

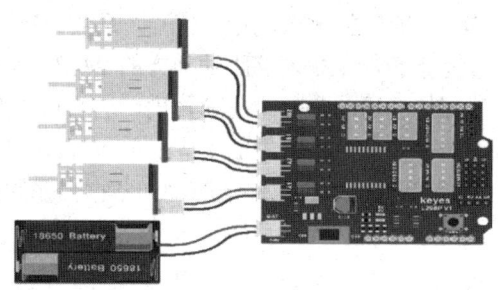

图 16-47　电机连接示意图

2. 红外循迹模块

该模块采用 I2C 通信协议，工作电压为 5V，其工作原理是利用红外光对不同颜色表面的反射率差异，将反射信号的强度转换为电流信号。在检测过程中，黑色在高电平时处于活动状态，而白色在低电平时处于活动状态，即检测到黑色物体时或者近距离没有检测到物体时输出高电平，检测到白色物体或者光滑易反射光的物体时输出低电平。传感器的灵敏度可以通过传感器上的十字旋钮来调节，顺时针旋转可以提高灵敏度，逆时针旋转则降低灵敏度。在本项目中，使用的是四路红外循迹模块，如图 16-48 所示。

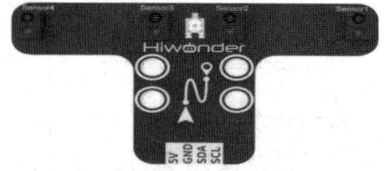

图 16-48　四路红外循迹模块

3. 舵机模块

舵机模块用于控制超声波传感器的左右旋转，检测小车与障碍物之间的距离，从而实现避障功能。舵机的旋转角度通过调节 PWM 的占空比来控制。在舵机控制中,PWM 的频率一般为 50Hz,也就是一个 20ms 左右的时基脉冲,脉宽(高电平部分)一般为 0.5~2.5ms,通过调整高电平部分的时长来改变舵机的旋转角度。舵机模块示意图如图 16-49 所示。

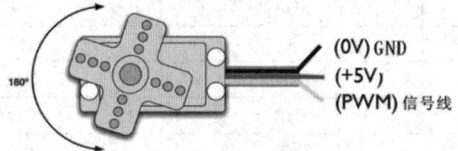

图 16-49　舵机模块示意图

4. 超声波测距模块

HC-SR04 超声波测距模块使用声呐来确定与物体的距离。它提供了出色的非接触式范围检测,具有高精度和稳定的读数,并配有超声波发射器和接收器模块。HC-SR04 超声波测距模块如图 16-50 所示。该模块采用 TRIG 引脚触发测距,发出至少 10μs 高电平信号,模块自动发送 8 个 40 kHz 的方波,自动检测是否有信号返回。如果有信号返回,那么通过 ECHO 引脚输出一个高电平,持续时间表示超声波从发射到返回的时间,则检测距离=(高电平时间×声速/2)。HC-SR04 超声波测距模块的测距示意图如图 16-51 所示。

图 16-50　HC SR04 超声波测距模块

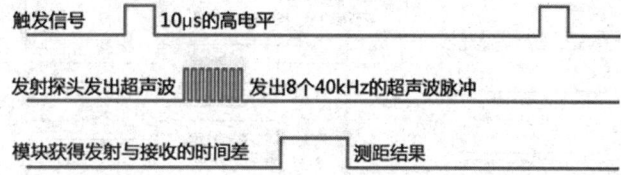

图 16-51　HC-SR04 超声波测距模块的测距示意图

5. 蓝牙模块

DX-BT24 BLE5.1 蓝牙模块如图 16-52 所示。该模块配置了 256 KB 的存储空间,遵循 BLE V5.1 协议规范。它支持 AT 指令,用户可根据需要更改串口波特率、设备名称等参数,使用灵活。该模块支持 UART 接口,并支持蓝牙串口透传功能,具有成本低、体积小、功耗低、收发灵敏性高等优点。

图 16-52　DX-BT24 BLE5.1 蓝牙模块

16.2.4　硬件设计

PSoC62 评估板及相关模块的硬件电路设计可参考 PSoC62 评估板及相关模块的电路原理图,此处仅针对软件设计列出硬件连接方式,如表 16-2 所示。

表 16-2　智能小车模块与 PSoC62 评估板的硬件连接

模块引脚		MCU 引脚	说明
红外循迹模块	SCL	A5	I2C
	SDA	A4	
舵机模块	S	D9	PWM
HC-SR04 超声波测距模块	TRIG	D12	GPIO
	ECHO	D13	
蓝牙模块	TXD	RX	UART
	RXD	TX	

16.2.5　软件设计

根据系统需求分析，软件设计包括 8 个模块，分别是直流电机、红外循迹、舵机、超声波测距、跟随、避障、蓝牙和主程序，并通过小车线程、避障线程、跟随线程、红外循迹线程和蓝牙线程等实现，如图 16-53 所示。

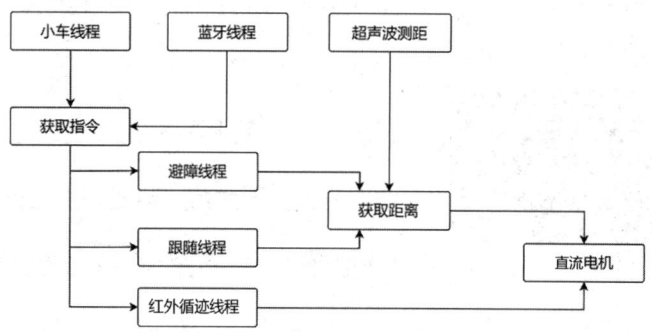

图 16-53　智能小车软件功能模块图

使用 RTT Studio 新建 RTT 工程后，进行各模块的相关系统配置。

1．系统配置

（1）配置直流电机。在 "RT-Thread Settings" 界面开启 PWM0 的 PORT5 和 PORT7，分别控制左右电机的正反转和转速，如图 16-54 所示。

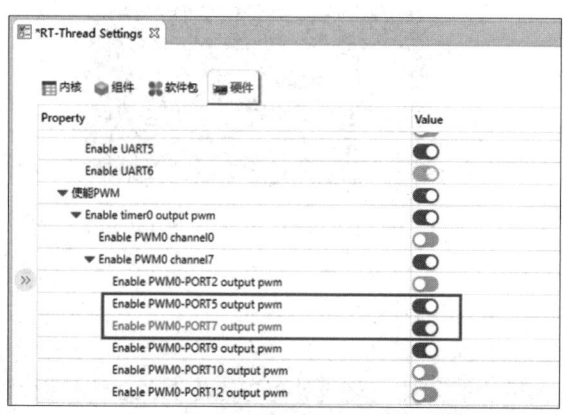

图 16-54　开启 PWM0-PORT5 和 PWM0-PORT7

配置完成后，需要修改 libraries/HAL_Drivers 文件夹中的 drv_pwm.h 文件，具体修改内容如图 16-55 所示。

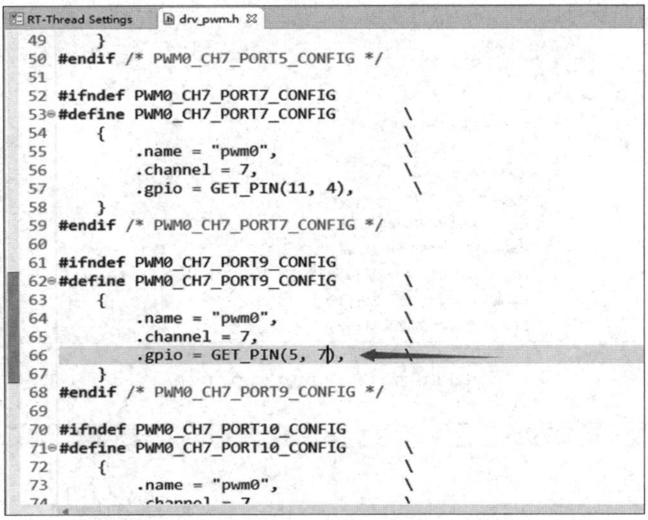

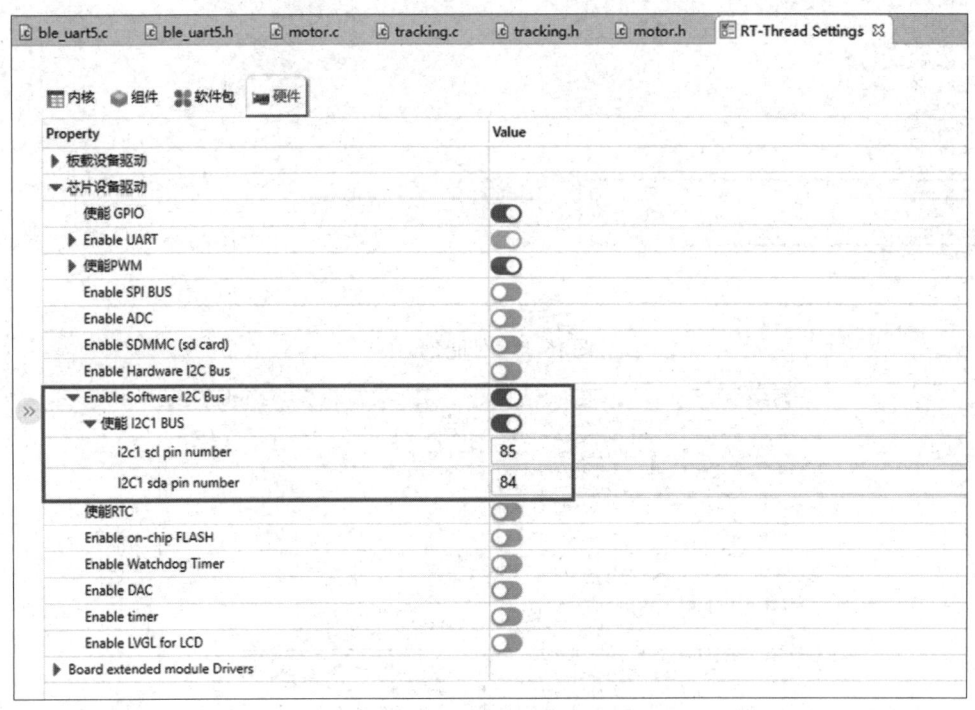

图 16-55　修改 drv_pwm.h 文件

（2）配置软件 I2C1。配置软件 I2C1，连接红外循迹模块，如图 16-56 所示。

图 16-56　配置软件 I2C1

（3）开启 PWM0-PORT9。选择"RT-Thread Settings"→"硬件"命令，开启 PWM0-PORT9，用于控制舵机方向，如图 16-57 所示。

（4）开启 TIM1。接下来，使能 TIM1，然后修改 libraries/IFX_PSOC6_HAL 文件夹中的 SConscript 文件，分别如图 16-58 和图 16-59 所示。

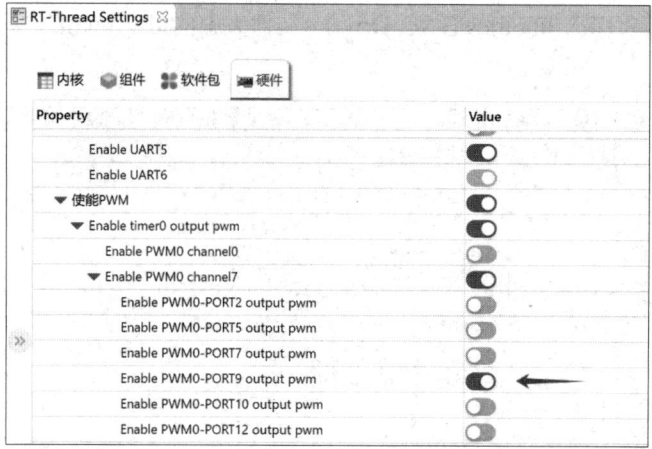

图 16-57 开启 PWM0-PORT9

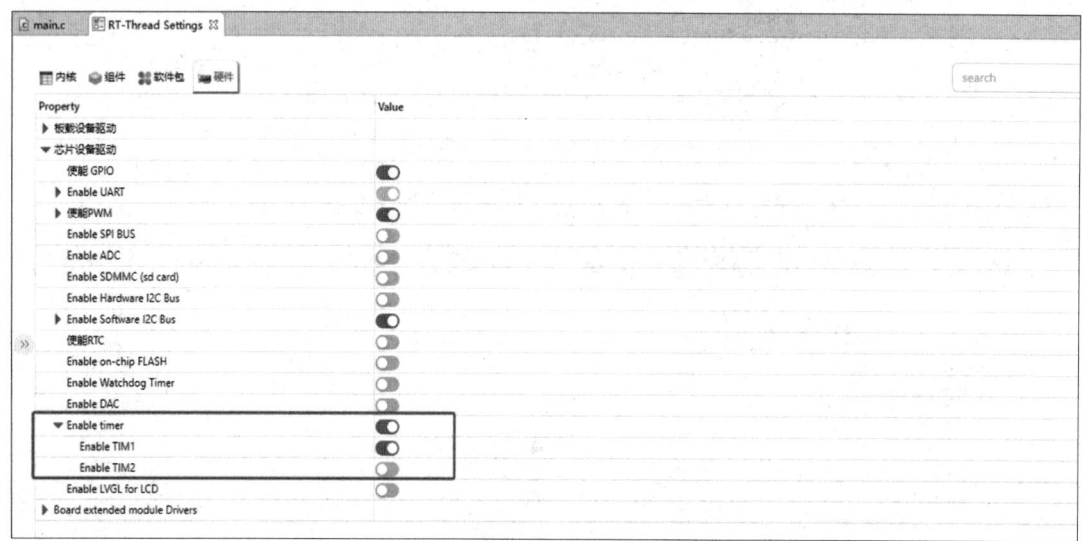

图 16-58 使能 TIM1

```
130    src += ['capsense/cy_capsense_structure.c']
131    src += ['capsense/cy_capsense_centroid.c']
132    src += ['capsense/cy_capsense_filter.c']
133    src += ['mtb-pdl-cat1/drivers/source/cy_csd.c']
134    if rtconfig.PLATFORM in ['armclang']:
135        src += ['lib/cy_capsense.lib']
136
137 if GetDepend(['RT_USING_WDT']):
138    src += ['mtb-pdl-cat1/drivers/source/cy_wdt.c']
139    src += ['mtb-hal-cat1/source/cyhal_wdt.c']
140
141 if GetDepend(['RT_USING_DAC']):
142    src += ['mtb_shared/csdidac/cy_csdidac.c']
143
144 if GetDepend(['RT_USING_HWTIMER']):
145    src += ['mtb-hal-cat1/source/cyhal_timer.c']
146    src += ['mtb-hal-cat1/source/cyhal_pwm.c']
147    src += ['mtb-hal-cat1/source/cyhal_tcpwm_common.c']
148    src += ['mtb-pdl-cat1/drivers/source/cy_tcpwm_counter.c']
149
150 path = [cwd + '/retarget-io',
151        cwd + '/core-lib/include',
152        cwd + '/mtb_shared/usbdev',
153        cwd + '/mtb_shared/csdidac',
154        cwd + '/mtb_shared/serial-flash',
155        cwd + '/mtb_pdl_cat1/cmsis/include'.
```

图 16-59 修改 SConscript 文件

（5）配置 UART5。接下来，配置 UART5，然后修改 libraries/HAL_Drivers 文件夹中的 uart_config.h 文件，分别如图 16-60 和图 16-61 所示。

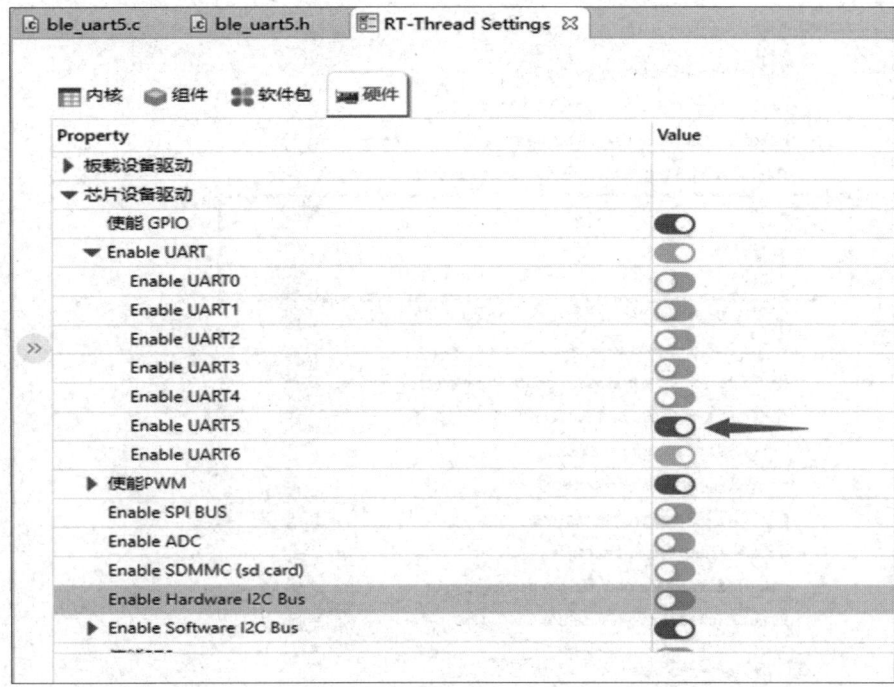

图 16-60　配置 UART5

```
163          .usart_x = SCB4,                           \
164          .intrSrc = scb_4_interrupt_IRQn,          \
165          .userIsr = uart_isr_callback(uart4),      \
166          .UART_SCB_IRQ_cfg = &UART4_SCB_IRQ_cfg, \
167     }
168     void uart4_isr_callback(void);
169 #endif /* UART4_CONFIG */
170 #endif /* BSP_USING_UART4 */
171
172 #if defined(BSP_USING_UART5)
173 #ifndef UART5_CONFIG
174 #define UART5_CONFIG                                  \
175     {                                                 \
176         .name = "uart5",                              \
177         .tx_pin = P11_1,                              \
178         .rx_pin = P11_0,                              \
179         .usart_x = SCB5,                              \
180         .intrSrc = scb_5_interrupt_IRQn,             \
181         .userIsr = uart_isr_callback(uart5),         \
182         .UART_SCB_IRQ_cfg = &UART5_SCB_IRQ_cfg, \
183     }
184     void uart5_isr_callback(void);
185 #endif /* UART5_CONFIG */
186 #endif /* BSP_USING_UART5 */
187
188 #if defined(BSP_USING_UART6)
```

图 16-61　修改 uart_config.h 文件

（6）配置 HC-SR04 软件包。在 "RT-Thread Settings" 界面选择 "软件包" 选项，开启 HC-SR04 软件包，如图 16-62 所示。

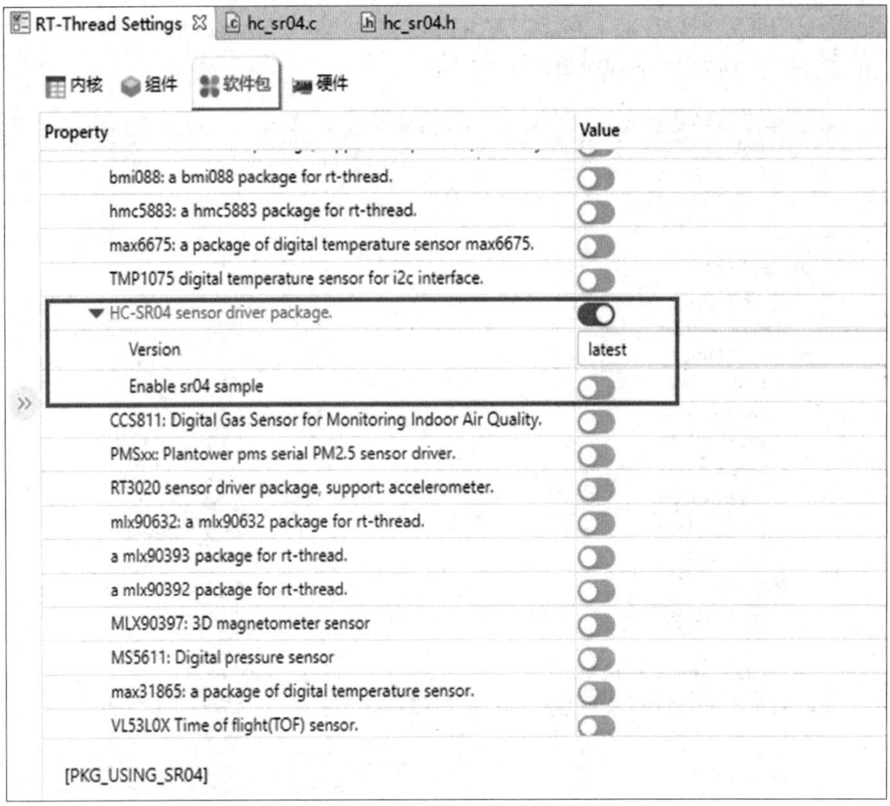

图 16-62　开启 HC-SR04 软件包

（7）开启 Sensor 设备驱动。在"RT-Thread Settings"界面选择"组件"选项，开启 Sensor 设备驱动，如图 16-63 所示。

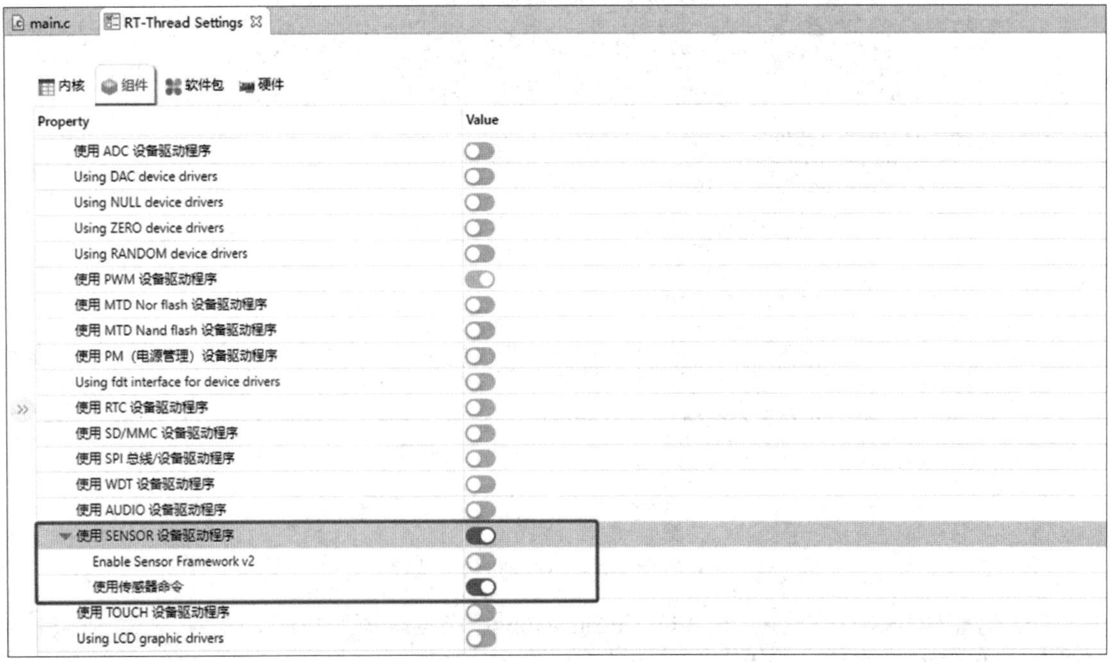

图 16-63　开启 Sensor 设备驱动

2. 程序设计

（1）主线程。主线程的主要职责是初始化系统并启动各个功能线程。具体来说，它负责创建并启动小车线程，确保各个子线程能够正确运行，并且在必要时对它们进行协调与管理。

（2）小车线程。小车线程作为逻辑处理的核心部分，主要负责接收来自蓝牙线程的控制指令，并根据这些指令调度相应的任务线程。例如，当收到前进指令时，小车线程将会调度循迹线程来执行；当检测到前方有障碍物时，则会调度避障线程进行处理；若需要跟随特定目标，则会激活跟随线程。

（3）蓝牙线程。蓝牙线程负责建立小车与外部控制设备（如手机或计算机）之间的无线通信连接。它的主要工作是监听并接收通过蓝牙接口发送的控制信号或数据包，然后将这些信息传递给小车线程以供进一步处理。

（4）循迹线程。循迹线程的任务是利用安装在小车上的红外循迹模块来检测地面的轨迹标志。基于传感器反馈的信息，该线程会调整电机的速度和方向，从而确保小车能够沿着预定路径行进。

（5）避障线程。避障线程使用超声波测距模块来测量前方障碍物的距离。如果检测到障碍物距离过近，那么避障线程将采取相应措施，如减速、转向或停止，以避免碰撞。

（6）跟随线程。跟随线程的任务是在检测到前方有目标物体时，利用超声波测距模块等测量小车与目标物体之间的相对位置，并相应地调整小车的速度和方向，使其保持在目标物体的一定范围内跟随移动。

智能小车各线程功能的思维导图如图 16-64 所示。

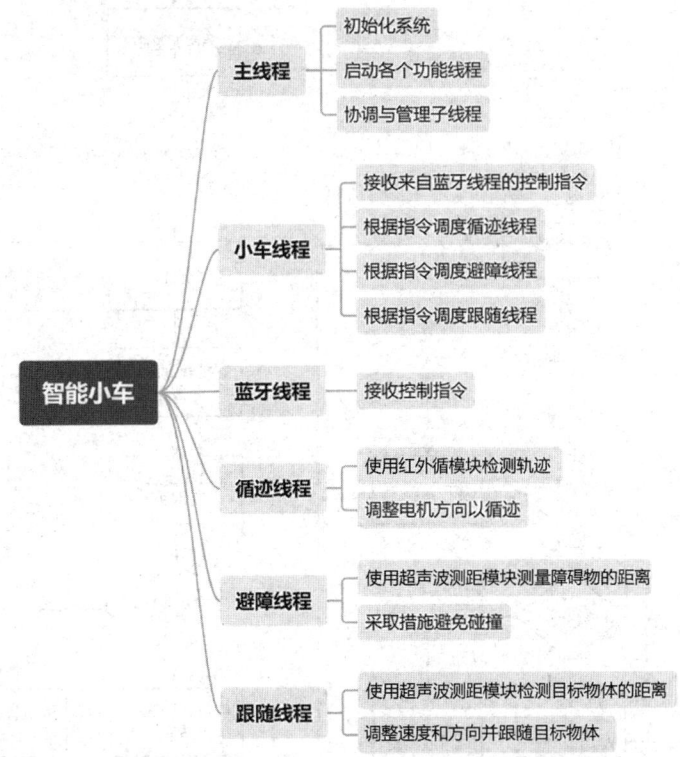

图 16-64　智能小车各线程功能的思维导图

小车线程和循迹线程的流程图如图 16-65 所示。

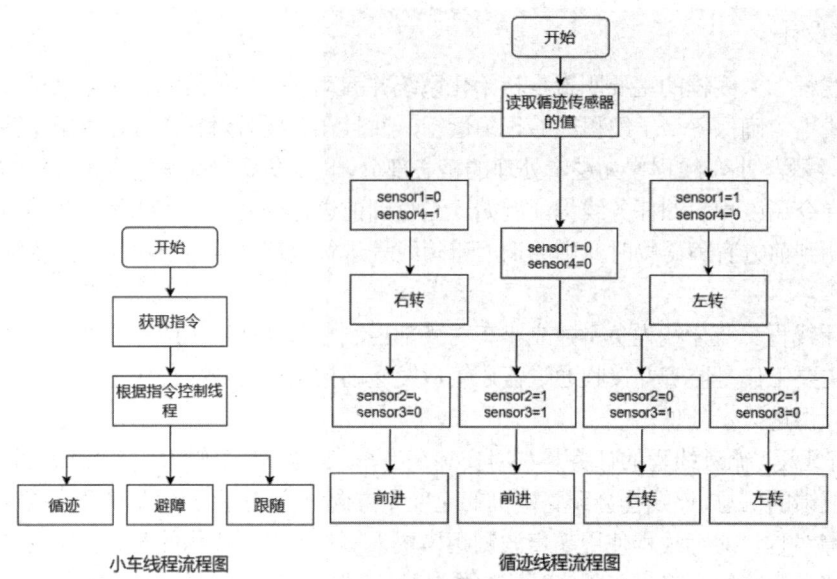

图 16-65　小车线程和循迹线程的流程图

跟随线程和避障线程的流程图如图 16-66 所示。

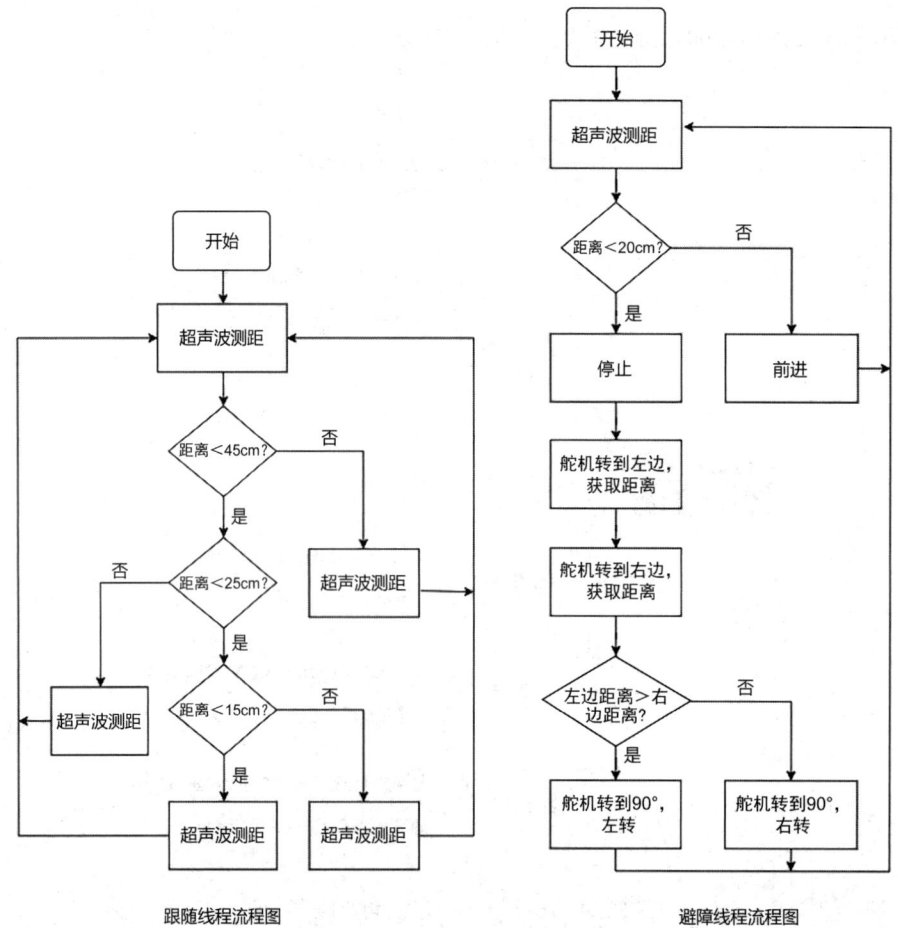

图 16-66　跟随线程和避障线程的流程图

3．编码实现

（1）直流电机模块。直流电机模块的代码结构如图 16-67 所示。

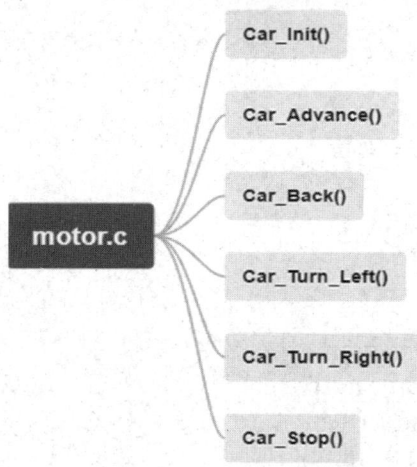

图 16-67　直流电机模块的代码结构

直流电机模块代码的具体实现如下。

```
/*motor.h*/
#ifndef APPLICATIONS_MOTOR_H_
#define APPLICATIONS_MOTOR_H_

#include <rtthread.h>
#include <rtdevice.h>
#include "drv_gpio.h"

#define Motor_EN_L          GET_PIN(11, 3)    //左电机使能
#define Motor_EN_R          GET_PIN(11, 4)    //右电机使能
#define Motor_LEFT          GET_PIN(11, 2)    //左电机控制正反转
#define Motor_RIGHT         GET_PIN(5, 0)     //右电机控制正反转

void Car_Init();
void Car_Advance();
void Car_Back();
void Car_Turn_Left();
void Car_Turn_Right();
void Car_Stop();

#endif /* APPLICATIONS_MOTOR_H_ */

    #include <motor.h>

/** * @brief 初始化  */
void Car_Init()
{
    rt_pin_mode(Motor_EN_L, PIN_MODE_OUTPUT);
```

```c
        rt_pin_mode(Motor_EN_R, PIN_MODE_OUTPUT);
        rt_pin_mode(Motor_LEFT, PIN_MODE_OUTPUT);
        rt_pin_mode(Motor_RIGHT, PIN_MODE_OUTPUT);
        rt_thread_mdelay(100);
        Car_Stop();
        rt_kprintf("Motor Init.\n");
}
INIT_COMPONENT_EXPORT(Car_Init);

/*** @brief 前进 */
void Car_Advance()
{
        rt_kprintf("Advance\n");
        rt_pin_write(Motor_EN_L, PIN_HIGH);
        rt_pin_write(Motor_EN_R, PIN_HIGH);
rt_pin_write(Motor_LEFT, PIN_HIGH);
        rt_pin_write(Motor_RIGHT, PIN_HIGH);
}

/*** @brief 后退 */
void Car_Back()
{
        rt_kprintf("Back\n");
        rt_pin_write(Motor_EN_L, PIN_HIGH);
        rt_pin_write(Motor_EN_R, PIN_HIGH);
        rt_pin_write(Motor_LEFT, PIN_LOW);
        rt_pin_write(Motor_RIGHT, PIN_LOW);
}

/*** @brief 左转 */
void Car_Turn_Left()
{
        rt_kprintf("Turn_Left\n");
        rt_pin_write(Motor_EN_L, PIN_HIGH);
        rt_pin_write(Motor_EN_R, PIN_HIGH);
        rt_pin_write(Motor_LEFT, PIN_LOW);
        rt_pin_write(Motor_RIGHT, PIN_HIGH);
}

/*** @brief 右转 */
void Car_Turn_Right()
{
        rt_kprintf("Turn_Right\n");
        rt_pin_write(Motor_EN_L, PIN_HIGH);
        rt_pin_write(Motor_EN_R, PIN_HIGH);
        rt_pin_write(Motor_LEFT, PIN_HIGH);
        rt_pin_write(Motor_RIGHT, PIN_LOW);
}
```

```
/*** @brief 停止 */
void Car_Stop()
{
    rt_kprintf("Stop\n");
    rt_pin_write(Motor_EN_L, PIN_LOW);
    rt_pin_write(Motor_EN_R, PIN_LOW);
}
```

（2）红外循迹模块。红外循迹模块的代码结构图如图 16-68 所示。

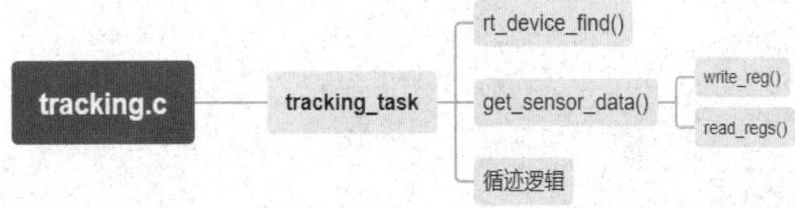

图 16-68　红外循迹模块的代码结构图

红外循迹模块代码的具体实现如下。

```
/*tracking.h*/
#ifndef APPLICATIONS_TRACKING_H_
#define APPLICATIONS_TRACKING_H_

#include <rtthread.h>
#include <rtdevice.h>
#include "drv_gpio.h"

#define DEV_NAME           "i2c1"
#define TRACKING_ADDR      0x78

typedef struct tracking_data{
    uint8_t sensor1;    //第 1 路传感器数据
    uint8_t sensor2;    //第 2 路传感器数据
    uint8_t sensor3;    //第 3 路传感器数据
    uint8_t sensor4;    //第 4 路传感器数据
} tracking_data;

tracking_data get_sensor_data(void);
static void tracking_task(void);

#endif /* APPLICATIONS_TRACKING_H_ */


    /*tracking.c*/
#include "tracking.h"

struct rt_i2c_bus_device *dev;

/*** @brief 写传感器寄存器 * @param bus
```

```c
 * @param reg * @param data * @return */
static rt_err_t write_reg(struct rt_i2c_bus_device *bus, rt_uint8_t reg, rt_uint8_t *data)
{
    rt_uint8_t buf[3];
    struct rt_i2c_msg msgs;
    rt_uint32_t buf_size = 1;

    buf[0] = reg;
    if (data != RT_NULL)
    {
        buf[1] = data[0];
        buf[2] = data[1];
        buf_size = 3;
    }

    msgs.addr = TRACKING_ADDR;
    msgs.flags = RT_I2C_WR;
    msgs.buf = buf;
    msgs.len = buf_size;

    /* 调用 I2C 设备接口传输数据 */
    if (rt_i2c_transfer(bus, &msgs, 1) == 1)
    {
        return RT_EOK;
    }
    else
    {
        return -RT_ERROR;
    }
}

/** * @brief 读传感器数据
 * @param bus * @param len * @param buf * @return */
static rt_err_t read_regs(struct rt_i2c_bus_device *bus, rt_uint8_t len, rt_uint8_t *buf)
{
    struct rt_i2c_msg msgs;

    msgs.addr = TRACKING_ADDR;
    msgs.flags = RT_I2C_RD;
    msgs.buf = buf;
    msgs.len = len;

    /* 调用 I2C 设备接口传输数据 */
    if (rt_i2c_transfer(bus, &msgs, 1) == 1)
    {
        return RT_EOK;
    }
    else
    {
```

```c
        return -RT_ERROR;
    }
}

/** * @brief 获取红外循迹模块数据 * @return */
tracking_data get_sensor_data(void)
{
    rt_uint8_t data;
    tracking_data sensor_data;

    rt_err_t result = write_reg(dev, 1, RT_NULL);
    if (result != RT_EOK)
    {
        rt_kprintf("i2c send data failed!\n");
    }

    result = read_regs(dev, 4, &data);
    if (result != RT_EOK)
    {
        rt_kprintf("i2c get data failed!\n");
    }

    sensor_data.sensor1 = data & 0x01;
    sensor_data.sensor2 = (data >> 1) & 0x01;
    sensor_data.sensor3 = (data >> 2) & 0x01;
    sensor_data.sensor4 = (data >> 3) & 0x01;

    return sensor_data;
}

/** * @brief 循迹功能函数 */
void tracking_task(void)
{
    tracking_data data;

    dev = (struct rt_i2c_bus_device *) rt_device_find(DEV_NAME);

    while (1)
    {
        data = get_sensor_data();
        rt_kprintf("sensor1: %d\tsensor2: %d\tsensor3: %d\tsensor4: %d\n", data.sensor1,
                data.sensor2, data.sensor3, data.sensor4);

        if (data.sensor1 == 0 && data.sensor4 == 0)
        {
            if (data.sensor2 == 1 && data.sensor3 == 1)
                Car_Advance();
            else if (data.sensor2 == 0 && data.sensor3 == 0)
                Car_Advance();
```

```
            else if (data.sensor2 == 0 && data.sensor3 == 1)
                Car_Turn_Right();
            else
                Car_Turn_Left();
        }
        else if (data.sensor1 == 0 && data.sensor4 == 1)
            Car_Turn_Right();
        else if (data.sensor1 == 1 && data.sensor4 == 0)
            Car_Turn_Left();

        rt_thread_mdelay(50);
    }
}
```

（3）舵机模块。舵机模块的代码结构如图 16-69 所示。

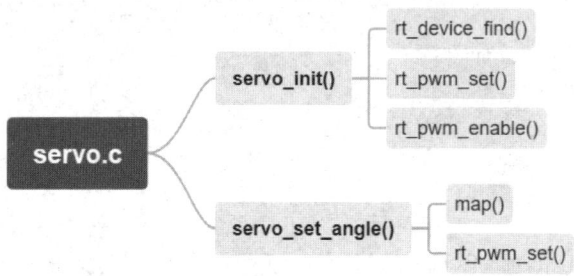

图 16-69　舵机模块的代码结构

舵机模块代码的具体实现如下。

```
/*servo.h*/
#ifndef APPLICATIONS_SERVO_H_
#define APPLICATIONS_SERVO_H_

#include <rtthread.h>
#include <rtdevice.h>

#define PWM_DEV_NAME        "pwm0"    /* PWM 设备名称 */
#define PWM_DEV_CHANNEL       7       /* PWM 通道*/

rt_err_t servo_init();
void servo_set_angle(uint8_t angle);

#endif /* APPLICATIONS_SERVO_H_ */



/*servo.c*/
#include "servo.h"

static struct rt_device_pwm *pwm_dev; /* PWM 设备句柄 */

static rt_uint32_t period = 20000000; /* 周期为 20000000，单位为纳秒 */
```

```c
/** * @brief pwm 初始化  * @return */
rt_err_t servo_init()
{
    rt_uint32_t pulse, dir;

    dir = 1; /* PWM 脉冲宽度值的增减方向 */
    pulse = 0; /* PWM 脉冲宽度值，单位为纳秒 */

    /* 查找设备 */
    pwm_dev = (struct rt_device_pwm *) rt_device_find(PWM_DEV_NAME);
    if (pwm_dev == RT_NULL)
    {
        rt_kprintf("Can't find %s device!\n", PWM_DEV_NAME);
        return RT_ERROR;
    }

    /* 设置 PWM 周期和脉冲宽度默认值 */
    rt_pwm_set(pwm_dev, PWM_DEV_CHANNEL, period, pulse);
    /* 使能设备 */
    rt_pwm_enable(pwm_dev, PWM_DEV_CHANNEL);

    return RT_EOK;
}
INIT_COMPONENT_EXPORT(servo_init);

/**
 * @brief 将 in_min~in_max 范围的数 value 映射到 out_min~out_max 范围
 * @param value * @param in_min * @param in_max
 * @param out_min * @param out_max * @return 返回映射后的值 */

extern uint32_t map(uint32_t value, uint32_t in_min, uint32_t in_max, uint32_t out_min, uint32_t out_max)
{
    return (value - in_min) * (out_max - out_min) / (in_max - in_min) + out_min;
}

/** * @brief 设置舵机角度  * @param angle 角度 */
void servo_set_angle(uint8_t angle)
{
    rt_err_t res;
    rt_uint32_t pulse = map(angle, 0, 180, 500000, 2500000);
    res = rt_pwm_set(pwm_dev, PWM_DEV_CHANNEL, period, pulse);
    if (res != RT_EOK)
    {
        rt_kprintf("set pwm failed!\n");
        return;
    }
    rt_kprintf("angle: %d, set period: %d, pulse: %d\n", angle, period, pulse);
}
```

（4）超声波测距模块。超声波测距模块的代码结构如图 16-70 所示。

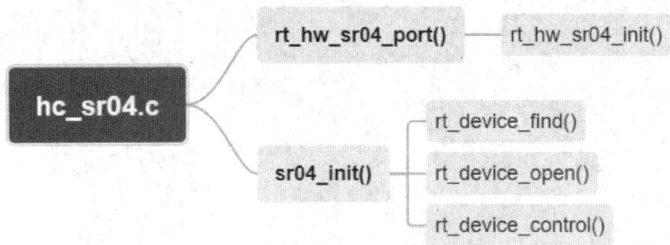

图 16-70　超声波测距模块的代码结构

超声波测距模块代码的具体实现如下。

```
/*hc_sr04.h*/
#ifndef APPLICATIONS_HC_SR04_H_
#define APPLICATIONS_HC_SR04_H_

#include <stdlib.h>
#include <rtthread.h>

#include "board.h"
#include "sensor.h"
#include "sensor_hc_sr04.h"

#define DEV_NAME        "pr_sr04"
#define SR04_TRIG_PIN GET_PIN(0, 3)
#define SR04_ECHO_PIN GET_PIN(0, 4)

extern rt_device_t dev;

int rt_hw_sr04_port(void);
void sr04_init(void);

#endif /* APPLICATIONS_HC_SR04_H_ */

    /*hc_sr04.c*/
#include "hc_sr04.h"
rt_device_t dev = RT_NULL;
/** * @brief sensor 接口初始化  * @return   */
int rt_hw_sr04_port(void)
{
    struct rt_sensor_config cfg;
    rt_base_t pins[2] = { SR04_TRIG_PIN, SR04_ECHO_PIN };
    cfg.intf.dev_name = "time1";
    cfg.intf.user_data = (void *) pins;
    rt_hw_sr04_init("sr04", &cfg);
    return RT_EOK;
}
INIT_COMPONENT_EXPORT(rt_hw_sr04_port);
```

```
/*** @brief 超声波测距模块初始化 */
void sr04_init(void)
{
    dev = rt_device_find(DEV_NAME);
    if (dev == RT_NULL)
    {
        rt_kprintf("Can't find device:%s\n", DEV_NAME);
        return;
    }

    if (rt_device_open(dev, RT_DEVICE_FLAG_RDWR) != RT_EOK)
    {
        rt_kprintf("open device failed!\n");
        return;
    }
    rt_device_control(dev, RT_SENSOR_CTRL_SET_ODR, (void *) 100);
}
INIT_COMPONENT_EXPORT(sr04_init);
```

（5）跟随模块。跟随模块的代码结构如图 16-71 所示。

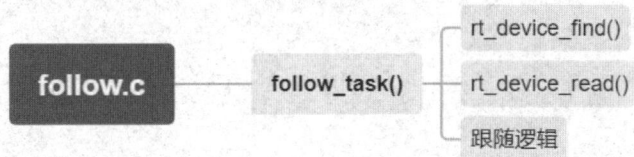

图 16-71　跟随模块的代码结构

跟随模块代码的具体实现如下。

```
/*follow.h*/
#ifndef APPLICATIONS_FOLLOW_H_
#define APPLICATIONS_FOLLOW_H_

#include "hc_sr04.h"
#include "motor.h"

#define SR04_TRIG_PIN      GET_PIN(0, 3)
#define SR04_ECHO_PIN      GET_PIN(0, 4)
#define DEV_NAME           "pr_sr04"

void follow_init(void);
int rt_hw_sr04_port(void);
void follow_task(void);

#endif /* APPLICATIONS_FOLLOW_H_ */
     /*follow.c*/
#include "follow.h"
```

```
struct rt_sensor_data sensor_data;
rt_size_t res;
/** * @brief 跟随功能 */
void follow_task()
{
    uint16_t distance = 0;
    dev = rt_device_find(DEV_NAME);
    res = rt_device_read(dev, 0, &sensor_data, 1);
    if (res != 1)
    {
        rt_kprintf("read data failed!size is %d\n", res);
        rt_device_close(dev);
        return;
    }
    else
    {
        rt_kprintf("distance:%3d.%dcm, timestamp:%5d\n", sensor_data.data.proximity / 10,
                sensor_data.data.proximity % 10, sensor_data.timestamp);
        distance = sensor_data.data.proximity / 10;
    }

    if (distance < 45)
    {
        if (distance < 25)
        {
            if (distance < 15)
            {
                Car_Back();
            }
            else
            {
                Car_Stop();
            }
        }
        else
        {
            Car_Advance();
        }
    }
    else
    {
        Car_Stop();
    }
}
```

（6）避障模块。避障模块的代码结构如图 16-72 所示。

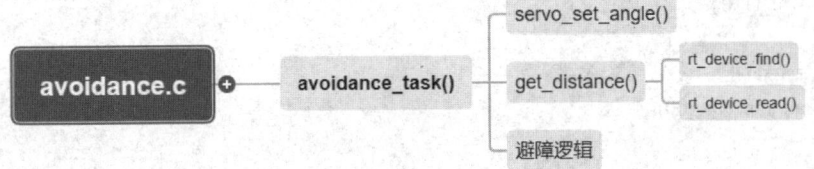

图 16-72 避障模块的代码结构

避障模块代码的具体实现如下。

```c
/*avoidance.h*/
#ifndef APPLICATIONS_AVOIDANCE_H_
#define APPLICATIONS_AVOIDANCE_H_

#include "hc_sr04.h"
#include "motor.h"
#include "servo.h"

uint16_t get_distance();
void avoidance_task();

#endif /* APPLICATIONS_AVOIDANCE_H_ */

    /*avoidance.c*/
#include "avoidance.h"

uint16_t distance_L = 0;        //左边距离
uint16_t distance_R = 0;        //右边距离

/*** @brief 获取距离 * @return */
uint16_t get_distance()
{
    rt_size_t res;
    struct rt_sensor_data sensor_data;
    dev = rt_device_find(DEV_NAME);
    res = rt_device_read(dev, 0, &sensor_data, 1);
    if (res != 1)
    {
        rt_kprintf("read data failed!size is %d\n", res);
        rt_device_close(dev);
        return;
    }
    else
    {
        rt_kprintf("distance:%3d.%dcm, timestamp:%5d\n", sensor_data.data.proximity / 10,
                sensor_data.data.proximity % 10, sensor_data.timestamp);
    }
    return sensor_data.data.proximity / 10;
}
/*** @brief 避障功能 */
```

```
void avoidance_task()
{
    servo_set_angle(90);
    rt_thread_mdelay(100);

    uint16_t distance = get_distance();
    if (distance < 25)
    {
        Car_Stop();
        rt_thread_mdelay(500);
        servo_set_angle(180);
        rt_thread_mdelay(500);
        distance_L = get_distance();
        rt_thread_mdelay(100);
        servo_set_angle(0);
        rt_thread_mdelay(500);
        distance_R = get_distance();
        rt_thread_mdelay(100);
        servo_set_angle(90);
        rt_thread_mdelay(500);
        if (distance_L >= distance_R)
        {
            Car_Turn_Left();
            rt_thread_mdelay(300);
        }
        else
        {
            Car_Turn_Right();
            rt_thread_mdelay(300);
        }
    }
    else
    {
        Car_Advance();
    }
}
```

（7）蓝牙模块。蓝牙模块的代码结构如图 16-73 所示。

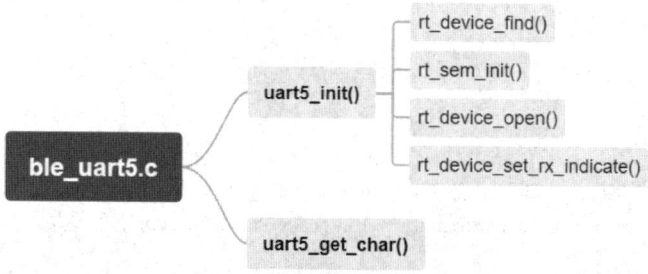

图 16-73　蓝牙模块的代码结构

蓝牙模块代码的具体实现如下。

```c
/*ble_uart5.h*/
#ifndef APPLICATIONS_BLE_UART5_H_
#define APPLICATIONS_BLE_UART5_H_

#include <rtthread.h>
#include "motor.h"

static int uart5_init();
rt_err_t uart5_rx_ind(rt_device_t dev, rt_size_t size);
extern char uart5_get_char(void);

#endif /* APPLICATIONS_BLE_UART5_H_ */

      /*ble_uart5.c*/
#include "ble_uart5.h"

#define UART_NAME "uart5"

/* 用于接收消息的信号量 */
static struct rt_semaphore rx_sem;
rt_device_t serial;
/** * @brief 接收数据回调函数
 * @param dev * @param size * @return */

rt_err_t uart5_rx_ind(rt_device_t dev, rt_size_t size)
{
    /* 串口接收到数据后产生中断，调用此回调函数，然后发送接收信号量 */
    if (size > 0)
    {
        rt_sem_release(&rx_sem);
    }
    return RT_EOK;
}
/** * @brief 获取串口接收到的数据 * @return */
char uart5_get_char(void)
{
    char ch;

    while (rt_device_read(serial, 0, &ch, 1) == 0)
    {
        rt_sem_control(&rx_sem, RT_IPC_CMD_RESET, RT_NULL);
        rt_sem_take(&rx_sem, RT_WAITING_FOREVER);
    }
    return ch;
}
/** * @brief 初始化 uart5 * @return */
static int uart5_init()
```

```
{
    /* 查找系统中的串口设备 */
    serial = rt_device_find(UART_NAME);
    if (!serial)
    {
        rt_kprintf("find %s failed!\n", UART_NAME);
        return RT_ERROR;
    }
    /* 初始化信号量 */
    rt_sem_init(&rx_sem, "rx_sem", 0, RT_IPC_FLAG_FIFO);
    /* 以中断接收及轮询发送模式打开串口设备 */
    rt_device_open(serial, RT_DEVICE_FLAG_INT_RX);
    /* 设置接收回调函数 */
    rt_device_set_rx_indicate(serial, uart5_rx_ind);

    return RT_EOK;
}
INIT_COMPONENT_EXPORT(uart5_init);
```

（8）主程序模块。主程序模块的代码结构如图 16-74 所示。

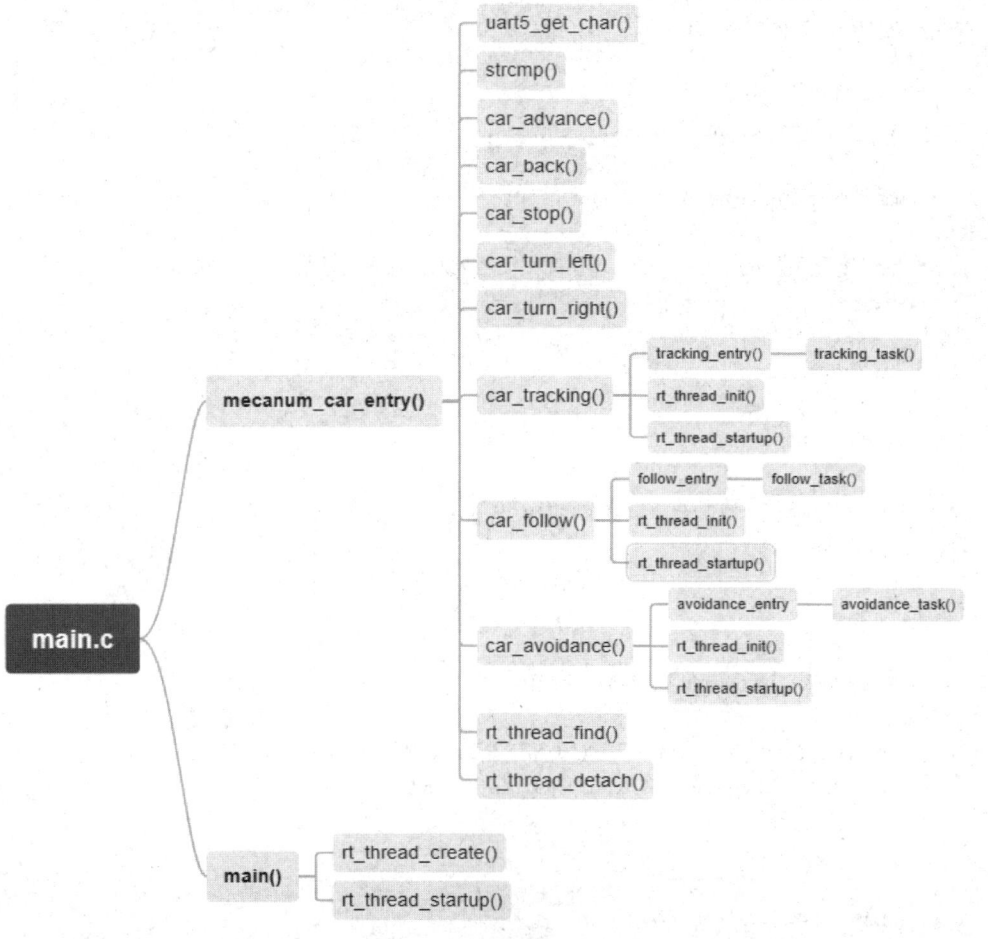

图 16-74　主程序模块的代码结构

主程序模块代码的具体实现如下。

```c
#include <rtthread.h>
#include <rtdevice.h>

#include "drv_gpio.h"
#include "ble_uart5.h"
#include "motor.h"
#include "avoidance.h"
#include "follow.h"
#include "tracking.h"

#define LED_PIN        GET_PIN(0, 1)
#define DATA_CMD_END            '#'              //结束位
#define ONE_DATA_MAXLEN        20                //数据最大长度

rt_align(RT_ALIGN_SIZE)
static char thread_stack[1024];
static struct rt_thread thread_tracking;
/** * @prief 循迹线程入口函数  * @param param */
static void tracking_entry(void* param)
{
    while (1)
    {
        tracking_task();
        rt_thread_mdelay(10);
    }
}


/** * @brief 创建循迹线程  * @return */
int car_tracking(void)
{
    rt_thread_init(&thread_tracking, "tracking", tracking_entry, RT_NULL,
                &thread_stack[0], sizeof(thread_stack), 25, 5);
    rt_thread_startup(&thread_tracking);

    return 0;
}

static struct rt_thread thread_follow;
/** * @brief 跟随线程入口函数  * @param param */
static void follow_entry(void* param)
{
    while (1)
    {
        follow_task();
```

```c
        rt_thread_mdelay(100);
    }
}
/** * @brief 创建跟随线程  * @return */
int car_follow()
{
    rt_thread_init(&thread_follow, "follow", follow_entry, RT_NULL,
                &thread_stack[0], sizeof(thread_stack), 25, 5);
    rt_thread_startup(&thread_follow);

    return 0;
}


static struct rt_thread thread_avoidance;
/** * @brief 避障线程入口函数  * @param param */
static void avoidance_entry(void* param)
{
    while (1)
    {
        avoidance_task();
        rt_thread_mdelay(100);
    }
}
/** * @brief 创建避障线程  * @return */
int car_avoidance()
{
    rt_thread_init(&thread_avoidance, "avoidance", avoidance_entry, RT_NULL,
                &thread_stack[0], sizeof(thread_stack), 25, 5);
    rt_thread_startup(&thread_avoidance);

    return 0;
}

/** * @brief 小车线程入口函数  */
static void mecanum_car_entry(void)
{
    char ch;
    char data[ONE_DATA_MAXLEN];
    static char i = 0;

    while (1)
    {
        ch = uart5_get_char();
        if (ch == DATA_CMD_END)
        {
```

```
data[i++] = '\0';
{
    if (!strcmp(data, "a"))                                    //接收到 a，小车前进
    {
        Car_Advance();
    }
    else if (!strcmp(data, "s"))                               //接收到 s，小车停止
    {
        Car_Stop();
        //如果循迹线程开启
        if (rt_thread_find(&thread_tracking) != RT_NULL)   {
        //脱离循迹线程
            if (rt_thread_detach(&thread_tracking) == RT_EOK) {
                rt_kprintf("detach tracking success\n");
            }
        }
        if (rt_thread_find(&thread_follow) != RT_NULL)         //如果跟随线程开启
        {
            if (rt_thread_detach(&thread_follow) == RT_EOK)    //脱离跟随线程
            {
                rt_kprintf("detach follow success\n");
            }
        }
        if (rt_thread_find(&thread_avoidance) != RT_NULL)      //如果避障线程开启
        {
            if (rt_thread_detach(&thread_avoidance) == RT_EOK) //脱离避障线程
            {
                rt_kprintf("detach avoidance success\n");
            }
        }
    }
    else if (!strcmp(data, "c"))                               //接收到 c，小车后退
    {
        Car_Back();
    }
    else if (!strcmp(data, "b"))                               //接收到 b，小车左转
    {
        Car_Turn_Left();
    }
    else if (!strcmp(data, "d"))                               //接收到 d，小车右转
    {
        Car_Turn_Right();
    }
    else if (!strcmp(data, "p"))                               //接收到 p，小车循迹
    {
```

```
                    car_tracking();
                }
                else if (!strcmp(data, "q"))                          //接收到 q，小车跟随
                {
                    car_follow();
                }
                else if (!strcmp(data, "r"))                          //接收到 r，小车避障
                {
                    car_avoidance();
                }
            }
            i = 0;
            continue;
        }
        i = (i >= ONE_DATA_MAXLEN - 1) ? ONE_DATA_MAXLEN - 1 : i;
        data[i++] = ch;

        rt_thread_mdelay(10);
    }
}


int main(void)
{
    rt_pin_mode(LED_PIN, PIN_MODE_OUTPUT);

    //创建小车线程
    rt_thread_t thread_car = rt_thread_create("car", (void (*)(void *parameter)) mecanum_car_entry,
                        RT_NULL, 1024, 25, 10);

    if (thread_car != RT_NULL)
        rt_thread_startup(thread_car);
    else
        return -1;

    for (;;)
    {
        rt_pin_write(LED_PIN, PIN_HIGH);
        rt_thread_mdelay(500);
        rt_pin_write(LED_PIN, PIN_LOW);
        rt_thread_mdelay(500);
    }
}
```

16.2.6　系统集成测试

智能小车的组装和测试图如图 16-75 所示。完成组装后，进行硬件和软件测试，整体设计和实现满足设计需求。

图 16-75　智能小车的组装和测试图

参考文献

[1] 邱祎，熊谱翔，朱天龙. 嵌入式实时操作系统 RT-Thread 设计与实现[M]. 北京：机械工业出版社，2019.

[2] 杨洁，郭占鑫，刘康，等. RT-Thread 设备驱动开发指南[M]. 北京：机械工业出版社，2023.

[3] 王宜怀，刘洋，黄河，等. 实时操作系统应用技术：基于 RT-Thread 与 ARM 的编程实践[M]. 北京：机械工业出版社，2024.

[4] 郑苗秀，沈鸿飞，廖建尚. RT-Thread 实时操作系统内核、驱动和应用开发技术[M]. 北京：电子工业出版社，2024.

[5] 赵剑川. RT-Thread 应用开发实战——基于 STM32 智能小车[M]. 北京：北京航空航天大学出版社，2022.

[6] 胡永涛. 嵌入式系统原理及应用——基于 STM32 和 RT-Thread[M]. 北京：机械工业出版社，2023.